ガスタービンエンジン

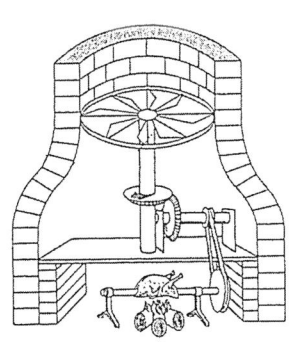

谷田好通
長島利夫
著

朝倉書店

まえがき

"ガスタービン"という言葉は最近かなり浸透してきたと思いますが，まだ一般的でないかもしれません．これに対する"蒸気タービン"は，発電用原動機としてよく知られております．"タービン"を辞書で引くと，例えば"turbination"では"渦巻形状"などと出ております．すなわち，タービンは渦巻きのように回転するという意味からきており，流れが旋回しながらパワーを出す回転機械（速度型ともいいます）と定義することができます．

1940年のジェット機の初飛行以来，ガスタービンは航空機に革命的発展をもたらし，現在航空機は軽飛行機を除きほとんどガスタービンエンジンで推進されております．近年，発電用でも蒸気タービンとガスタービンを組み合わせた高効率の複合サイクルが実用化されるに至っており，また自動車のスーパーチャージャが日常的に使われるようになっているなど，その発展と技術の波及効果はきわめて大きいものがあります．ガスタービンは近い将来において，超音速機のエンジンとしてはもちろんのこと，ロケットの大気圏飛行の推進エンジンとしても考えられており，またセラミックなどの耐熱材料の開発によってより高効率の原動機として，21世紀においてもますます発展することが期待されております．

このようにガスタービンは科学技術の最先端に位置づけられておりますが，ピストンエンジンほど身近でないせいか，大学のカリキュラムに取り上げられる機会は比較的少ないようで，またガスタービンに関する教科書も多くありません．これは，大学などではピストンエンジンのように手軽に扱えず，また身近でない（雲の上の！）存在だからかもしれませんが，ガスタービンが占める重要性からして，残念なことです．

ところで，最近の学生は情報過多のせいか，与えられたものを鵜のみして，それを十分消化して吸収する（考えて，物理的意味などを理解する）ことが不得手のようです．昔の学生はそれなりに自分で考えるのに慣れていたと思いますが，それでも我が身を振り返ってみますと，何故そうなるのか，物理的意味は何かなど，理解するのには大きく回り道することが多かったと思います．ガスタービンについていえば，例えば，圧縮機翼列を通る流れの変化はわかっても，圧縮機の特性がどうしてそうなるのかには答えられない，といったことが起こります．つまり，"木を見て森を見ず"といったところです．

そこで，本書は，筆者らの経験を踏まえて，最初から高度な知識を求めるのではなく，多少大雑把であっても本質を把握するように，できるだけ簡潔にストーリーをもたせ，詳細については注釈や例題を設けるなど，工夫して書いたつもりです．まず，ガスタービンエンジンを歴史的に概観するとともに航空用として成功した必然性を考察し（第1章），次いでそのサイクル性能（第3章）と主要構成要素の空力性能（第4～7章）を調べます．ガスタービンエンジンはそれらの要素の組合せにより成り立ち，とくに航空用は広範な作動範囲をもちますから，設計点性能はもちろんのこと各要素の非設計点性能，マッチングと制御がきわめて重要であります．また，近年，あらゆる面で環境問題が重

要になっておりますが，ガスタービンエンジンも例外ではありません．そこで，本書においては，とくに非設計点性能や環境にも重点をおいて，章としてまとめてみました（第8～10章）．最後に，21世紀においても，ガスタービンエンジンはコジェネレーション，超音速飛行，宇宙利用等々，多くの可能性を秘めており，その将来についても展望しました（第11章）．

本書は，筆者らが授業に使用したテキストや資料をもとにしておりますが，ガスタービンエンジンは工学全般にわたっており，そのすべてを網羅することは筆者らの力の及ぶところではありません．そこで，本書は，熱流体力学的な面に重点をおいているため構造力学的な面などは多少欠けておりますが，ご容赦下さい．

しかし，現場の経験のない筆者らの独善を避けるために，豊富な経験をもつ石川島播磨重工業株式会社の渡辺康之氏（民間エンジン事業部長）に再三にわたって原稿を通読していただき，同氏の職場の方からも多くの有益なコメントをいただいて，初心者のみならず専門家の批判にも耐える内容になっているものと信じます．また，その他児玉秀和氏（石川島播磨重工業），大槻幸雄氏（川崎重工業），青木照幸氏（三菱重工業），松濱正昭氏（HYPR組合），谷 直樹君（東京大学航空宇宙工学専攻）などの方々からも色々ご意見や資料を提供していただき，朝倉書店の編集部には数年にわたり本書の企画，編集を推進していただきました．ここに紙面を借りて深甚な謝意を表するとともに，多少なりともガスタービンの理解と発展のお役に立てばと願う次第です．また，今後も一層の完成を目指していく所存ですので，読者諸兄のご意見，ご叱正を心からお願いする次第です．

最後に，日本のガスタービン研究の草分けで，筆者らの恩師でもある八田桂三先生，岡崎卓郎先生（いずれも故人．東京大学名誉教授），ならびに同じく筆者らの恩師で終始ご鞭撻を賜った浅沼 強先生（東京大学名誉教授）に本書を捧げるものであります．

2000年9月

谷 田 好 通
長 島 利 夫

目　　次

1. ガスタービンの歴史と発展
   1.1 ガスタービンの歴史 …………………… 1
   1.2 航空用ガスタービンエンジン ………… 2
   1.3 ガスタービンエンジンの特徴 ………… 7

2. 流れと熱の基礎
   2.1 気体の状態式 …………………………… 9
   2.2 エンタルピ ……………………………… 9
   2.3 エントロピ ……………………………… 11
   2.4 $T\text{-}s$ 線図 …………………………… 12
   2.5 圧縮性流体の流れ ……………………… 12
   2.6 流れとエネルギ損失 …………………… 15
      a. 境界層と2次流れ ………………… 15
      b. 衝撃波と加熱のある流れ ……… 17
   2.7 熱 ………………………………………… 18
      a. 理論空燃比と当量比 …………… 18
      b. 発熱量 …………………………… 18
      c. 断熱火炎温度 …………………… 19
   2.8 音と騒音 ………………………………… 20
      a. 音の生成 ………………………… 20
      b. 音の伝播と放射 ………………… 21
      c. 騒音レベル ……………………… 21

3. サイクルと性能
   3.1 基本サイクル …………………………… 23
      a. 理想サイクル …………………… 23
      b. 実際のサイクル ………………… 24
   3.2 改良サイクル …………………………… 28
      a. 再生サイクル …………………… 28
      b. 中間冷却一再熱一再生サイクル
         ……………………………………… 29
   3.3 ターボジェット ………………………… 30
      a. サイクル ………………………… 30
      b. 性能 ……………………………… 32
   3.4 ターボファン …………………………… 35

4. 軸流圧縮機
   4.1 翼列と性能 ……………………………… 40
      a. 翼列 ……………………………… 40
      b. 翼列を通る流れ ………………… 41
      c. 翼列の性能 ……………………… 43
   4.2 内部流動形式 …………………………… 45
   4.3 基本設計 ………………………………… 48
      a. 段数の決定 ……………………… 48
      b. 通路形状の決定 ………………… 48
      c. 翼型と翼列条件の選定 ………… 49
   4.4 作動特性 ………………………………… 50
   4.5 軸流圧縮機の失速対策 ………………… 51

5. 軸流タービン
   5.1 翼列と性能 ……………………………… 54
      a. 速度三角形 ……………………… 54
      b. 段性能と特性 …………………… 55
   5.2 基本設計 ………………………………… 57
      a. 流路形状 ………………………… 58
      b. 翼列形状 ………………………… 58
      c. 段数 ……………………………… 60
      d. 回転数 …………………………… 60
   5.3 作動特性 ………………………………… 60
   5.4 翼冷却 …………………………………… 62

6. 遠心圧縮機とラジアルタービン
   6.1 遠心系ターボ流れ ……………………… 64
      a. 特徴と基本パラメータ ………… 64

b．流れとエネルギ関係式 ………67
6.2 遠心圧縮機 ……………………………68
　　　a．概　要 ……………………………68
　　　b．インペラ …………………………68
　　　c．ディフューザ ……………………71
　　　d．ボリュート ………………………72
6.3 ラジアルタービン ……………………73
　　　a．概　要 ……………………………73
　　　b．ロ　ー　タ ………………………73
　　　c．ボリュート ………………………76
　　　d．ノ　ズ　ル ………………………76

7．燃焼器と再熱器および再生器

7.1 燃　焼 …………………………………78
　　　a．燃　料 ……………………………78
　　　b．化学反応 …………………………78
　　　c．火　炎 ……………………………79
7.2 燃　焼　器 ……………………………80
　　　a．基本形態と構造 …………………81
　　　b．性　能 ……………………………84
7.3 再　熱　器 ……………………………86
7.4 再生器（熱交換器） …………………88

8．不安定現象

8.1 サ　ー　ジ ……………………………91
8.2 旋　回　失　速 ………………………93
8.3 フ　ラ　ッ　タ ………………………94
　　　a．フラッタとは ……………………94
　　　b．翼列フラッタ ……………………95

9．非設計点性能とエンジンシステム

9.1 非設計点性能 …………………………96

　　　a．要素特性と修正量 ………………97
　　　b．適合条件 …………………………102
　　　c．非設計点性能 ……………………106
9.2 制　御 …………………………………109
　　　a．制御目的 …………………………109
　　　b．エンジン動特性 …………………109
　　　c．制御機能 …………………………110
　　　d．制　御　器 ………………………112
9.3 二次空気システム ……………………113

10．環境適合

10.1 航空機騒音 ……………………………114
　　　a．ジェット騒音 ……………………114
　　　b．ファン騒音 ………………………115
10.2 大気環境 ………………………………119
　　　a．排気と環境汚染 …………………119
　　　b．評価指数と排気規制 ……………119
　　　c．低エミッション技術 ……………121

11．トピックス

11.1 高性能化 ………………………………125
　　　a．サイクルの改良 …………………125
　　　b．要素技術の向上 …………………126
11.2 石油代替エネルギ ……………………128
11.3 超大型亜音速機から極超音速機
　　 まで …………………………………129
11.4 宇宙往還機（スペースプレーン）…133
11.5 宇宙熱発電 ……………………………135

参　考　文　献 ………………………………136
索　　引 ………………………………………137

主な記号

A	：流路断面積	Z	：全圧損失係数
a	：音速	α	：絶対流れの角度
BPR	：バイパス比	β	：相対流れの角度
C_p	：圧力係数	γ	：比熱比
c_p	：定圧比熱	η	：効率（添え字：th：熱効率，c：圧縮機断熱効率，t：タービン断熱効率，s：段効率，r：再生効率，i：空気取入れ口断熱効率，b：燃焼効率，m：機械効率，p：ポリトロープ/推進効率）
c_v	：定容比熱		
D	：ディフュージョンファクタ		
e, E	：内部エネルギ（小文字は単位質量当り）		
f	：燃空比（$=m_f/m_a$）		
h	：エンタルピ（単位質量当り）	μ	：スリップファクタ
I	：音響エネルギ	π	：圧力比（添え字：c：圧縮機，t：タービン）
LHV	：燃料の低位発熱量		
M	：マッハ数	ρ	：密度
m	：質量流量（添字：a：空気，f：燃料，c：コア，b：バイパス）	τ	：温度比
		ϕ	：流量係数
N	：回転数	ψ	：負荷係数
n	：ポリトロープ指数	$\varOmega$	：回転角速度
N_S	：比速度	ω	：角振動数
p	：圧力		
p_t	：全圧	[翼列関係]	
q, Q	：熱量（小文字は単位質量当り）	i	：入射角（incidence）
R	：気体定数/反動度	l	：翼弦長
r	：半径	s	：ピッチ
s, S	：エントロピ（小文字は単位質量当り）	ξ	：食違い角
SFC	：燃料消費率		
SPL	：騒音レベル	番号/添え字	
T	：絶対温度	1	：段入口
T_t	：全温（度）	2	：翼列間
U	：動翼周速	3	：段出口
V	：絶対流速	a	：軸流成分
v	：流速	j	：ジェット
$\boldsymbol{v}$	：比体積	r	：半径方向成分
W	：相対流速	θ	：周方向成分
w, W	：仕事（小文字は単位質量当り）（添え字：c：圧縮機仕事，t：タービン仕事）		

1. ガスタービンの歴史と発展

1.1 ガスタービンの歴史

ガスタービンエンジン gas turbine engine は作動流体（空気）を圧縮機で圧縮した後、燃焼器で燃料を噴射・燃焼して加熱し、得られた高温・高圧ガスでタービン（回転式の膨張機）を駆動して動力を発生する気体サイクルの内燃機関である。

燃焼ガスを直接動力発生に利用したものとしては、煙突の中に風車をおいてガスの流れによりそれを回転させて利用したものがあるが（Leonardo da Vinci、16世紀、図1.1）、我が国で古くから使われている廻り灯篭もこれと同じ原理に基づくものである。これらの例は、ガスタービンが極端に簡単な構造でも運転できるという大きな特徴を示している。

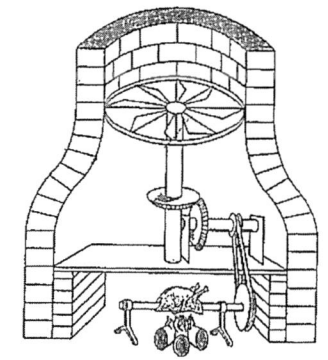

図1.1　ダビンチ・ロースタ

19世紀の終り頃、経済的熱機関として唯一のものであった往復動式蒸気機関に対して、de Laval（1883年、衝動型）と Parson（1884年、反動型）により蒸気タービンが、また N.Otto（1876年）や R.Diesel（1892年）らにより往復式内燃機関が発明され、経済性の良さで急速に普及した。

蒸気タービンと往復式内燃機関の急速な発達を見て、両者の利点をあわせもつガスタービンも容易に実現できるであろうとの期待から、多くの発明・考案がなされたが、実用になったものは皆無であった。その主な原因は、効率を高めることが甚だしく困難であったこと、すなわち高温ガスに耐えるタービン材料と効率のよい空気圧縮機がえられなかったためである。

1930年代に入って、圧縮機とタービンの流体力学的研究や耐熱材料の研究が盛んになり、1939年に A.Stodola の指導の下にＢＢＣ（Brown Boveri & Cie）で発電用 4000ｋWのガスタービンエンジンが試作され、熱効率も 17.4％に達し、ガスタービンの実用性が確認された。やがて、各国で新しい航空原動機として航空用ガスタービンエンジンの研究が強力に推進され（図1.2a）、第２次世界大戦の末期にはターボジェット機関を実用するに至った。現在、航空用エンジンは、軽飛行機用のものを除けば、100％ガスタービンエンジンであり、ガスタービンが航空機に革命的発展をもたらしたことは衆目の認めるところであろう（1.2節参照）。

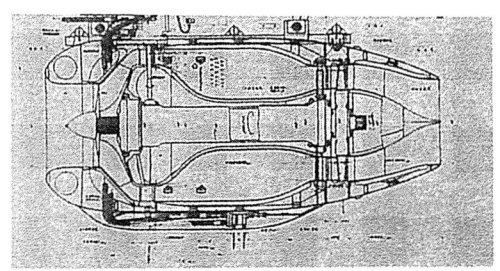
a) ネ-4補助ブースタ(推力240kg)

b) 汎用1号ガスタービン(2200馬力)

図1.2　日本の初期のガスタービン

一方、航空用以外のガスタービンはどうかというと、蒸気タービンに代る発電機動力や自動車用エンジンなど多用途に期待されたが、技術開発課題が多い割に非設計点性能が悪く、安価な重油燃料の使用も難しいなどの理由から、近年まで、その軽便性を発揮できる非常用発電機の動力として用いられるに過ぎなかった。我が国では、昭和17年に製作設計された1号ガスタービン（図1.2b）が、戦後、昭和

24年にようやく試運転され、欧米に比べて開発研究の出足が遅れた。しかるに、最近エネルギ需要の急速な伸びと、省エネルギ化の要求の高まりとともに、より高効率のエンジンが模索され、その結果として温度レベルの異なる蒸気タービンとガスタービンを組合せて熱効率が50%にも達する**複合（コンバインド）サイクル**が開発され、また**マイクロガスタービン**を用いる小規模発電設備が次世代の発電形式として期待されるなど、ガスタービンエンジンが俄かに注目されるに至った（第11章参照）。これらガスタービンの開発の過程において、航空用ガスタービンエンジンが産業用や舶用等に転用（いわゆる航空転用ガスタービンエンジン）されたりもして、最近ではエンジン設計に関する技術的ギャップは小さくなっている。

1.2 航空用ガスタービンエンジン

航空機の歴史は100年にも満たないものであり、自力で離着陸する現代的な意味での飛行機は1903年Wright兄弟の成功により創まった。航空機開拓時代、鳥の飛行を真似てはばたいて飛行することが試みられたが、失敗の連続であった。それらの苦い経験を経て、ようやく飛行機が成功した理由は、揚力と推力との分離にある。すなわち、

　　　　　鳥の翼＝揚力＋推力
　　　　　飛行機＝揚力（固定翼）＋推力（プロペラ）

したがって、プロペラを駆動する動力源つまりエンジンが心臓と筋肉の役割をするわけで、航空機の発達の歴史を見ると、推進エンジンの発達とともに飛躍的に進歩していることがわかる（表1.1）。

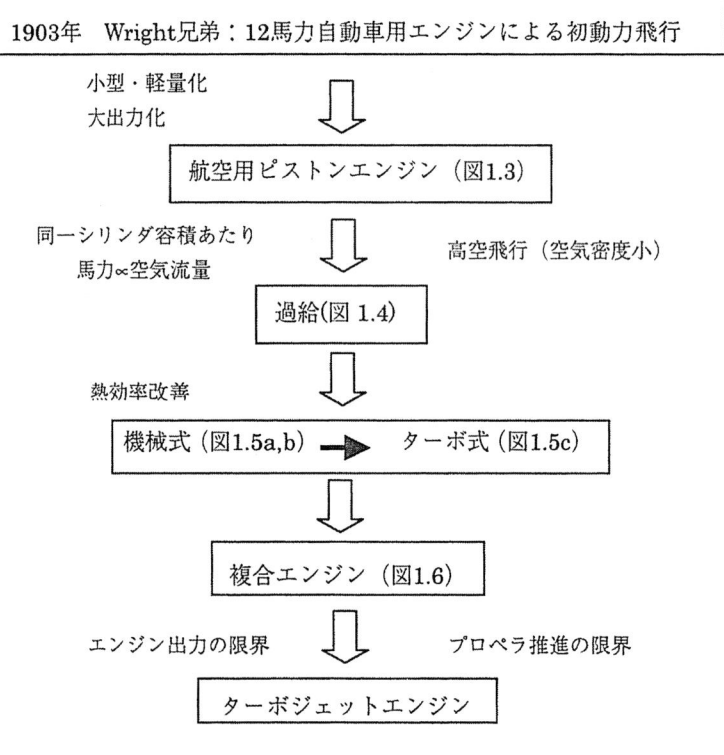

表1.1　航空用エンジンの発展

Wright兄弟は12馬力の自動車用エンジンを使用したが、航空機の性能向上のためには小型・軽量で大出力のエンジンが要求され、航空用ピストンエンジンが他と異なる高性能エンジンとして発展していった（図1.3）。エンジンの馬力はそれが処理する空気流量に比例するから、大馬力をだすためにはでき

るだけ多くの空気を送り込んでやればよい。また、航空機が高空を飛ぶと空気密度が減少し、馬力の減少をもたらす。そこで、**過給 supercharging** という概念が持込まれた（図1.4）。過給は、最初ルーツブロワのような容積型圧縮機をクランクに直結して駆動して圧縮空気を押込む機械式過給が行われたが、大量の空気を押込むために遠心圧縮機が用いられるようになった（図1.5a→b）。

図 1.3 空冷式複列星型航空エンジン（栄 21型、零戦搭載 1130 馬力 14 気筒、中島、1942）

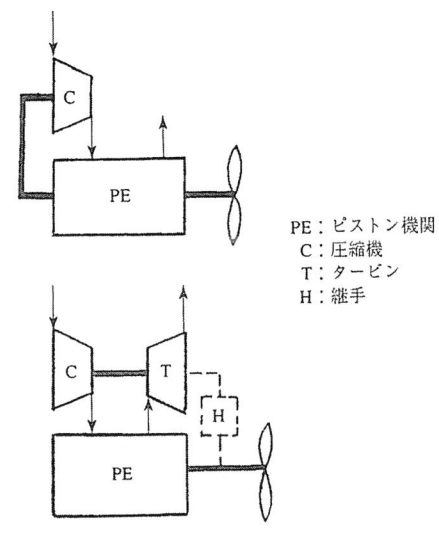

図 1.4 過給とは？

このような機械駆動式の過給では、空気を圧縮するためにエンジンの出力の一部を使うので、馬力は上がるが熱効率は低下するという欠点がある。ところで、エンジンから排出される排気ガスは温度も圧力もかなり高く、エネルギが無駄に捨てられているわけで、それを利用することができれば熱効率の向上が期待できる。そこで、排気ガスがもつエネルギをタービンで吸収して遠心圧縮機を駆動するというターボ式過給が考えだされたわけである（図1.5 c）。現在では、自動車用エンジンにも**ターボ式過給機 turbo-supercharger** が使われており、身近な存在になっている。

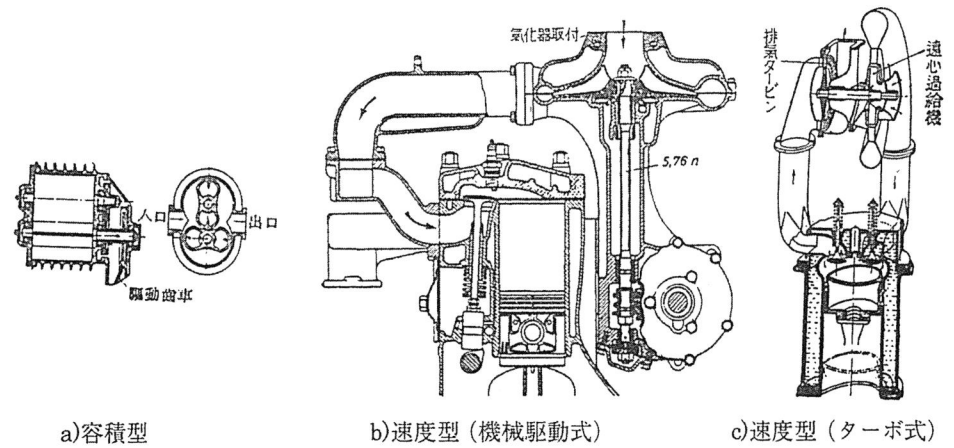

a)容積型　　b)速度型（機械駆動式）　　c)速度型（ターボ式）

図 1.5　過給機型式（文献 4）

ターボ式過給機で過給されたエンジンは、第 2 次世界大戦末期にほぼ完成された先端技術であったが、さらなる高性能ピストンエンジンを目指して**複合エンジン compound engine** が開発された（図1.6）。これは、タービンで圧縮機を駆動した後でも排気ガスにはまだエネルギが残っているから、タービン軸とピストンエンジンのクランク軸とを結合させて、排気ガスエネルギをできるだけ回収しようとするものである。複合エンジンでは、過給をできるだけ大きくして大出力化を図るとともに、過給機も出力の

一部を分担しているわけで、したがって過給機はピストンエンジンを燃焼器とするガスタービンとも考えることができる。

このように、第2次世界大戦末期に現われた複合エンジンはピストンエンジンとガスタービンの長所を併せもつ hybrid 機関と考えられたが、実際には欠点（構造の複雑さ、馬力当り重量の限界、熱負荷の限界等）の方が大きくなる結果となり、真の実用化とは言えないものであった。このように、ピストンエンジンの軽量・大出力化には壁があり、また音の壁によるプロペラ性能の限界もあって、達成された最高飛行速度は約 700km/h に過ぎなかった。

なお、複合エンジンをさらに進展させて、ピストンエンジン部分を高温・高圧ガス発生機とし、出力はタービンから 100%とりだす**フリーピストン式ガスタービン**（図 1.7）が開発され、熱効率がよいことから船舶用等のエンジンとして有望視されたが、これも現在では殆ど見ることができない。

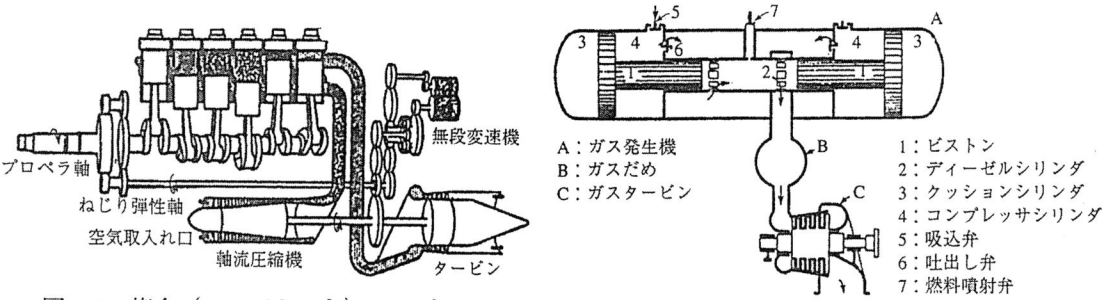

図 1.6　複合（コンパウンド）エンジン

図 1.7　フリーピストン式ガスタービン

このようなピストンエンジンの限界を打破したのが、第2次大戦末期に実用化された**ターボジェット turbojet エンジン**であって、

　　容積型（往復動式）のピストンエンジンの代りに、
　　速度型（回転式）の圧縮機やタービンをもつガスタービン

を**ガス発生機 gas generator** とし、その排気ガスエネルギをジェットエネルギに変換し、その反動で推進するものであった。ここで、

　　容積型：密閉された空間の容積を変化させることにより作動
　　　　　　流量、回転数に限界 → 重量当りの出力に限界
　　速度型：気体を連続的に吸入、圧縮、排出して、エネルギを授受する回転機械
　　　　　　大流量、高回転数 → 大出力

ターボジェット機関の基本構想は 1930 年の英国の F.Whittle の特許によって始まるが（図 1.8）、それ以来、主としてイギリスとドイツで開発研究が行われ、1940 年頃両国で相前後してジェット推進による初飛行が行われ、第2次世界大戦の末期に実用されるにいたった（Heinkel HE178, 1939 年および Gloster E28/39, 1941 年）。

日本においても、ドイツの技術を参考にして開発が進められ、1945 年敗戦直前に試験飛行が行われたが、実戦には間に合わなかった（図 1.9）。

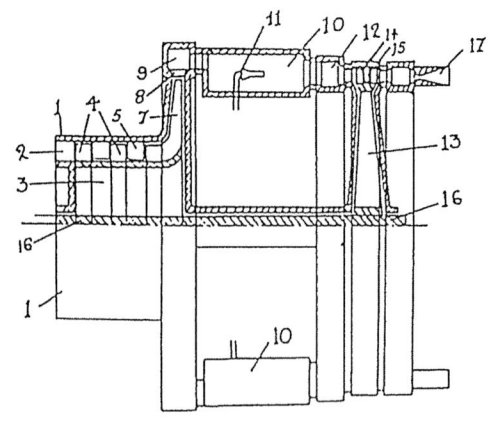

図 1.8　Whittle エンジン（1930 年特許）

図1.9 橘花（中島、1945）と搭載ネ-20ターボジェット

ジェットエンジンの主要部分は次の3要素よりなる（図1.10）。

　　圧縮機 compressor（C）：外部より空気を取入れ、それをある圧力まで圧縮。
　　燃焼器 combustion chamber（CC）：圧縮された空気に燃料を噴射・燃焼させ、高圧・高温ガス化。
　　タービン turbine（T）：高温・高圧のガスを膨張させて、圧縮機等を回すに必要な動力を発生。

タービンをでたガスはまだ十分なエネルギをもっており、それが出口ノズルにより速度エネルギに変えられた後、後方にジェットとして噴出し、推進力を作る。これが**ターボジェット** turbojet（purejetともいう）である。これに対して、排気をジェットとして噴出する代りに、そのエネルギでもう1つのタービンを駆動してプロペラを回すものを、**ターボプロップ** turboprop という。この場合、排気のもつジェット効果は極めて小さい。後述（3.3節）するように、燃料経済性はターボプロップの方がよいので、最近ではプロペラを多翼ファンに替えた**ターボファン** turbofan（fanjetともいう）が殆どである。

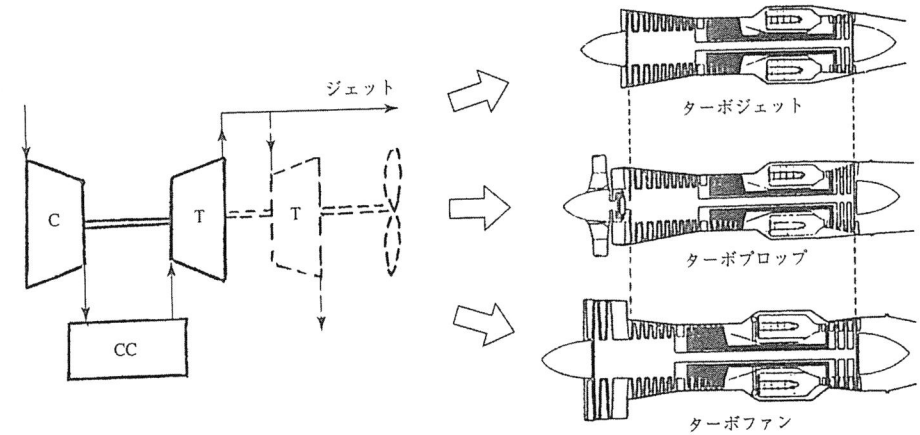

図1.10 ジェットエンジン主要素展開

　図1.11-13に、それぞれ、ターボジェット、ターボプロップ、ターボファンの例を示す。
　これらの例に見るように、**Whittle エンジン**（図1.8）では、圧縮機として遠心圧縮機が用いられたが、現在は軸流圧縮機が使用されている。その理由は、遠心圧縮機は構造が簡単で、かつ比較的容易に高圧が得られるのに対し、その当時軸流圧縮機に対する知識が豊富でなく、性能の面でも重量の面でも遠心圧縮機に太刀打ちできなかったからである。しかし、軸流圧縮機の空力的研究が進み、設計法が確立されて、性能が向上するにつれて、
　　軸流圧縮機の特徴：遠心圧縮機に比し効率が高い
　　　　　　　　　　　前面面積が小さい
などにより、軸流圧縮機が遠心圧縮機にとって代るに至った。したがって、現在大型のガスタービンで

は殆ど軸流圧縮機と軸流タービンが使用されている。図1.14は最新鋭のターボファンエンジンを示す。一方、遠心圧縮機もその特徴を生かして、中小型ガスタービンに使われている。例えば、日本のYS-11機には、Rolls-Royce Dart（図1.12）が使用された。また、段数の少ない軸流圧縮機と遠心圧縮機を組合せた設計がTurbomeca（仏）やP&WJT15D（カナダ）などに採用されている。

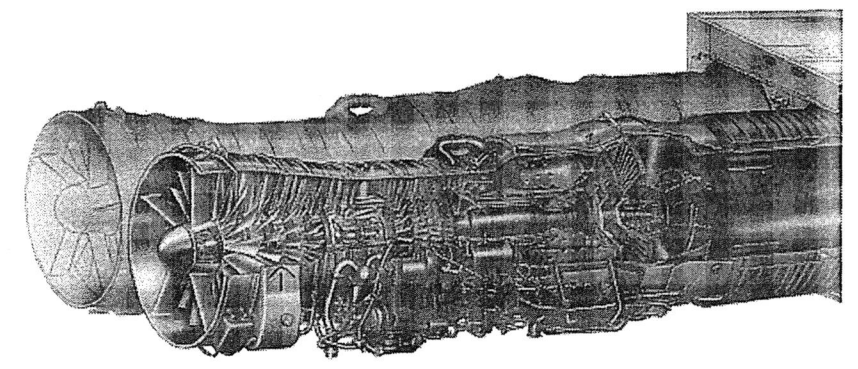

推力　171 kN
重量　3075 kg
全長　3.8 m
直径　1.2 m
圧縮比　14.8

図1.11　ターボジェット（RR-SNECMA Olympus593、コンコルド超音速機）

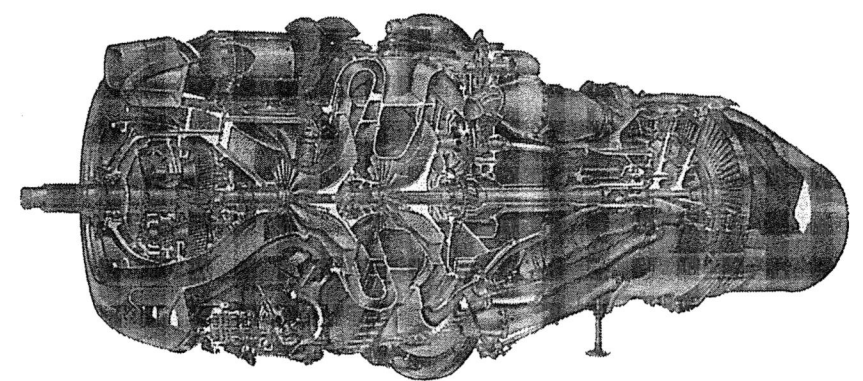

出力　2260 kW
重量　620 kg
全長　2.5 m
直径　1.0 m
圧縮比　6.4

図1.12　ターボプロップ（RR Dart、YS11双発機）

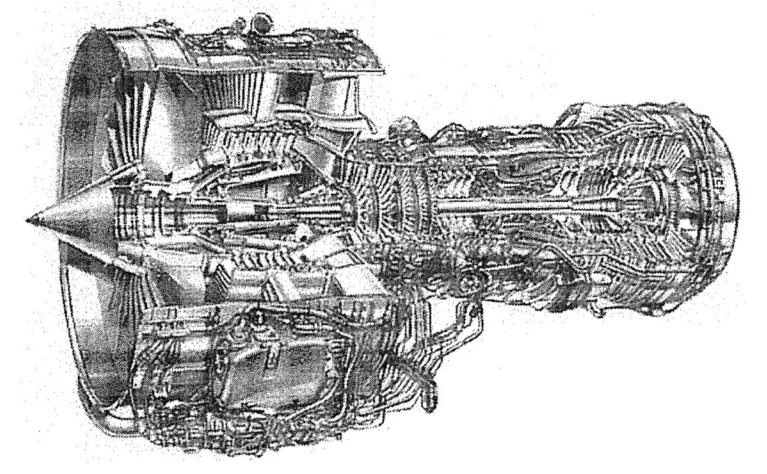

推力　140 kN
重量　2360 kg
全長　3.2 m
ﾌｧﾝ直径　1.6 m
圧縮比　25.2
ﾊﾞｲﾊﾟｽ比　4.9

図1.13　ターボファン（IAE V2500-A5、エアバスA320機）

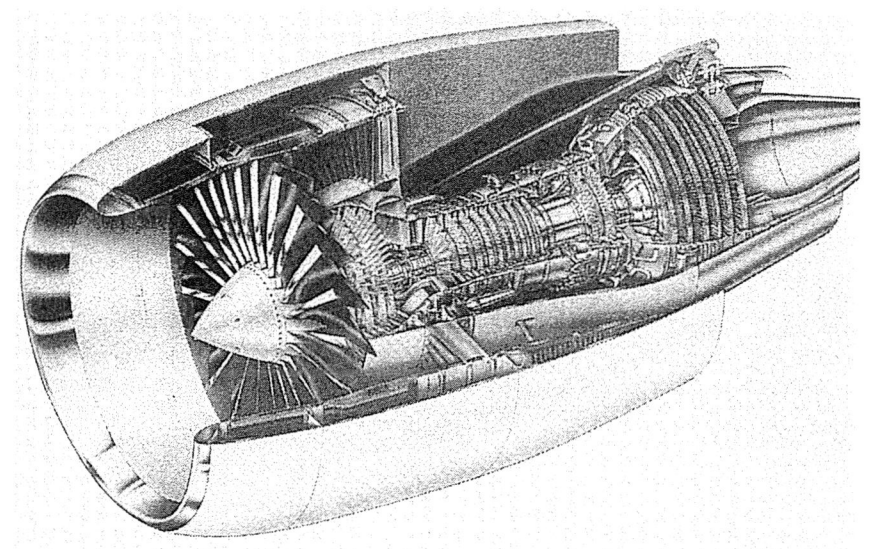

推力 400 kN
重量 7560 kg
全長　4.9m
ﾌｧﾝ直径 3.4m
圧縮比　40
ﾊﾞｲﾊﾟｽ比　9

図 1.14　高バイパスターボファン（GE90、B777 機）

1.3　ガスタービンエンジンの特徴

ガスタービンは
　　蒸気タービンと比べると、**温度の圧力からの解放**
　　ピストンエンジンと比べると、**容積からの解放**
といえよう（文献 1）。

まず、蒸気タービンと比べて得失を見てみよう。

1）熱機関において、高い熱効率を得るためには、作動流体を高温にすることが必要である（第 3 章参照）。ところが、蒸気タービンは必然的に蒸発現象を伴うから、温度を圧力と無関係に高めることができず、温度を高めるには高圧にも耐えねばならなくなる。現在では、例えば、温度 590℃、圧力 315 気圧。したがって、厚肉容器を必要とし、熱応力が大きな問題となる。これに対して、ガスタービンは作動流体が常に気相であるから、温度と圧力はそれぞれ独立に選ぶことができる。

2）蒸気タービンは作動流体の圧縮仕事を液相で行うから、圧縮仕事は無視できる。したがって、タービン効率が必ずしもよくなくても作動する。一方、ガスタービンは作動流体が常に気相であるから、圧縮仕事は膨張仕事に比し大きな割合（約 2 対 3）を占める。したがって、有効仕事（3－2＝1）に比し、圧縮・膨張仕事がかなり大きいから、圧縮機とタービンの効率が有効仕事や熱効率に致命的な影響を与える（3.1.b 項参照）。これより、ガスタービンでは、圧縮機とタービンは高効率であることが要求される。

次に、ピストンエンジンと比べてみよう。

1）ピストンエンジンは容積型なる故、1 シリンダ行程容積や回転数に限界があり、また全体の剛性等のためシリンダ数にも限度がある。したがって、比較的小出力の場合、軽量、高効率にしうるが、大出力には流量の限度から 1 基 1～2 万馬力程度までである。これに対して、ガスタービンエンジンは速度型なので大流量は容易にえられるが、逆に小流量に対しては処理しにくい（回転翼と壁との間隙を小さくするのに限度があり、また体積当りの表面積が大きいから流量当りの熱伝達や壁摩擦の影響が増加することなどにより、効率低下）。

2）ピストンエンジンでは燃焼は間欠的であるが、ガスタービンエンジンでは連続燃焼である。したがって、ガスタービンの最高温度 T_{max} はタービン材料の耐熱性の制限をうけて、ピストンエンジンに比べてかなり低い。したがって、サイクル圧力比と温度比も低く、熱効率が悪く、比出力（流量当りの出力）も小さい（3.1 節参照）。

ガスタービンエンジンの長所と欠点を以上の点からまとめると、
  長所：大出力、小型軽量
     振動、トルク変動が小さい
     冷却水が不要（中間冷却器を除く）
     潤滑系が簡単
  欠点：熱効率が低い（温度的制約のため）
     高速なる故、複雑な減速歯車が必要な場合あり

このようにガスタービンエンジンは優れた長所と裏腹に大きな欠点ももっている。そこで、その性能を向上させるには、

  圧力比を高め、タービン入口温度を上げること
  圧縮機、タービン、燃焼器の効率向上
  排熱回収   → 再生
  圧縮仕事の低減（圧縮過程の平均比容積を小さくする） → 中間冷却
  膨張仕事の増大（膨張過程の平均比容積を大きくする） → 再熱

が考えられる（3.2節参照）。
 航空用ガスタービンエンジンでは、再生、中間冷却、再熱（一般的な意味での）を行わないが、それにもかかわらず航空用原動機として成功したのは、

   前面面積当り、重量当りの出力がピストンエンジンに比し桁違いに大きいこと、
   高速に伴うプロペラ効率の低下からの解放、

により、飛行速度を飛躍的に増大することができたためである。これらの結果、軍用機をはじめ民間輸送機（大型からヘリコプターまで）のエンジンはほぼ完全にガスタービン化された。
 さらに、ガスタービンエンジンの1つの大きな特徴は、吸気、圧縮、加熱、膨張、排気の過程をそれぞれ別個の独立した構成要素で行うことである。すなわち、1つのまとまったエンジンというより、1つの動力系といえる（文献（2））。構成要素の種類、特性、数やそれらの結合方法（作動流体の流し方や軸の結合の仕方）を適当に組合せることによって、多様な性能のものが実現される。例えば、設計点の性能は同一であるが、異なった非設計点作動特性をもつものなどを工夫することもできる。

2. 流れと熱の基礎

2.1 気体の状態式

気体の場合、密度 ρ [kg/m³] ないし比体積 $v=1/\rho$、絶対温度 T [K]、圧力 p [Pa] の間に近似的に次式が成立つ。(**ゲイ・ルサック Gay-Lussac の法則**)

$$\frac{p}{\rho} = RT \quad \text{または、} \quad pv = RT \tag{2.1}$$

ここで、R は**気体定数 gas constant** であり、常温・常圧の空気の場合、$R=0.287$ [kJ/kg/K]。非粘性かつ比熱が一定で、式(2.1)を満足する気体を**完全気体 perfect gas** という。

いま、容器中に単位質量(1[kg])の気体があり、それに熱量 dq が加えられたとしよう。そのとき、気体の温度が上昇（内部エネルギ e が増加）するとともに、体積が dv だけ大きくなったとすると、

$$dq = de + p\,dv \quad \text{[kJ/kg]} \tag{2.2}$$

これは、加えられた熱量の一部が気体の体積変化にともなって外部に仕事 pdv をするのに使われ、残りは内部エネルギとして蓄えられることを示している。(熱力学の第一法則)

いま、体積一定（$dv=0$）の下での状態変化を考えよう。このとき、加えられる熱量 dq と温度変化 dT との間に次の関係が成立つ。

$$dq = c_v\,dT \tag{2.3}$$

ここで、比例定数 c_v [kJ/kg/K] は、容積一定で気体の温度を単位温度（1 [K] ＝ 1 [℃]）だけ上げるに必要な熱量であり、**定容（定積）比熱**という。

したがって、式(2.2)より、$de = c_v dT$ であるから、内部エネルギは次式で与えられる。

$$e = c_v T \quad \text{[kJ/kg]} \tag{2.4}$$

すなわち、気体の温度（分子の運動エネルギ）の形で蓄えられたものが内部エネルギである。

次に、圧力一定（$dp=0$）の下での状態変化を考えよう。圧力一定に保ったまま単位質量の気体の温度を dT だけ上げるのに必要な熱量は

$$dq = c_p\,dT \tag{2.5}$$

で与えられる。ここで、比例定数 c_p [kJ/kg/K] を**定圧比熱**という。

この場合、式(2.1)より、$p\,dv = R\,dT$、また、式(2.2)と式(2.4)より、$dq = c_v dT + p\,dv$ であるから、

$$c_p - c_v = R \tag{2.6}$$

なる関係があることがわかる。ここで、**比熱比** $\gamma = c_p/c_v$ を用いると

$$c_v = \frac{R}{\gamma-1} \quad \text{および} \quad c_p = \frac{\gamma}{\gamma-1}R \tag{2.7}$$

が得られる。なお、空気のような2原子分子では $\gamma = 1.40$ である。

2.2 エンタルピ

いま、図2.1のような流体機械のシステムを考えてみよう。ここで、A は管路の断面積、V は流速である。簡単のために定常状態であるとして、このシステムを通過する流れのエネルギを調べる。

流入する流れ（添字1）に関しては、単位時間あたり、
　　流れがもち込む内部エネルギ：$\rho_1 A_1 V_1 e_1$
　　流れがシステムに対してなす仕事：$p_1 A_1 V_1$

であるから、流入する流れがシステムに与えるエネルギ（入る方を正とする）は
　　$\rho_1 A_1 V_1 e_1 + p_1 A_1 V_1 = \rho_1 A_1 V_1 (e_1 + p_1 v_1)$

同様にして、流出する流れ（添字2）がシステムに与えるエネルギは
　　$-\rho_2 A_2 V_2 e_2 - p_2 A_2 V_2 = -\rho_2 A_2 V_2 (e_2 + p_2 v_2)$

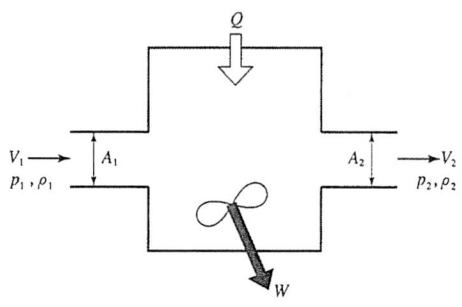

図2.1 流体システム

これらの和が0でなければ、このシステムに外部より熱量Q（単位質量当りq）が加えられたり、外部に仕事W（単位質量当りw）がなされていることになる。連続の関係、$m = \rho_1 A_1 V_1 = \rho_2 A_2 V_2$ を用いると、以下となる。

$$(e_1 + p_1 v_1) - (e_2 + p_2 v_2) = w - q \tag{2.8}$$

ここで、

$$h = e + pv = e + \frac{p}{\rho} \quad [\text{kJ/kg}] \tag{2.9}$$

は、**エンタルピ enthalpy** と呼ばれる。式(2.1)、式(2.4)および式(2.6)を用いると、完全気体の場合、

$$h = c_p T \tag{2.10}$$

が導けるので、式(2.8)は以下のように表される。

$$h_1 - h_2 = c_p (T_1 - T_2) = w - q \tag{2.8'}$$

　これよりわかるように、エンタルピは流れがもつエネルギであって、外部仕事がなされずに（$w=0$）、かつ熱の出入りがない（$q=0$）場合には、エンタルピは保存される。（注2.1参照）
　一般に流れにはいろいろな**内部損失**（粘性摩擦など、流体がなす仕事）が生ずるが、その場合にも、システムが外部から熱的に遮断され（断熱変化）、外部仕事をしなければ、やはりエンタルピは保存される。これは、内部損失w'は最終的に熱エネルギqとして流体中に保存される（$w'-q=0$）からである。

（注2.1）エンタルピと仕事：
式(2.9)より、
　　$dh = de$（内部エネルギの変化）$+ pdv$（圧縮仕事）$+ v dp$
式(2.2)より、断熱変化の場合、$dq = de + pdv = 0$であるから、$dh = v dp$
状態1から状態2への変化を考えると、$h_2 - h_1 = \int_1^2 v dp$
等エントロピ変化（次節参照）では、$p v^\gamma = \text{const}$ であるから、これを上式に代入すると、
　　$h_2 - h_1 = c_p (T_2 - T_1)$
となり、式(2.8')を得る。

　図2.1のシステムの場合、式(2.8')より、$-w = h_2 - h_1 = \int_1^2 v dp$ となり、外部からなされる仕事（$-w$）は、右辺の積分に等しくなるが、これを$p-v$線図の考え方で調べてみよう。
　いま、単位質量の流体がこのシステムに流入し、圧縮された後、流出するとすると、

　　流体が流入する際になす仕事：$-p_1 v_1$、流体を圧縮するための仕事：$-\int_1^2 pdv$、流体を押出すための仕事：$+p_2 v_2$

したがって、単位質量の流体がシステムを通過するときに外部からなされる仕事（$-w$）は、これらの和で、

$$-w = \int_1^2 v\,dp$$

となる。すなわち、連続的に流動する流体がなす仕事 $v\,dp$（工業仕事ともいう）と閉空間の流体のなす仕事 $p\,dv$ とは、流入・流出仕事だけ異なる。

2.3 エントロピ

気体の温度を T、単位質量の気体に加えられた熱量を dq とするとき、

$$s = \int \frac{dq}{T} \tag{2.11}$$

を**エントロピ entropy** $[kJ/kg/K]$ という。ここで、加えられる熱量は一般的に外部から加えられる熱量のみならず内部損失による発熱量を含んでいるものである。

式(2.2)を式(2.11)に代入し、式(2.1)、(2.4)、(2.7)を用いれば、次のエントロピ関係式が導かれる。

$$s = c_v \log(T v^{\gamma-1}) + s_0, \quad s = c_v \log(p v^{\gamma}) + s_0, \quad s = c_p \log \frac{T}{p^{\frac{\gamma-1}{\gamma}}} + s_0 \tag{2.12}$$

ここで、s_0 は積分定数であるが、エントロピは変化量が問題となるから、実際上考えなくてよい。

完全気体が外部から熱的に遮断されて変化するとき（**断熱変化 adiabatic change**）、$dq = 0$ であるから $ds = 0$、したがってエントロピは変化しない。これより、断熱変化する完全気体の流れを**等エントロピ流れ isentropic flow** という。

式(2.12)より、等エントロピ流れでは、以下の関係が成り立つ。

$$T v^{\gamma-1} \text{ または } \frac{T}{\rho^{\gamma-1}} = \text{const}, \quad p v^{\gamma} \text{ または } \frac{p}{\rho^{\gamma}} = \text{const}, \quad \frac{T}{p^{\frac{\gamma-1}{\gamma}}} = \text{const} \tag{2.13}$$

前項に述べたように、実際の断熱流れでは、粘性による仕事などが最終的に熱エネルギになって加えられるから（$dq > 0$）、必ずエントロピは増大する。

[例題 2.1] 容器中の完全気体（圧力 $p = 10^5$ [Pa]、温度 $T = 288$ [K]）が断熱的に 1/5 の体積に圧縮されるとき、次を求めよ。ただし、気体定数 $R = 0.287$ [kJ/kg/K]、比熱比 $\gamma = 1.40$ とする。
（a）圧縮後の圧力と温度
（b）単位質量（1 [kg]）の気体を圧縮する仕事
（c）気体の内部エネルギ（単位質量当り）の変化を求め、それが圧縮仕事に等しいことを示せ。

ヒントと解答：
（a）断熱圧縮(1→2)の場合、式(2.13)より
　　$p_2 = p_1(v_1/v_2)^{\gamma} = 10^5 \cdot 5^{1.4} = 9.52 \cdot 10^5$ [Pa], $T_2 = T_1(v_1/v_2)^{\gamma-1} = 288 \cdot 5^{0.4} = 548.3$ [K]
（b）$pv^{\gamma} = \text{const}$ を用いると、圧縮仕事 $w = \int p\,dv = p_1 v_1^{\gamma} \int v^{-\gamma}\,dv = -RT_1/(\gamma-1)\{1-(v_1/v_2)^{\gamma-1}\} = -186.8$ [kJ/kg]（圧縮の場合（$dv < 0$）、外部から仕事がなされるから負）
（c）定容比熱：$c_v = R/(\gamma-1) = 287/0.4 = 0.718$ [kJ/kg/K]
　　温度変化：$\Delta T = T_2 - T_1 = 548.3 - 288 = 260.3$ [K]
　　内部エネルギ変化：$\Delta e = c_v \Delta T = 186.8$ [kJ/kg]　（設問（b）の圧縮仕事に等しい）

[例題 2.2] 図 2.1 のシステムにおいて、断熱変化で入口と出口での圧力と温度が与えられたとき、エントロピの上昇を与える式を求めよ。

ヒントと解答：
　式(2.12)の第 3 式より、変化（1→2）におけるエントロピ変化は
　　$\Delta s / c_p = \log(T_2/p_2^{(\gamma-1)/\gamma}) - \log(T_1/p_1^{(\gamma-1)/\gamma}) = \log\{(T_2/T_1)/(p_2/p_1)^{(\gamma-1)/\gamma}\}$
さらに変形すると、$\Delta s / c_p = \log\{(T_{2s}/T_1)/(p_2/p_1)^{(\gamma-1)/\gamma}\} + \log(T_2/T_{2s}) = \log(T_2/T_{2s})$ となり、等エントロピ変化で 0 である。

2.4 $T-s$ 線図

ガスタービンのサイクル計算では、その変化の過程が**エンタルピ-エントロピ（$h-s$）線図**や**温度-エントロピ（$T-s$）線図**で表される。$T-s$線図は加えられる熱量が図上で面積として示されるという便利さがあり（下記参照）、また近似的に完全流体（c_p=一定）とすれば$h-s$線図と同様に用いられるから、以下においては$T-s$線図を用いることにする。

$T-s$線図（図2.2）において、圧力 $p=$ 一定の線は式（2.12）の第3式で求められる。いま、初期状態が1の点であるとし、圧力がp_1からp_2に変化する**断熱圧縮**過程を考えてみよう。**等エントロピ変化**ではエントロピが不変であるから、1→2sのように変化する。ところが、実際の流れでは摩擦損失等によって、エントロピは増大して1→2のような変化をする。1→2の途中での変化は、その過程で損失がどのように生ずるかによってきまる。

圧縮過程は、等エントロピ変化の場合、式（2.8′）より

$$c_p(T_1 - T_{2s}) = w$$

で与えられるが、圧縮過程では外部から系に仕事がなされるから、$w<0$であって、$w_c=-w$が**圧縮仕事**となる。つまり、圧縮仕事は

$$w_c = c_p(T_{2s} - T_1)$$

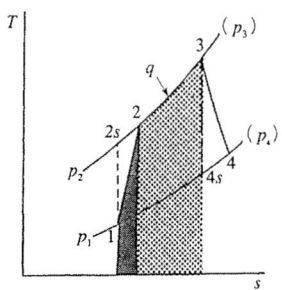

図2.2　$T-s$線図

同様に、損失がある場合（1→2）では、

$$w_c = c_p(T_2 - T_1) \tag{2.14}$$

となり、損失のない場合よりも大きな仕事をしなければならない。いずれの場合も、$T-s$線図上では温度差が圧縮仕事に対応している。なお、圧縮仕事 w_c [kJ/kg] は単位質量1 [kg]当りの仕事であるが、単位質量流量1 [kg/s]当りにすると、圧縮機駆動動力[(kJ/s)/(kg/s)＝kW/(kg/s)]を表す。

ところで、式（2.11）を書き直すと（注：式（2.11）の q には内部損失による発熱量を含む）、

$$q = \int_1^2 T ds \tag{2.15}$$

が得られる。これは、1→2の過程で損失によって生じた熱エネルギを示すものであり、$T-s$線図2.2の上では黒色で示した面積で与えられる。

膨張する場合（3→4s および 3→4）も全く同様であるので、省略する。

次に、等圧（$p_2=$ 一定）で加熱する場合を考えよう。いま、温度がT_2からT_3に上昇したとする。この場合、$w=0$、$q>0$であるから、式（2.8′）より、**加熱量**は、次式で与えられる。

$$q = c_p(T_3 - T_2) \tag{2.16}$$

この場合、式（2.15）からわかるように、加熱量は図2.2の点々で示した面積で与えられる。

冷却する場合（4s→1 および 4→1）も全く同様に考えることができるので、省略する。

2.5 圧縮性流体の流れ

完全気体（圧力p_0、密度ρ_0、温度T_0）の中を微小な圧力波（圧力と密度の変動分 p、ρ）が伝播するとき、その伝播速度（**音速**）[m/s]は

$$a = \sqrt{\frac{p}{\rho}} \tag{2.17}$$

である。断熱変化を仮定すると、式(2.13)第2式より

$$\frac{p}{\rho} = \gamma \frac{p_0}{\rho_0}$$

であるから、これを上式に代入すると、音速は次式で与えられる。

$$a = \sqrt{\gamma \frac{p_0}{\rho_0}} = \sqrt{\gamma R T_0} \tag{2.18}$$

気体が流れる場合、流れの速度 V とその点における音速の比を**マッハ数 Mach number** という。

$$M = \frac{V}{a} \tag{2.19}$$

気体の場合でも、低速の流れでは運動のエネルギが全部熱に変ったとしても温度には殆ど変化がないので、熱力学的な考察は必要でなく、**非圧縮性流れ**として取扱うことができる。しかし、高速の流れでは運動エネルギが大きく、温度と密度の変化が著しくなるから、圧縮性流れとして考えなければならない。圧縮性流れの相似性を示す無次元数はマッハ数であるが、マッハ数が0.3以下では非圧縮性流れと考えてよい。

高速の**圧縮性流れ**（速度 V）においては、流体がもつエネルギは静的なエンタルピと運動エネルギの和として与えられる。すなわち、単位質量の流体に関して

$$c_p T_t = c_p T + \frac{1}{2} V^2 \tag{2.20}$$

ここで、$c_p T_t$ を**全エンタルピ total enthalpy** といい、温度 T_t は澱み点（$V=0$）での温度で**全温度または全温 total temperature** と呼ばれる。これに対して、T を**静温度**、$c_p T$ を**静エンタルピ**という。

図2.1のシステムの場合、温度 T として全温度 T_t を用いればよい。したがって、式(2.8′)より、断熱流れにおいては、全エンタルピの変化はその間になされた外部仕事に対応し、外部仕事がなされない場合には、全エンタルピまたは全温度が保存される。

式(2.20)および式(2.13)より、次の重要な関係が導かれる。

$$\frac{T_t}{T} = 1 + \frac{\gamma-1}{2} M^2 \;,\quad \frac{p_t}{p} = \left(1 + \frac{\gamma-1}{2} M^2\right)^{\frac{\gamma}{\gamma-1}} \;,\quad \frac{\rho_t}{\rho} = \left(1 + \frac{\gamma-1}{2} M^2\right)^{\frac{1}{\gamma-1}} \tag{2.21}$$

ここで、p_t, ρ_t：澱み点における圧力（**全圧：stagnation (total) pressure**）と密度。これらの関係式は、1次元圧縮性流れに関するオイラーの運動方程式からも導けるので、試みていただきたい。

式(2.20)および式(2.1)、(2.7)、(2.21)からわかるように、圧縮性流れにおける全圧は

$$\frac{p_t}{\rho_t} = \frac{p}{\rho} + \frac{\gamma-1}{\gamma} \frac{V^2}{2} \tag{2.22}$$

で与えられる。非圧縮性流れは $M \to 0$ の極限の場合であるから、式(2.21)の第2式において、$M \ll 1$ とし、式(2.1)、(2.18)および式(2.19)を用いれば、非圧縮性流れに関する**ベルヌーイ（Bernoulli）の式**

$$\frac{p_t}{\rho} = \frac{p}{\rho} + \frac{V^2}{2} \tag{2.23}$$

が得られる。

式(2.21)および(2.22)は**亜音速流れ**（subsonic flow：$M<1$）でも**超音速流れ**（supersonic flow：$M>1$）でも成立つ。

いま、大きなタンク（静止気体：圧力 p_t、温度 T_t）から**先細ノズル**（図2.3a）を通して気体を流出させる場合を考えよう。

外気の圧力を下げてゆくと、出口での流出速度は次第に増加するが、それとともに気体の温度（したがって、音速）は低下する。その結果、出口圧力がある値まで低下すると、出口での流出速度は音速に等しくなる（出口でのマッハ数 $M=1$ の臨界状態）。そうすると、外気の圧力がさらに下がってもその影響は上流

に伝わらなくなるから、流出する流れの状態は一定に保たれ、質量流量も一定(=最大値)となる。この現象を**流れの閉そく** choking といい、流れがチョークしたという。

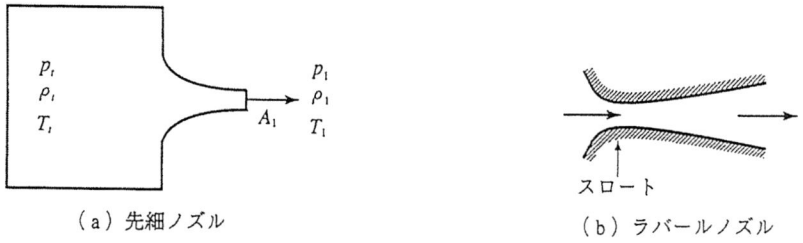

図 2.3　ノズル流れ

チョークが生ずる臨界状態では、式(2.21)において $M=1$ とおくことによって、

$$\frac{T^*}{T_t}=\frac{2}{\gamma+1} \quad、\quad \frac{p^*}{p_t}=\left(\frac{2}{\gamma+1}\right)^{\frac{\gamma}{\gamma-1}} \quad、\quad \frac{\rho^*}{\rho_t}=\left(\frac{2}{\gamma+1}\right)^{\frac{1}{\gamma-1}} \tag{2.24}$$

式(2.13)、(2.24)を用いると、式(2.22)より先細ノズル出口(添字 1)での流速は

$$V_1=\sqrt{2\frac{\gamma}{\gamma-1}\frac{p_t}{\rho_t}\left[1-\left(\frac{p_1}{p_t}\right)^{\frac{\gamma-1}{\gamma}}\right]} \quad、\quad V_1^*=\sqrt{2\frac{\gamma}{\gamma+1}RT_t} \quad (チョーク時) \tag{2.25}$$

ノズル出口の断面積を A_1 とすると、**質量流量**は

$$m=\rho_1 V_1 A_1 = A_1\sqrt{2\frac{\gamma}{\gamma-1}p_t\rho_t\left[\left(\frac{p_1}{p_t}\right)^{\frac{2}{\gamma}}-\left(\frac{p_1}{p_t}\right)^{\frac{\gamma+1}{\gamma}}\right]}$$

$$m^*=\rho_1^* V_1^* A_1 = A_1\left(\frac{2}{\gamma+1}\right)^{\frac{\gamma+1}{2(\gamma-1)}}\sqrt{\gamma p_t\rho_t} \quad (チョーク時) \tag{2.26}$$

上式は、以下のとおり整理できる。

$$\frac{m\sqrt{c_pT_t}}{A_1 p_t}=\frac{\gamma}{\gamma-1}\sqrt{2\left[\left(\frac{p_1}{p_t}\right)^{\frac{2}{\gamma}}-\left(\frac{p_1}{p_t}\right)^{\frac{\gamma+1}{\gamma}}\right]} \quad、\quad \frac{m^*\sqrt{c_pT_t}}{A_1 p_t}=\frac{\gamma}{\sqrt{\gamma-1}}\left(\frac{2}{\gamma+1}\right)^{\frac{\gamma+1}{2(\gamma-1)}} \quad (チョーク時) \tag{2.26'}$$

左辺の項を、本書では、**質量流束パラメータ** mass flux parameter (*MFP*) と呼ぶことにする (注 2.2 参照)。式(2.21)より、右辺の圧力比はマッハ数 M で表されるから、*MFP* は比熱比 γ とマッハ数 M だけの関数となる：

$$MFP(\gamma,M)\equiv\frac{m\sqrt{c_pT_t}}{Ap_t}=\frac{\gamma}{\sqrt{\gamma-1}}\frac{M}{\left(1+\frac{\gamma-1}{2}M^2\right)^{\frac{\gamma+1}{2(\gamma-1)}}} \tag{2.27}$$

(注 2.2) 質量流束パラメータの物理的意味：
　流れを比較するとき、それらが相似か否かは重要である。そのために有次元の物理量を無次元化して、無次元量で比較する。流れの音速 $a=\sqrt{\gamma RT}$、密度 $\rho=p/(RT)=(\gamma/\sqrt{\gamma-1})(p/c_pT)$ を用いれば、流路面積 A の流れの参照流量 $\rho aA=(\gamma/\sqrt{\gamma-1})(pA/\sqrt{c_pT})$ により質量流量を無次元化したものが質量流束パラメータである。(詳細は 9.1 節)

先細ノズルの下流に末広ノズルをつければ（ラバールノズル Laval nozzle：図 2.3b、注 9.1 参照）、出口圧力を臨界値以下に下げることによって、末広ノズル内に超音速流れを作ることができる。そのとき、最小断面積の絞り部を喉(スロート throat)といい、そこでは $M=1$ となっている。この場合も勿論、チョークのため流量は変らない。このように、亜音速流れから超音速流れを作る場合には必ずスロートが必要である。軸流圧縮機やタービンの翼列もノズルと同様だから、チョークが流量の限界をもたらす。

断熱変化において流れに損失がある場合、エントロピが増加する（2.3 および 2.4 節参照）。式(2.21)を代入して見ると明らかなように、エントロピの式(2.12)は全圧、全温度に対しても成立つ。また、流れの損失は一般に全圧損失で与えられる。そこで、断熱変化(全温度 T_t 一定)において、損失により全圧が p_{t1} から p_{t2} に減少するとき、エントロピは以下だけ増加する。（例題 2.2 参照）

$$\Delta s = R \log \frac{p_{t1}}{p_{t2}} \tag{2.28}$$

[例題 2.3] 大きなタンクより管に空気を流す。タンク内の圧力 $p_0=1.5\times 10^5$ [Pa]、温度 $T_0=15$ [℃]とするとき、次を求めよ。なお、流れは等エントロピ変化をするものとし、比熱比 $\gamma=1.4$、気体定数 $R=0.287$ [kJ/kg/K]とする。

(a) 管のある点①で圧力 $p_1=1.2\times 10^5$ [Pa]であるとき、その点における空気の温度、流速およびマッハ数。
(b) 管出口②で流れがチョークするとき、出口における温度、圧力および流速。
(c) ①と②の管断面積の比。

<u>ヒントと解答</u>：
(a) 温度（式(2.13)）：$T_1 = T_0(p_1/p_0)^{(\gamma-1)/\gamma} = 288\times(1.2\times 10^5/1.5\times 10^5)^{0.4/1.4} = 270.2$ [K]

マッハ数（式(2.21)の第 1 式）：$M_1 = \sqrt{2/(\gamma-1)(T_0/T_1-1)} = \sqrt{2/0.4\times(288/270.2-1)} = 0.574$

音速：$a_1 = \sqrt{\gamma R T_1} = \sqrt{1.4\times 287\times 270.2} = 329.6$ [m/s]

流速：$V_1 = a_1 M_1 = 329.6\times 0.574 = 189.1$ [m/s]

(b) 管出口で流れはチョークされているから、$M_2=1.0$。
温度：式(2.21)または式(2.24)第 1 式より、$T_2 = T_0/(1+(\gamma-1)/2\times M_2^2) = 288/1.2 = 240.0$ [K]
圧力：式(2.21)または式(2.24)第 2 式より、$p_2 = p_0/(1+(\gamma-1)/2\times M_2^2)^{\gamma/(\gamma-1)} = p_0(2/(\gamma+1))^{\gamma/(\gamma-1)} = 10^5\times 0.792$ [Pa]
流速：$M_2=1.0$ であるから、$V_2 = a_2 = \sqrt{\gamma R T_2} = 310.6$ [m/s]

(c) 質量流量は一定であるから、$\rho_1 V_1 A_1 = \rho_2 V_2 A_2$ （A：管面積）よって、$A_2/A_1 = (\rho_1/\rho_2)(V_1/V_2)$
ここで、問題 (a)、(b) より、$V_2/V_1=1.642$、また、式(2.21)第 3 式より、$\rho_2/\rho_1=0.743$ であるから、
$A_2/A_1 = (\rho_1/\rho_2)(V_1/V_2) = (1/0.743)(1/1.64) = 0.819$

2.6 流れとエネルギ損失

a. 境界層と 2 次流れ

流体には粘性があるから、物体表面では流体は滑らず**境界層 boundary layer** が発達し、摩擦損失が生ずる(図 2.4)。境界層内では、主流(境界層の外側の流れ)の圧力に等しい圧力をもつが、速度は小さいから全圧も小さい。したがって、主流が圧力上昇を伴っていると(図中、$dp/dx>0$)、境界層内では主流よりも早く流速が減速し遂には流速 0 になり、流れが物体表面より剥がれて逆流するようになる。これが流れの**剥離 separation** と呼ばれる現象である。流れが剥離すると、渦や乱れが発生して大きなエネルギ損失が生ずる。

図 2.5 は翼の場合で、迎え角 α がある値を越すと翼背面で圧力勾配が大きくなって流れが剥離し、揚力が急激

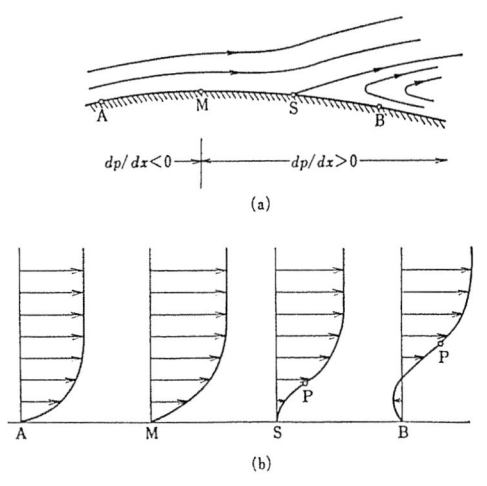

図 2.4 境界層流れ

に減少(抗力は急増)して**失速 stall** する。翼列の場合も同様であるが、タービンの場合は圧力が減少するから問題は少ない。翼表面に生じた境界層は下流で合流し、翼下流では流速が小さな(**速度欠陥 velocity defect**)領域が形成される。これを**後流 wake** という(図 2.5 参照)。後流は流体の粘性によるエネルギ損失であるが、下流にある翼に影響を与えて損失を発生させ、また上流の翼列が作る周期的な後流の中を下流の翼列が通過すると、翼の強制振動や騒音発生の原因にもなるので、注意しなければならない。(10.1b 項参照)

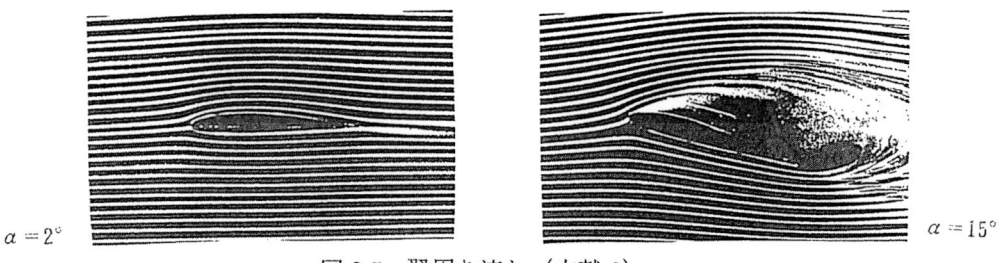

図 2.5　翼周り流れ（文献 6）

　平らな物体表面に沿って曲る流れを考えよう(図 2.6a)。そのとき遠心力が働くが、主流の圧力勾配(求心力=主流の遠心力)と釣り合うためには、境界層内ではより強く曲らねばならない(曲率半径が小)。そうすると、主流に垂直な速度成分をもつ流れが生ずるが、それを **2 次流れ secondary flow** という。翼列(第 4 章参照)は上下の壁にはさまれているから、そこに境界層が発達する。翼列において流れが強く曲げられると、上述のように 2 次流れが生ずる。この 2 次流れは上下壁から翼面上に流れ込んで翼性能を悪化させるので注意しなければならない。図 2.6b は翼列壁面上の 2 次流れの可視化写真を示す。

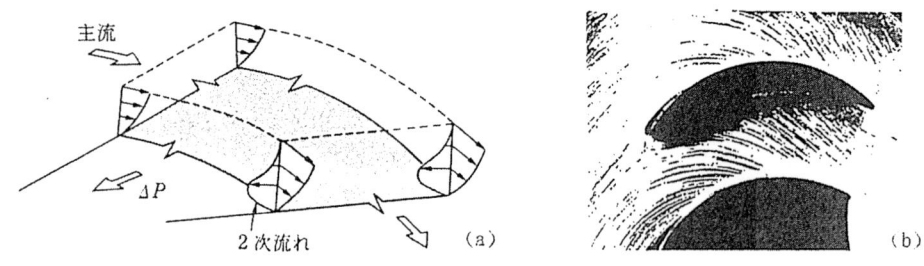

図 2.6　二次流れ（文献 6）

　壁面境界層などによって、翼は翼幅(スパン)方向に負荷(**循環 circulation**)が変化し、スパン方向に圧力勾配が生ずる。そのため、スパン方向に 2 次流れが生じ、流れ方向に軸をもつ縦渦(**随伴渦**)が生ずる(図 2.7)。随伴渦のエネルギは最終的に損失となるから、できるだけ循環が一定であることが望ましい。ガスタービン翼は、片持ち支持で一端は壁との間に隙間(**翼端間隙 tip clearance**)をもつことが多い。この隙間を通して翼背面と腹面との間の圧力差によって翼腹面から背面にまわりこむ強い流れが生じる。これは、上述の翼面における2次流れと同様に循環変化によるもので、強い随伴渦を生じて損失を作る(図 2.8)。また、翼が動く場合には、壁面境界層を削りながら移動することになり、さらに損失を増大させる。

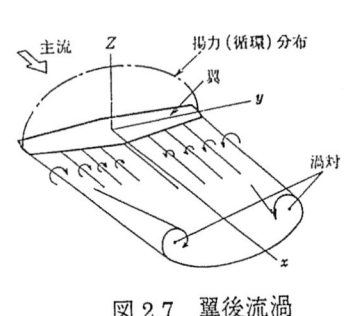

図 2.7　翼後流渦

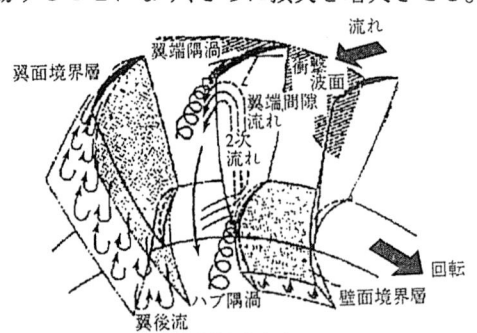

図 2.8　翼端間隙流れ

b. 衝撃波と加熱のある流れ

ガスタービン内の流れは管路内の流れに相当するが、そのような管路内の流れでも粘性によらないで全圧損失が発生することがある。

図 2.9a のように、一定断面積 A の流路で単位長さ当りの加熱量を ΔQ とすれば、完全気体に対して次の連続の式、運動量の式、エネルギ保存の式が成立つ。

$$\Delta(\rho V)=0 \quad \text{または、} \quad \rho VA = m$$
$$\Delta(p+\rho V^2)=0$$
$$\Delta(c_p T_t) = \Delta\frac{Q}{m} \tag{2.29}$$

ここで、Δ は単位長さ当りの変化量を示す。

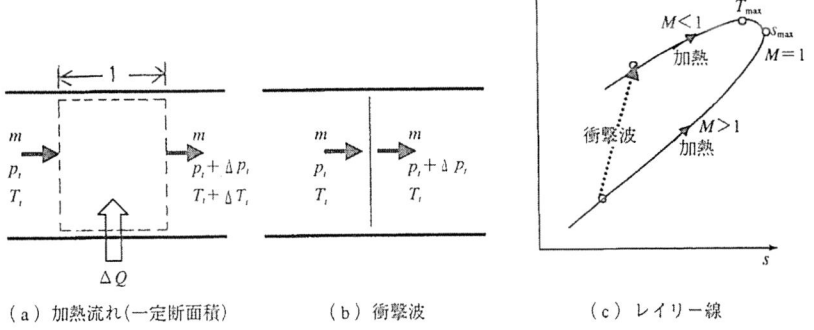

(a) 加熱流れ(一定断面積)　　(b) 衝撃波　　(c) レイリー線

図 2.9　加熱や衝撃波のある流れ

衝撃波：断熱変化（$\Delta Q=0$）で全温度が保存される（$\Delta T_t=0$）場合、上式より流れを求めると、超音速流れ（$M_1>1$）のとき下流で亜音速流れ（$M_2<1$）になる解が存在する（図 2.9b）。これが衝撃波（shock）で、超音速流れが下流の条件に整合しない場合に発生し、超音速流れから亜音速流れに不連続的に変化する。衝撃波の前後でマッハ数、圧力（静圧および全圧）、温度が不連続的に変化し、エントロピも不連続的に増加する。衝撃波が境界層と干渉すると急激な圧力上昇によって境界層が剥離し、さらなる損失をもたらすので注意しなければならない。

加熱のある流れ：エントロピの変化は

$$\Delta s = \frac{\Delta Q/m}{T} = c_p\frac{\Delta T}{T} - R\frac{\Delta p}{p}$$

で与えられる。これに全温と全圧を適用すると

$$\frac{\Delta p_t}{p} = \frac{c_p}{R}\frac{\Delta T_t}{T_t} - \frac{\Delta Q/m}{RT_1} = -\gamma\frac{M^2}{2}\frac{\Delta Q/m}{c_p T_t} \tag{2.30}$$

これより、加熱（$\Delta Q>0$）の場合、熱伝達量に比例して全圧損失が生じること、またマッハ数 M を小さくすることが損失低減に効果的であることがわかる。

式(2.29)と完全気体の状態式(2.1)を用いると、状態量の変化を流れ方向に追うことができる。図 2.9c の実線は、T-s 線図上でそのような変化を示したもので、**レイリーRayleigh線**と呼ばれる。式(2.29)より

$$\frac{\Delta p}{\Delta \rho} = V^2$$

が導かれるが、S_{max} の点では $\Delta S=0$、すなわち等エントロピ変化に対応するので、左辺は音速 a の2乗を与えるから、この点で $M(=V/a)=1$ が成立つ。一方、T_{max} の点では $\Delta T=0$ より $\Delta p/\Delta \rho(=V^2)=p/\rho$、すなわち $M=1/\sqrt{\gamma}<1$ となる。したがって、S_{max} 点を境に、レイリー線の上部は亜音速流れ、下部は超音速流れに対応する。これより、加熱する場合、亜音速でも超音速でも流れは $M=1$ に向かう(熱チョーク現象)。

なお、非可逆的でエントロピが増す衝撃波の変化は図 2.9c の破線で示される。

2.7 熱

ガスタービンエンジンの熱供給は、通常、炭化水素系燃料の燃焼により得られる。燃料中の炭素、水素は高温状態で空気中の酸素と化学反応を起こし、火炎（熱と光）を発生する。そうした現象を燃焼と呼ぶ。燃焼により放出される熱エネルギ（発熱量）と火炎温度は熱力学的関係から求められる。

a. 理論空燃比と当量比

燃料 m_f 中の炭素 C と水素 H_2 が完全に水蒸気と炭酸ガスに変わるには最小空気量 m_a^* が必要である。この質量比 m_a^*/m_f を**理論空燃比 stoichiometric air fuel ratio** という。空気の組成を窒素79%、酸素21%と仮定すれば、**炭化水素燃料の反応式**は、

$$C_kH_{2n} + (k+\frac{n}{2})[O_2 + \frac{79}{21}N_2] \rightarrow k\,CO_2 + n\,H_2O + (k+\frac{n}{2})\frac{79}{21}N_2 \tag{2.31}$$

と書けるので、$m_a^*/m_f = (k+n/2)[32+(79/21)28]/(12k+2n)$ と計算される。例えば、メタン CH_4 の場合、k=1, n=2 を代入して 17.2 である。

逆に、ある空気量に対し完全燃焼する燃料の量 m_f^* と実際に与える燃料の量 m_f との比 m_f/m_f^* を**当量比 equivalence ratio** ϕ と定義する。燃料と空気の混合状態は、$\phi=1$ を基準に、**燃料希薄(リーン)lean**（$\phi<1$）ないし**過濃(リッチ) rich**（$\phi>1$）に別れる。

b. 発熱量

実際の炭化水素燃料の燃焼は極めて複雑で、関与する化学種は主要なものだけでも数十から数百に上る。それらを、大きく2段階の反応過程にまとめると、図2.10 に示すように、第1に、熱分解や酸化を経て、水素 H_2 と一酸化炭素 CO の2成分を主とする中間可燃性ガスが生成される段階、第2に、これが空気中の酸素とさらに反応発熱し、最終的に、水 H_2O と炭酸ガス CO_2 に変わる段階となる。

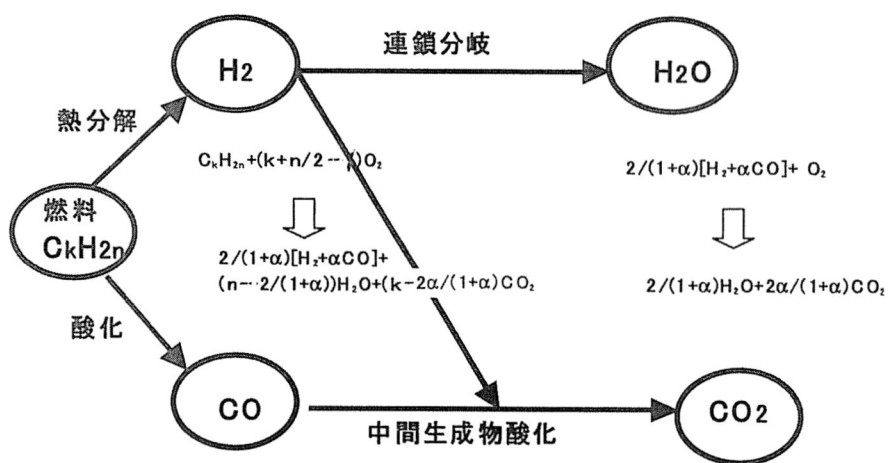

図 2.10 炭化水素燃料の反応経路（パラメータの α は水蒸気と平衡状態にある可燃性ガス中の水素と一酸化炭素の濃度比）

燃料の**発熱量 heating value** は、上記反応前後におけるすべての化学種におよぶ標準生成エンタルピ合計の差をとることで求められる。化学の分野では、化学種が最も安定な結合状態にある、温度 298.15 K (25℃)、1気圧を標準状態として選び、これを純粋な元素の組合せから生成するのに要する化学反応エンタルピを**標準生成エンタルピ standard enthalpy of formation** と呼ぶ。表 2.1 に代表的な化学種につき、その数値がまとめてある。O_2, H_2, N_2 など安定な気体分子では零となっている。この表から、例えば、1モルのメタン CH_4 の完全燃焼なら、反応前に -74.85 kJ、一方、反応後に2モル H_2O と1モル CO_2 が最終的に得られるので、$(-2\times241.81-393.5)$ kJ となり、差し引き 802.27 kJ が発熱量と

計算される。この場合、発生する H_2O は水蒸気（気相）と仮定したので、**低位発熱量 lower heating value** (LHV)と呼ばれるが、液相の場合には、**高位発熱量 higher heating value** (HHV)と呼ばれ、両者の間には、潜熱に相当するエンタルピだけ差を生じる。

発熱量は、また、定圧状態の検査体積における定常な熱エネルギの流入と流出の平衡条件から導かれる（図 2.11 参照）。m を質量流量、h を単位質量あたりエンタルピとし、添字 a, f, g で空気、燃料および燃焼ガスを区別すれば、エネルギ保存則より、外部への熱伝達量 Q は次式で表せる。

$$Q = m_a h_a + m_f h_f - (m_a + m_f) h_g \tag{2.32}$$

燃空比 $f = m_f/m_a$ を導入すれば、燃料単位流量あたりの単位時間熱伝達量 q は、

$$q \left(= \frac{Q}{m_f}\right) = \left(\frac{1}{f} + 1\right)(h_{af} - h_g) \tag{2.33}$$

ただし、$h_{af} = (h_a + f h_f)/(1+f)$

表 2.1 標準生成エンタルピ（g：気体、l：液体）

化合物	化学式	生成エンタルピ [kJ/mol]
酸素	$O_2(g)$	0
酸素原子	$O(g)$	249.2
オゾン	$O_3(g)$	142.4
水素	$H_2(g)$	0
水素原子	$H(g)$	218.00
水蒸気	$H_2O(g)$	−241.81
水	$H_2O(l)$	−285.83
水酸基	$OH(g)$	39.3
窒素	$N_2(g)$	0
窒素原子	$N(g)$	472.68
一酸化窒素	$NO(g)$	90.29
二酸化窒素	$NO_2(g)$	33.1
炭素	$C(g)$	716.6
一酸化炭素	$CO(g)$	−110.53
二酸化炭素	$CO_2(g)$	−393.5
メタン	$CH_4(g)$	−74.85
エタン	$C_2H_6(g)$	−84.68
メタノール	$CH_3OH(g)$	−200.66
エタノール	$C_2H_5OH(g)$	−235.31

で与えられる。ここで、h_{af} は燃料と空気の均質混合気体のエンタルピ、また、h_g は同様に燃焼ガスのエンタルピを意味する。

反応がすべて**標準状態**（大気圧、298.15 K、添字 298 で示す）で完結するときの熱伝達量を q_{298} とすれば、q_{298} は正値となり、丁度発熱量に相当する。

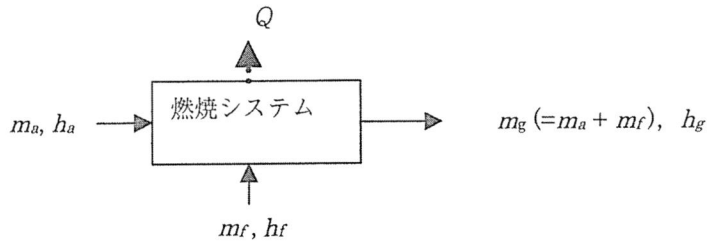

図 2.11　熱平衡条件

c. 断熱火炎温度

燃焼が定圧下で断熱的に進行し熱的平衡状態に達するときの最終温度を**断熱火炎温度 adiabatic flame temperature** と呼ぶ。図 2.11 のシステムに適用すると、反応前後（それぞれ温度 T_1、T_2 とする）の単位質量あたりのエンタルピ保存の関係：$h_{af}(T_1) = h_g(T_2)$ を用いて、式 (2.33) より、断熱系の場合、c_{pg} を燃焼ガスの定圧比熱として、次の関係を満たすことが分かる。

$$\int_{T_1}^{T_2} c_{pg} dT = \frac{f}{1+f} q \tag{2.34}$$

これによれば、燃空比 f が小さい（当量比 $\phi < 1$）とき、断熱火炎温度 T_2 は、ほぼ f に比例して増加することになる。この傾向は**理論当量比** $\phi = 1$ に相当する燃空比まで続くが、それを超えると、中間可燃性ガス（特に CO）ならびに未燃ガスの存在が増え、断熱火炎温度は減少に転じる。従って、当量比を横軸に、断熱火炎温度 T_2 を縦軸にプロットすると、図 2.12 の点線のように、ほぼ $\phi = 1$ で最大値をとる。

式 (2.34) は、また、燃焼初期温度 T_1 が高いほど、最終の断熱火炎温度 T_2 も高くなることを意味する。注意を要することは、ガスの比熱 $c_p(=c_v+R)$ に温度依存性があることで、温度上昇につれ、ガス分子を構成する原子の併進、回転、振動の順に運動自由度が増し比熱も大きくなり、初期温度の上昇の割には、火炎温度が上がらなくなる。そうした比熱の温度依存性や、温度の上昇にともなう燃焼生成物の解離反応のために、実際の断熱火炎温度は 図 2.12 の実線のように、点線に比べ最大値は低く、そこでの当量比も 1 をわずか超える傾向を示す。炭化水素系の燃料の場合、断熱火炎温度は大方 1000~5000 K の範囲におさまり、平均は 2200 K 程度が目安とされる。参考のため、理論当量比状態の可燃混合ガスにつき、断熱火炎温度ならびにガス組成の計算結果の例を表 2.2 に掲げておく。

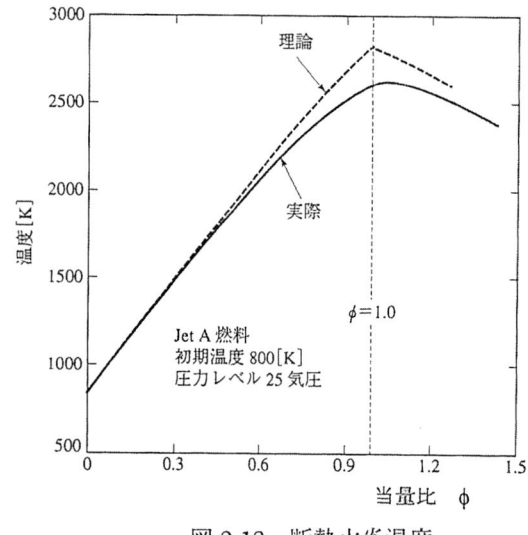

図 2.12 断熱火炎温度

混合ガス (理論当量比)	水素—空気	水素—酸素	メタン—空気
T_2[K]	2380.	3083.	2222.
H_2O	0.320	0.570	0.180
CO_2	—	—	0.085
CO	—	—	0.009
O_2	0.004	0.050	0.004
H_2	0.017	0.160	0.004
OH	0.010	0.100	0.003
H	0.002	0.080	0.0004
O	0.0005	0.040	0.0002
NO	0.0005	—	0.002
N_2	0.650	—	0.709

表 2.2 代表的可燃混合ガス（理論当量比）の断熱火炎温度 T_2 とガス組成

2.8 音と騒音

a. 音の生成

音は媒質中を伝わる疎密波(圧力変化により密度に疎密が生ずる波)であるが、その生成はそれぞれの場合により異なる(図 2.13)。

まず、球状物体が膨張と収縮を繰返すとき、まわりの空気を動かすためにその反動として圧力変動が生じ、それが周囲に音波となって伝播する。このような吹き出し(吸込み)の性質をもつものを**単極子 monopole 音源**という。これは、スピーカーを鳴らしたりする場合に相当するが、燃焼等で流体が急激に加熱される場合なども同様である。

次に、球状物体が往復振動する場合は、二重吹き出し(吹き出しと吸込みの組合せ)の性質をもち、その両側に逆位相の圧力変動が生ずる。これを**双極子 dipole 音源**という。翼が振動するとその上下面に逆位相の圧力変動が生じて双極子音源となるが、プロペラのように定常揚力をもつ翼が周期的に移動する場合も同様である。

一方、ジェットのような流れでは、前述のような圧力変動を作り出すような物体は存在しない。しかし、流れが乱れている場合には、流体の運動量は時々刻々変化しており、運動量の授受によって圧力変動が生ずる。この場合は、質量の吹き出しも外力もないから、逆位相の一対の双極子を組合せた音源を考えればよい。これを**四極子 quadrapole 音源**という。

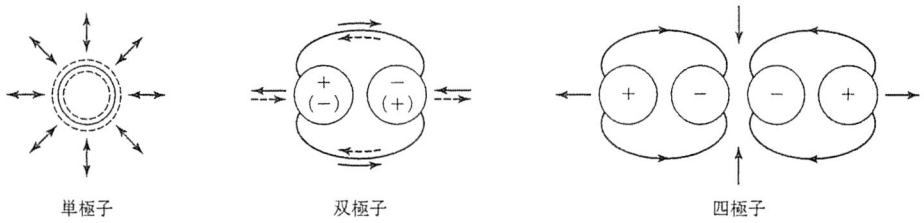

図2.13　音源

b．音の伝播と放射

無限の静止空間中では音は球面波となって伝播し、音圧は音源からの距離に逆比例して減少する(図2.14a)。流れの中に音源があるときは、放射された音の波は流れによって下流に流される。そのとき、**亜音速流れ**($M<1$)では音の伝播は本質的に静止流体中の場合と同じであるが(同図 b)、**超音速流れ**($M>1$)では音波が重畳して不連続的な波面(マッハ波や衝撃波)を形成する(同図 d)。

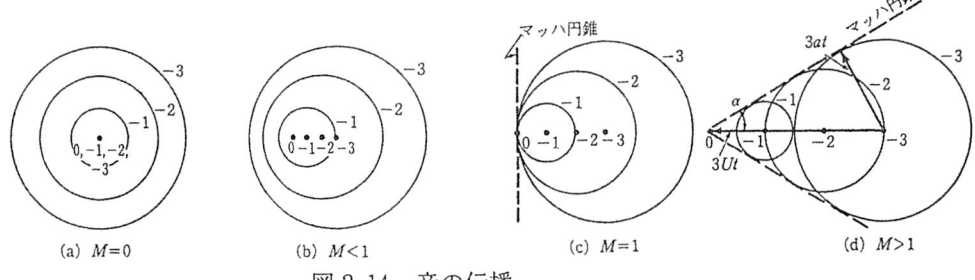

図2.14　音の伝播

ガスタービンエンジンの場合、回転する翼列などが音源となって**音波**がダクト内を伝播するが、**音波のモード**（duct mode：ダクト内で音波がもつ固有の振動パターン）によって、ある周波数以下では音波は減衰するが(**duct cut-off**)、それ以上の周波数では減衰することなく伝播する。亜音速流れの中では、大雑把に言って、音源（翼列など）の周方向速度が音速以下では音波は減衰するが、音速以上になると、無限流中の場合と同様に、無限に伸びる波面が形成されて、ダクト内を減衰することなく伝播する。

ダクト端面に達した音波は自由空間に騒音となって放射されるが、音圧分布は**指向性 directivity** をもつ。ファン騒音などは、双極子音源がダクト断面に分布したものであるから、エンジン軸に対して約45度の方向で最も騒音レベルが高く、エンジン軸上は比較的静かな領域となる(図10.1参照)。

ジェット騒音の場合も同様に指向性をもつが、これは四極子音源が流れに運ばれることと周囲流体との境界で音波が回折されることによる。

c．騒音レベル

簡単のために、静止した完全流体(圧力 p_0、密度 ρ_0、温度 T_0)の中を音が伝播する場合、圧力変化を p とすると、流体粒子の速度 u は

$$u = \frac{p}{p_0} a \tag{2.35}$$

で与えられる。ここで、a は音速(式(2.18))。

微小な正弦波的圧力変化をする音を考えると、**音の放射エネルギ**（音が単位時間になす外部仕事=音圧×流体粒子速度の時間積分）は、

$$I = \frac{p^2}{\rho_0 a} \tag{2.36}$$

であって、これを**音の強さ** intensity という。ここで、p は音圧の実効値 root mean square (rms 2乗平均値の平方根)で、圧力振幅$/\sqrt{2}$ に等しい。

人間の耳の感覚は、音の強さの対数に比例することが知られている。そこで、基準とする音の強さを I_{ref}（圧力 p_{ref}）とするとき、**音圧レベル** sound pressure level (SPL) は次式で定義される。

$$SPL = 10 \log_{10} \frac{I}{I_{ref}} = 20 \log_{10} \frac{p}{p_{ref}} \tag{2.37}$$

単位を**デシベル** decibel [dB]で表す(注2.3参照)。基準となる音は、人が感じうる最小の音が用いられる。すなわち、

$$I_{ref} = 10^{-12} [W/m^2] \quad または \quad p_{ref} = 2 \times 10^{-5} [Pa]$$

一般に、音は多くの周波数成分よりなる。この場合、音の強さは各成分の音の強さの和であって、**全音圧レベル** overall (OA) SPL は

$$OASPL = 10 \log_{10} \frac{\sum p^2}{p_{ref}^2} \tag{2.38}$$

(注2.3) 騒音レベル：

人間の感じうる音の周波数範囲は 20～20000Hz 程度である。人間の耳は音圧レベルが同じでも周波数が異なると強さが違うように感ずる。このような感覚の違いを表すものが**音の大きさのレベル** loudness level:単位ホン phone であって、1000Hz の純音と聞き比べて等しいと感じた1000Hz の音圧レベル値をもって表す(等感曲線による較正)。これより、同じ音圧レベルでも、周波数が低い音は弱く、周波数が高い音は強く聞える。

人間が不快に感じたり、会話の妨害になるような音を**騒音** noise というが、騒音は、音の大きさ loudness、やかましさ noisiness、うるささ annoyance によって次のレベルで評価される。

騒音レベル noise level：等感曲線にしたがって、人間の感覚に合うように聴覚補正して測定されるもの。A特性(60ホン以下)、B特性(60～85ホン)、C特性(85ホン以上)があり、騒音レベルによって使いわけられる。
感覚騒音レベル perceived noise level (PNL)："やかましさ"を基本としたもので、騒音の音圧レベルを各周波数帯(オクターブ・バンド)ごとに求め、積算したもの。
実効感覚騒音レベル effective PNL ($EPNL$)：PNL を騒音持続時間と純音性の特異音について補正したもの。

騒音の発生機構を調べたり、騒音を低減するためには、騒音がどのような周波数成分から成立しているかを知ることが重要である。騒音周波数と音圧レベル SPL の関係を示すものを**周波数スペクトル** frequency spectrum というが、具体的にはフィルタを用いてある周波数帯域の音圧レベルを測定したり、騒音の時系列測定値をフーリエ変換することなどにより得られる。

[例題 2.4] 全音圧レベル($OASPL$)が 90dB で、ある周波数の 85dB の騒音を完全に消したとき、音圧レベルは何 dB 下がるか。

<u>ヒントと解答：</u> 式(2.38)：$OASPL = 10\log_{10}(\sum p^2/p_{ref}^2)$
ここで、$\sum p^2 = A+B$ （A：対象とする周波数成分、B：他の成分）とおくと、

全音圧レベル： $SPL_{AB} = 10\log_{10}\{(A+B)/p_{ref}^2\} = 90$ [dB]
A成分の騒音レベル： $SPL_A = 10\log_{10}(A/p_{ref}^2) = 85$ [dB]
A成分を除いたときの騒音レベル： $SPL_B = 10\log_{10}(B/p_{ref}^2)$

$SPL_{AB} - SPL_A = 10\log_{10}\{(A+B)/A\} = 10\log_{10}(1+B/A) \rightarrow B/A = 10^{(SPL_{AB}-SPL_A)/10} - 1$
また、 $SPL_B - SPL_A = 10\log_{10}(B/A)$
$SPL_B = SPL_A + 10\log_{10}(10^{(SPL_{AB}-SPL_A)/10} - 1) = 85 + 10\log_{10}(10^{(90-85)/10} - 1) = 88.3$ [dB]
$SPL = 90 - 88.3 = 1.7$ dB だけ低下。

3. サイクルと性能

ガスタービンエンジンはタービン(回転式膨張機)をもった気体サイクル熱機関(作動流体がサイクル中常に気相の状態にある熱機関)の一種である。

ガスタービンエンジンは、空気を圧縮機で圧縮し、これを燃焼器で加熱し、生じた高温・高圧ガスでタービンを回して出力を取り出すもので、その形式には

等容燃焼型と等圧燃焼型

があるが、近代的なガスタービンエンジンは速度型の圧縮機とタービンを用いた等圧燃焼型である。

したがって、以下においては**等圧燃焼ガスタービンエンジン**についてのみ考える。

3.1 基本サイクル

等圧燃焼をするガスタービンエンジンのサイクルのうち、最も単純なものを**基本サイクル basic cycle** という(図 3.1)。

図 3.1a にて、空気は圧縮機 C で圧縮され(断熱圧縮:1→2)、燃焼器 CC で燃料が噴射されて等圧の下で燃焼し(加熱:2→3)、その高温・高圧ガスはタービン T を駆動して機械的仕事を発生し(初期圧力まで断熱膨張:3→4)、最後に外部に排出される(放熱:4→1)。この際、タービン出力の一部(約 60~70%)は圧縮機を駆動するのに使われ、残りが負荷 W に供給される。ジェットエンジンの場合は、負荷 W に供給される代りに、ジェットとして噴出する。

図 3.1b、c はそれぞれ圧力と比体積の関係を示す p-v 線図、温度(エンタルピ)とエントロピの関係を示す T-s 線図である。ここで、破線の変化は等エントロピ変化の場合で、1→2s のように添字 s をつけて示す。以下、簡単のために、作動流体は完全ガスとみなし、燃料による流量変化は無視できるものとする。

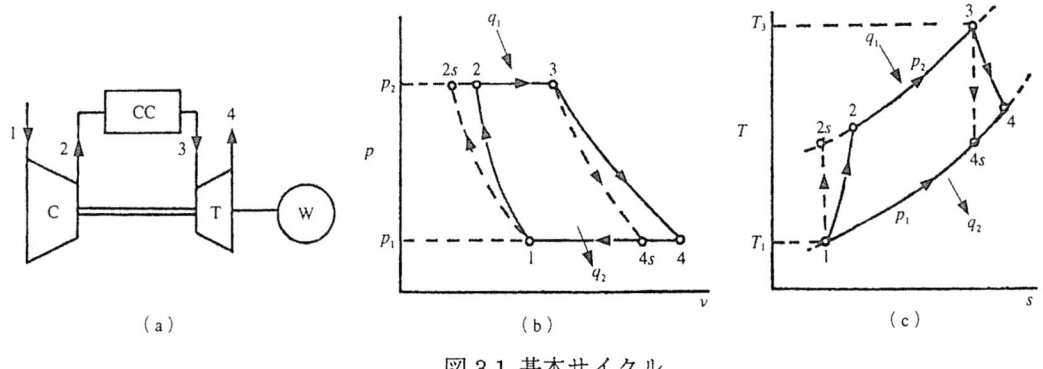

図 3.1 基本サイクル

a. 理想サイクル (ブレイトンサイクル、Brayton cycle)

サイクル変化において損失がないとすると圧縮、膨張は等エントロピ的に行われる(図 3.1b、c: 1→2s→3→4s→1)。流動する気体のもつエネルギはエンタルピで与えられるから、作動流体の単位質量 1[kg]当りの変化は次のようになる(2.4 節参照)。

1→2s:等エントロピ圧縮(圧力:p_1→p_{2s}(=p_2)、温度:T_1→T_{2s})

圧縮機の圧縮仕事 $w_c = h_{2s} - h_1 = c_p(T_{2s} - T_1)$

2s →3:等圧加熱(圧力:$p_2 = p_3$(一定)、温度:T_{2s}→T_3)

燃焼器における加熱量 $q_1 = h_3 - h_{2s} = c_p(T_3 - T_{2s})$

$3 \to 4s$：等エントロピ膨張(圧力：$p_3 \to p_{4S}(=p_1)$、温度：$T_3 \to T_{4S}$)
　　タービン膨張仕事　$w_t = h_3 - h_{4S} = c_p(T_3 - T_{4S})$
$4s \to 1$：等圧放熱(圧力：$p_{4S}=p_1$(一定)、温度：$T_{4S} \to T_1$)
　　外部への放熱量　$q_2 = h_{4S} - h_1 = c_p(T_{4S} - T_1)$　　　　　　　　　　　　(3.1)

ここで、c_p：等圧比熱(一定)、$h = c_p T$：エンタルピ。
このサイクルの特性は次のように与えられる(式(2.13)を用いて誘導)。

有効仕事：タービン仕事の一部は圧縮機を駆動するのに使われ、残りが有効仕事となる。
　　$w = w_t - w_c$　　(単位流量当りの出力=**比出力**)　　　　　　　　　　　　(3.2)

無次元比出力：

$$\frac{w}{c_p T_1} = \left(\pi^{\frac{\gamma-1}{\gamma}} - 1\right)\left(\frac{\tau}{\pi^{\frac{\gamma-1}{\gamma}}} - 1\right) \quad 注: \frac{T_{2S}}{T_1} = \frac{T_3}{T_{4S}} = \left(\frac{p_2}{p_1}\right)^{\frac{\gamma-1}{\gamma}} = \pi^{\frac{\gamma-1}{\gamma}} \quad (3.3)$$

熱効率：供給された熱エネルギのうち、有効仕事として利用される割合。

$$\eta_{th} = \frac{w}{q_1} = 1 - \pi^{-\frac{\gamma-1}{\gamma}} \quad (3.4)$$

ここで、$\pi = p_2/p_1$：**圧力比**、$\tau = T_3/T_1$：**温度比**、$\gamma = c_p/c_v$：比熱比。

これらの式より理想基本サイクルの熱効率と比出力を求めた結果を図 3.2 に示す。熱効率は燃料の発熱量当りの発生出力を表して燃料の経済性を示し、比出力はエンジンの大きさの目安を与える。理想サイクルでは、熱効率 η_{th} は圧力比 π のみに依存し、最高ガス温度 T_3 または温度比 τ には無関係である。熱効率は圧力比を増すと単調に増加する。一方、比出力は、圧力比の他に温度比 τ にも依存し、温度比を上げると大きく増加するが、τ が与えられると比出力を最大にする圧力比が存在する。

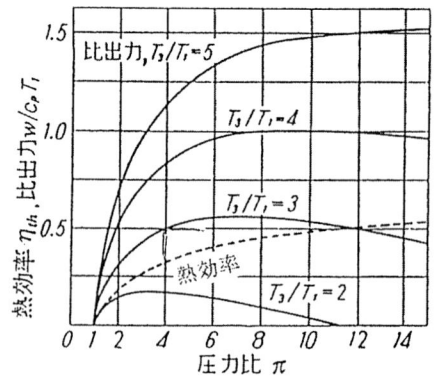

図 3.2 理想基本サイクル性能

b. 実際のサイクル

理想サイクルでは、断熱圧縮および断熱膨張の効率を 100%(等エントロピ変化)としたが、実際のサイクルでは圧縮や膨張の際に内部損失が生ずる(図 3.1b、c：$1 \to 2 \to 3 \to 4 \to 1$)。断熱圧縮で圧力を $p_1 \to p_2$ にあげる場合、圧縮に必要な仕事が最も少なくてすむのは等エントロピ変化($1 \to 2s$)をするときで、必要な仕事は式(3.1)より

　　$h_{2S} - h_1 = c_p(T_{2S} - T_1)$

実際には内部損失のためにエントロピは増大し、$1 \to 2$ の変化をするから、必要な圧縮仕事は等エントロピ変化の場合よりも大きく(2.4節参照)、

　　$h_2 - h_1 = c_p(T_2 - T_1)$

このとき、

$$\eta_c = \frac{\text{等エントロピ圧縮仕事}}{\text{実際の圧縮仕事}} = \frac{h_{2s} - h_1}{h_2 - h_1} = \frac{T_{2s} - T_1}{T_2 - T_1} \quad (3.5)$$

を圧縮機の**断熱効率 adiabatic efficiency** または**等エントロピ効率**という。
同様にタービンの場合、$p_3(=p_2) \to p_4(=p_1)$ の膨張($3 \to 4$)をする際、内部損失によりエントロピが増大し、膨張仕事は減少する。タービンの断熱効率は次式で与えられる。

$$\eta_t = \frac{実際の膨張仕事}{等エントロピ膨張仕事} = \frac{h_3 - h_4}{h_3 - h_{4s}} = \frac{T_3 - T_4}{T_3 - T_{4s}} \tag{3.6}$$

実際の基本サイクル(1→2→3→4→1)については、

圧縮仕事： $w_c = h_2 - h_1 = (h_{2s} - h_1)/\eta_c$
加熱量　： $q_1 = h_3 - h_2$
膨張仕事： $w_t = h_3 - h_4 = \eta_t(h_3 - h_{4s})$
放熱量　： $q_2 = h_4 - h_1$ (3.7)

したがって、

有効仕事： $w = w_t - w_c$ (3.8)

無次元比出力： $\dfrac{w}{c_p T_1} = \dfrac{\pi^{\frac{\gamma-1}{\gamma}} - 1}{\eta_c}\left(\dfrac{\tau \eta_c \eta_t}{\pi^{\frac{\gamma-1}{\gamma}}} - 1\right)$ (3.9)

熱効率： $\eta_{th} = \dfrac{w}{q_1} = \dfrac{\dfrac{\tau \eta_c \eta_t}{\pi^{\frac{\gamma-1}{\gamma}}} - 1}{\eta_c \dfrac{\tau - 1}{\pi^{\frac{\gamma-1}{\gamma}} - 1} - 1}$ (3.10)

式(3.10)より熱効率を求めた結果を図3.3に示す。これより、実際のサイクルの熱効率には、
- 圧力比πのみならず、温度比τも著しい影響をもつ。
- 圧縮機効率η_c、タービン効率η_tもかなりの影響を与える。η_c、η_tが極端に低い場合、熱効率は負となり、正の仕事をしなくなる。
- τ、η_c、η_tの値に応じて、最適(熱効率最大)の圧力比が存在する。

ことがわかる。

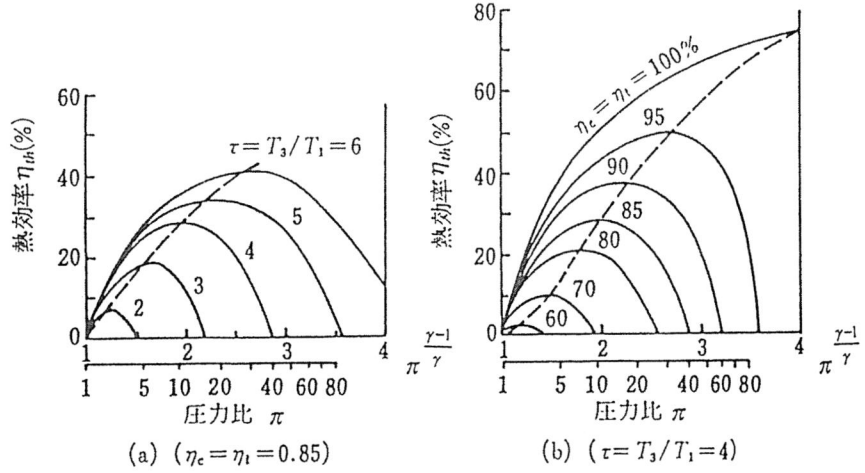

図 3.3 実際の基本サイクル性能

さらに、実際のサイクルをより精密に調べるためには、次のことを考慮しなければならない。
1) **ポリトロープ効率**(注3.1参照)
　上記において、圧縮機やタービンの内部損失を示すのに、断熱効率η_c、η_tを全体的な変化で考えてきた。

しかし、多段の場合は、1段当りの効率(**段効率**)η_s が同じでも、全体の圧力比が異なると η_c, η_t も変化する。圧縮機やタービンが圧力比の小さい幾つかの段からなっているとすると、一般に

　　圧縮機では、　$\eta_c < \eta_s$

　　タービンでは、$\eta_t > \eta_s$

そこで、段数が無限大で、1段当りの圧力比が1になった極限の時の断熱効率を**ポリトロープ効率**といい、それを用いて圧縮機とタービンの断熱効率を求める。

2) 流体の運動エネルギ(2.5節参照)

実際の場合には、作動流体は流れているから、流体の温度としては静温度 T ではなく、流体の運動のエネルギを考慮した全温度 T_t(全温ともいう)および全エンタルピ $h_t = c_p T_t$ を、また、圧力も静圧の代りに全圧を用いる。

式(2.21)： $\quad \dfrac{T_t}{T} = 1 + \dfrac{\gamma-1}{2}M^2, \quad \dfrac{p_t}{p} = (1 + \dfrac{\gamma-1}{2}M^2)^{\frac{\gamma}{\gamma-1}}$

3) 比熱

一般に、比熱はガス温度や組成によって変るから、厳密には、変化(1→2)に対して、次のようになる。

エンタルピ変化： $h_2 - h_1 = \int_1^2 c_p dT$ 　　　　　　　　　　　　　　　　(3.11)

等エントロピ変化： $\dfrac{p_2}{p_1} = \exp[\dfrac{1}{R}\int_1^2 c_p \dfrac{dT}{T}]$ 　　　　　　　　　　　(3.12)

これらは、空気や燃焼ガスについて作られている h–s 線図やガス表(例えば、Keenan-Kaye の表)を用いて図式計算することもできるが、比熱は温度の関数として与えられているから(例えば、文献(8))、容易に計算することができる。また、温度範囲($T_1 \sim T_2$)における平均比熱を用いれば、より簡単である。

4) その他

・燃焼器、熱交換器、配管等における圧力損失
・燃料の質量付加、燃焼器における燃焼効率
・各機器からの流体の洩れ

等が考慮される。

(注3.1)ポリトロープ変化 polytropic change：

完全気体の断熱(等エントロピ)変化では

式(2.13)： $\dfrac{p}{\rho^\gamma} = \text{const}$

であるが、実際の変化は断熱変化と等温変化の中間的変化

$$\dfrac{p}{\rho^n} = \text{const} \tag{3.13}$$

をする。これをポリトロープ変化といい、n を**ポリトロープ指数**という($n=\gamma$：断熱変化、$n=1$：等温変化)。

T–s 線図を見ると(図3.4、式(2.12)参照)、等圧線の間隔がエントロピの大きい方で大きくなっている。したがって、多段の圧縮機やタービンにおいては、

圧縮機：一つの段で損失のためにエントロピが増大すると、これが次の段に影響して、次の段では定めた圧力上昇を得るために要する温度上昇の値がより大きくなる。

タービン：ある段で損失によりエントロピが増大すると、次の段の熱落差を大きくする。

3. サイクルと性能

したがって、サイクル性能におよぼす圧力比の影響を調べたり、圧力比の違う圧縮や膨張の過程を相互に比較したりするような場合には、1段当りの効率（段効率）のようなものを用いた方が合理的である。このために、圧力比が小さい圧縮や膨張の過程を考えて、圧力比が1になった極限のときの断熱効率を**ポリトロープ効率** η_p という。すなわち、図3.4を参照して、

$$\eta_p = \frac{dT'}{dT} \text{（圧縮の場合）}, \quad \frac{dT}{dT'} \text{（膨張の場合）}$$

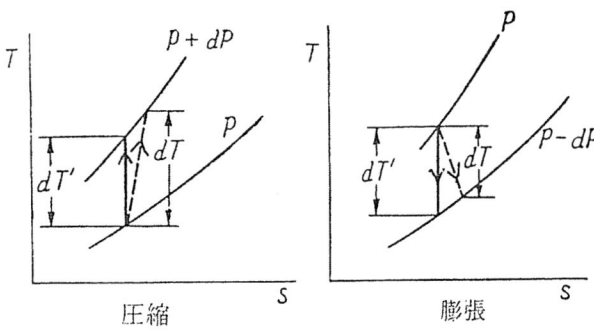

図3.4 ポリトロープ効率

等エントロピ変化では、$\dfrac{dp}{p} = \dfrac{\gamma}{\gamma-1} \dfrac{dT'}{T}$ であるから、

$$\frac{T_2}{T_1} = \left(\frac{p_2}{p_1}\right)^{\frac{1}{\eta_p}\frac{\gamma-1}{\gamma}} \text{（圧縮の場合）}, \quad \left(\frac{p_2}{p_1}\right)^{\eta_p \frac{\gamma-1}{\gamma}} \text{（膨張の場合）} \tag{3.14}$$

したがって、ポリトロープ効率とポリトロープ指数との関係は

$$\eta_p = \frac{\frac{\gamma-1}{\gamma}}{\frac{n-1}{n}} \text{（圧縮の場合）}, \quad \frac{\frac{n-1}{n}}{\frac{\gamma-1}{\gamma}} \text{（膨張の場合）} \tag{3.15}$$

これらの関係を用いれば、式(3.5)と式(3.6)より、

$$\text{圧縮機効率：} \eta_c = \frac{\pi^{\frac{\gamma-1}{\gamma}} - 1}{\pi^{\frac{1}{\eta_p}\frac{\gamma-1}{\gamma}} - 1} \leq \eta_p \qquad \text{タービン効率：} \eta_t = \frac{1 - \pi^{-\eta_p \frac{\gamma-1}{\gamma}}}{1 - \pi^{-\frac{\gamma-1}{\gamma}}} \geq \eta_p \tag{3.16}$$

となり、圧力比 π が大きくなると η_c は減少、η_t は増加する。これらを用いると、式(3.9)と式(3.10)は次のように表される。

$$\text{比出力：} \frac{w}{c_p T_1} = \tau\left(1 - \pi^{-\eta_{pt}\frac{\gamma-1}{\gamma}}\right) - \left(\pi^{\frac{1}{\eta_{pc}}\frac{\gamma-1}{\gamma}} - 1\right) \tag{3.9'}$$

$$\text{熱効率：} \eta_{th} = \frac{\tau\left(1 - \pi^{-\eta_{pt}\frac{\gamma-1}{\gamma}}\right) - \left(\pi^{\frac{1}{\eta_{pc}}\frac{\gamma-1}{\gamma}} - 1\right)}{(\tau - 1) - \left(\pi^{\frac{1}{\eta_{pc}}\frac{\gamma-1}{\gamma}} - 1\right)} \tag{3.10'}$$

[例題3.1] 基本サイクル（T_1=288K、T_3=1150K、π=10：図3.1参照）において、圧縮機とタービンのポリトロープ効率 η_p=90%、定圧比熱 c_p=1.0 [kJ/kg/K]、比熱比 γ=1.4 とするとき、次を求めよ。
(a) 圧縮機とタービンの断熱効率 、
(b) 圧縮仕事とタービン仕事
(c) 有効仕事と熱効率

<u>ヒントと解答：</u>
（a）圧縮機とタービンの断熱効率は、式(3.16)より、η_c=0.864, η_t=0.927

（b）等エントロピ圧縮($1\to 2s$)：$T_{2s}=T_1\pi^{(\gamma-1)/\gamma}$ = 556.0 [K]、 等エントロピ膨張($3\to 4s$)：$T_{4s}=T_3\pi^{-(\gamma-1)/\gamma}$ = 595.6 [K]

圧縮仕事：$w_c = (1/\eta_c)c_p(T_{2s}-T_1)$ =310.2 [kJ/kg]、 膨張仕事：$w_t = \eta_t c_p(T_3-T_{4s})$ =513.9 [kJ/kg]

(c) 有効仕事：$w = w_t - w_c = 203.7$ [kJ/kg]
　　熱効率　：式(3.10)を用いると、$\tau = T_3/T_1 = 3.99$ より、$\eta_{th} = 0.368$　（加熱量 q を求め、$\eta_{th} = w/q$ からでも良い。）

3.2 改良サイクル

　ガスタービンのタービン入口温度を 1000℃(温度比 $\tau \sim 4$)程度に抑え、圧縮機やタービンの効率を 80～90%とすると、基本サイクルの熱効率はピストンエンジンに比べてかなり低い。
　ガスタービンの性能向上をはかるには、圧縮機やタービン等の要素の効率の向上や、各部の圧力損失を低減する努力をするのは当然であるが、サイクル的にも色々工夫がなされている。すなわち、
　　・排熱を回収し、加熱に必要な燃料を減らす。　→ 再生
　　・圧縮過程の平均比容積を小さくし、　　　　　→ 中間冷却
　　・膨張過程の平均比容積を大きくすると、　　　→ 再熱
正負の仕事差(有効仕事)が大きくなり、有利になる。
　理想的な極限として、
　　・無限大の伝熱面により 100%の再生　（実際には、70～90%）
　　・無限段の中間冷却により等温圧縮　　（実際には、数段）
　　・無限段の再熱により等温膨張　　　　（実際には、数段）
を行えば、そのサイクルはカルノサイクルと同等の熱効率、すなわち与えられた2つの温度の熱源間で働く熱機関の達しうる最高の熱効率を与えるものになる。

a. 再生サイクル

　再生サイクル regenerative cycle は、タービンからでる排気ガス(温度 T_4)がもつ熱エネルギを熱交換器を用いて圧縮機を出た空気(T_2)に回収させ、燃焼器に入る空気温度を上げて燃料消費量を節約するサイクルである(図 3.5)。
　熱交換器出口の温度 T_5 を排気ガスの温度 T_4 まで上昇できれば理想的だが、実際は $T_5 < T_4$ となる。
　　実際の回収熱量　$h_5 - h_2 = c_p(T_5 - T_2)$、　理想の回収熱量　$h_4 - h_2 = c_p(T_4 - T_2)$ 　　　(3.17)

であり、両者の比を**熱交換器**の**再生率** effectiveness または**温度効率** thermal ratio という。

$$\eta_r = \frac{h_5 - h_2}{h_4 - h_2} = \frac{T_5 - T_2}{T_4 - T_2} \tag{3.18}$$

熱交換器出口の排気ガス温度 T_6 は、回収熱量
$$q_r = c_p(T_5 - T_2) = c_p(T_4 - T_6) \tag{3.19}$$

より求まり、$T_5 < T_4$ であるから $T_6 > T_2$ となる。回収熱量は図の斜線面積で示される。
　再生サイクルの熱効率は（完全ガス、c_p =一定の場合）、以下で与えられる。

$$\eta_{th} = \frac{(\tau\eta_t - \frac{\pi^{\frac{\gamma-1}{\gamma}}}{\eta_c})(1 - \pi^{-\frac{\gamma-1}{\gamma}})}{\tau(1 - \pi^{-\frac{\gamma-1}{\gamma}})\eta_t\eta_r + \left((\tau - 1) - \frac{\pi^{\frac{\gamma-1}{\gamma}} - 1}{\eta_c}\right)(1 - \eta_r)} \tag{3.20}$$

　図 3.6 に示すように、サイクルの熱効率は再生により著しく改善され、最高熱効率を与える圧力比が低い方にずれてゆくのも好都合である(図中、点線)。再生サイクルの熱効率はある圧力比以上（図中、ハッチした範囲）で基本サイクルの熱効率よりも低くなっているが、これはその圧力比以上になると圧縮機出口温度が排気ガス温度よりも高くなって($T_2 > T_4$)、負の再生状態になるためで、実際には除外される。なお、

比出力は基本サイクルと同じである。
　再生サイクルでは熱交換器を用いるため流動抵抗が増して比出力が小さくなるので、再生率が高くかつ抵抗が小さいことが要求される。また、熱交換器によって全体の容積、重量が増加する。

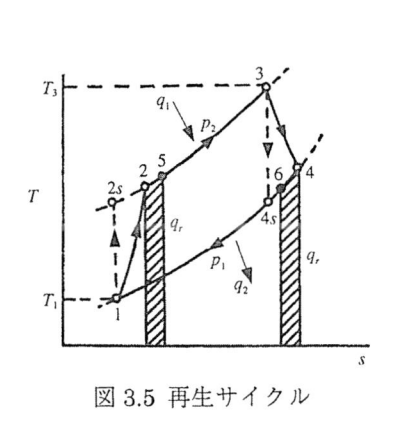

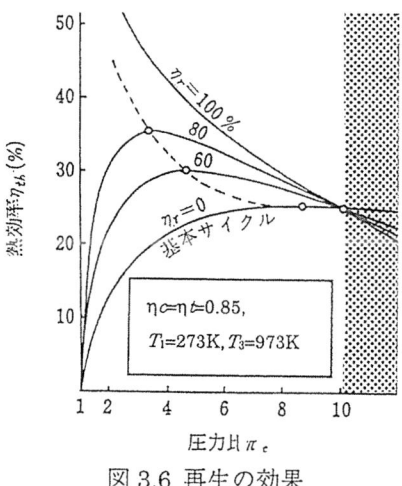

図 3.5　再生サイクル

図 3.6　再生の効果

b. 中間冷却‐再熱‐再生サイクル

　再生サイクルは一般に熱効率を改善するが、サイクル変化は基本サイクルに等しいので出力を増大してくれない。出力を増すためには、高圧縮比のサイクルでは、

・圧縮機で圧縮の途中、**中間冷却器 intercooler** をおいて圧縮仕事を減少
・タービンで膨張の途中、**再熱器 reheater** で再熱して、多段膨張

させればよい。図 3.7 は 1 段中間冷却‐1 段再熱サイクルの例である。
　中間冷却と再熱を再生と併せて行うときの効果をまとめると次のようになる。

中間冷却の影響:
　中間冷却を行うと、気体の体積が減少して圧縮機の圧縮仕事を減らすことができるから、サイクルの比出力は増大する。しかし、冷却した分だけ最高温度まで加熱するに要する熱量が増大するから、熱効率の上昇は比出力の増大程著しくない。中間冷却は**仕事比**(w/w_t)が小さい時に最もよく効果が現われるから、

・圧力比一定の時には、最高温度が低い程
・最高温度が一定の時には、圧力比が高い程

熱効率の上昇は大きい。

再熱の影響:
　再熱を行えば、与えられた圧力比において総熱落差が大きくなり、比出力を大きくすることができる。中間冷却と同じく、仕事比の小さい時に行うのが効果的である。

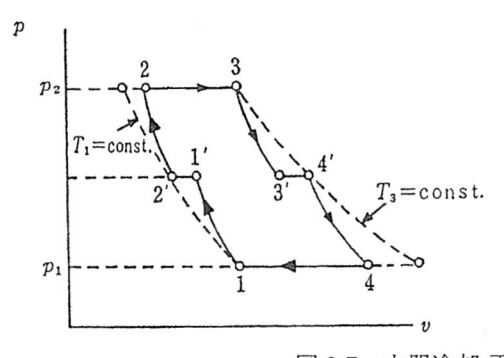

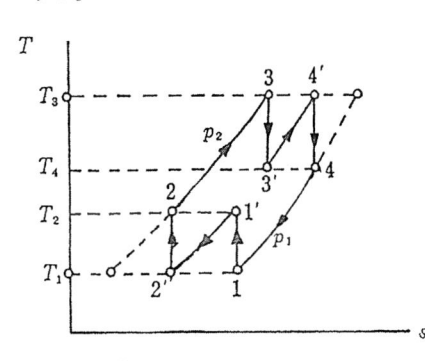

図 3.7　中間冷却‐再熱‐再生の理想サイクル

[例題 3.2]（**中間冷却、再熱の位置の影響**）圧縮機を低圧部と高圧部に分割して中間冷却を行う（図 3.7 参照）。低圧圧縮機出口のガス温度を中間冷却器により入口ガス温度まで冷却して高圧圧縮機でさらに圧縮する。圧縮機の入口温度と圧力比が与えられたとき、圧縮仕事を最小にするためには、圧縮仕事（圧力比）を低圧部と高圧部にどのように割り振ればよいか。ただし、ガスは完全気体であり、圧縮・膨張は等エントロピ変化するものとする。

<u>ヒントと解答</u>

全体の圧力比を π、低圧および高圧圧縮機の圧力比をそれぞれ π_1, π_2 とすると、$T_2' = T_1$ だから、

圧縮仕事： $\dfrac{w}{c_p T_1} = \dfrac{T_1' - T_1}{T_1} + \dfrac{T_2 - T_2'}{T_1} = \pi_1^{\frac{\gamma-1}{\gamma}} + \pi_2^{\frac{\gamma-1}{\gamma}} - 2$

ここで、$\pi = \pi_1 \pi_2$ は与えられているので、上式を π_1 に関して微分して、

$\dfrac{d}{d\pi_1}\left(\dfrac{w}{c_p T_1}\right) = \dfrac{\gamma-1}{\gamma}\dfrac{1}{\pi_1}\left(\pi_1^{\frac{\gamma-1}{\gamma}} - \pi^{\frac{\gamma-1}{\gamma}} \pi_1^{-\frac{\gamma-1}{\gamma}}\right)$

これが 0 となるとき、w は最小となるから、$\pi_1 = \sqrt{\pi}$、すなわち、$\pi_1 = \pi_2 = \sqrt{\pi}$ となるように分割すれば良い。この結果より、1) 圧力比と最高温度を一定、2) 中間冷却は圧縮過程の初めの温度まで冷却する、とすれば、

圧縮仕事最小の条件＝比出力最大の条件

であるから、圧縮仕事を等分する位置で中間冷却を行えば比出力が一番よい。

一方、熱効率を最高にする点は、それよりも幾分圧縮過程の初めの方によったところにある。（圧縮仕事やや増加するものの圧縮機出口温度が上昇するため、加熱熱量がそれ以上に減少し、結果的に熱効率上昇）。

再熱についても同様であり、同一の圧力比になるように分割するとき、最大膨張仕事が得られる。熱効率の点からは、幾分膨張初めに寄ったところが最適になる。

3.3 ターボジェット

a. サイクル

ターボジェットのサイクルも、本質的にはガスタービンサイクルと全く同一である（図 3.8）。ターボジェットはそれ自身高速で飛行しているので、圧縮が機速による動圧（**ラム ram 圧** という）分だけ増すこと、またタービンは圧縮機を駆動するのに必要な動力しか発生せず、有効出力は高速ジェットの運動エネルギの形で取り出すこと、が異なる。ここでは、基本サイクルにおいて、燃料の質量も含めて考える。

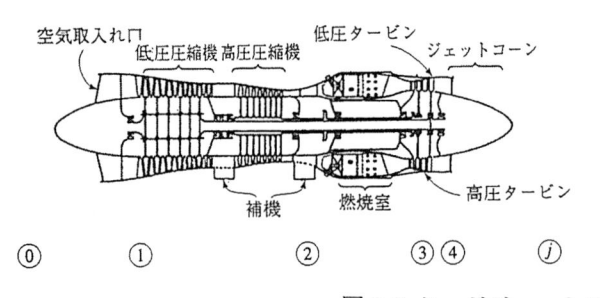

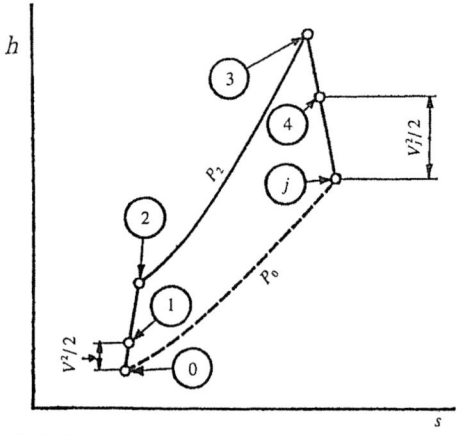

図 3.8 ターボジェットのサイクル

機速 V で大気中（圧力 p_0、温度 T_0）を飛行しているとする。大気中の音速は $a_0 = \sqrt{\gamma R T_0}$ で与えられるから、飛行マッハ数は $M = V/a_0$ である。そのとき、ターボジェットにおける流れの状態変化は下記のようになる。ここで、一般に流速が大きいので圧力と温度は全圧と全温度を用いる（2.5 節参照）。

以下、それぞれの要素における変化を示す（3.1 節参照）。

空気取入れ口 air intake：

エンジンに流入する空気は

$$T_{t0} = T_0 + \frac{1}{2}\frac{V^2}{c_p} = T_0\left(1 + \frac{\gamma-1}{2}M^2\right) \tag{3.21}$$

の全温度をもっているが、それは空気取入れ口で後に続く圧縮機に適した速度まで断熱的に減速される。そのとき、摩擦等によって流れに損失が生じるが、外部仕事はなされないので、流入したときの全温度が保存される(2.2節参照)。したがって、空気取入れ口の出口(圧縮機入口)における空気の全温度は

$$T_{t1} = T_{t0} \tag{3.22}$$

で与えられる。

一方、損失によりエントロピは増加し、全圧は減少する(図3.9a：$p_{t1s} \rightarrow p_{t1}$)。全圧 p_{t1} が等エントロピ変化で得られたときの全温度を T_{t1s} とするとき、空気取入れ口の断熱効率を次のように定義する。

$$\eta_i = \frac{h_{t1s} - h_0}{h_{t1} - h_0} = \frac{T_{t1s} - T_0}{T_{t1} - T_0} \tag{3.23}$$

式(3.21)—(3.23)より、

$$T_{t1s} = T_0 + \eta_i \frac{1}{2}\frac{V^2}{c_p} \tag{3.24}$$

温度 T_{t1s} は、圧力を p_0 から p_{t1} まで等エントロピ圧縮したときの温度であるから、式(2.13)より、空気取入れ口の出口(圧縮機入口)での空気の全圧は以下で与えられる。

$$p_{t1} = p_0 \left(1 + \eta_i \frac{1}{2}\frac{V^2}{c_p}\right)^{\frac{\gamma}{\gamma-1}}$$

$$= p_0 \left(1 + \eta_i \frac{\gamma-1}{2}M^2\right)^{\frac{\gamma}{\gamma-1}} \tag{3.25}$$

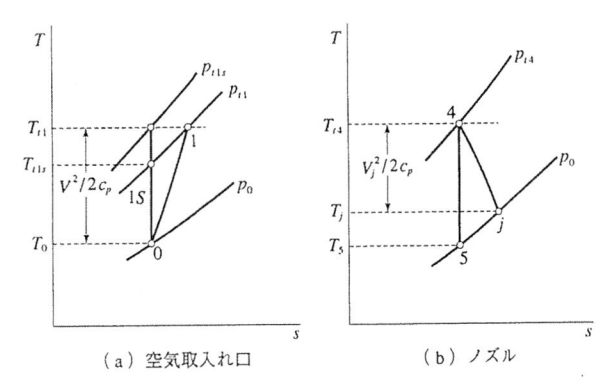

図 3.9　インレットとノズルでの断熱効率

圧縮機：

圧縮機の断熱効率 η_c、圧縮比(全圧比)$\pi_c = p_{t2}/p_{t1}$ で断熱圧縮するとき、式(3.5)より、圧縮機出口(燃焼器入口)での全温度は

$$T_{t2} = T_{t1}\left(1 + \frac{\pi_c^{\frac{\gamma-1}{\gamma}} - 1}{\eta_c}\right) \tag{3.26}$$

これより、圧縮機入力(単位質量流量当り)は、以下のようになる。

$$w_c = c_p(T_{t2} - T_{t1}) \tag{3.27}$$

燃焼器：

空気(流量 m_a [kg/s])に燃料(m_f [kg/s])が噴射されて等圧燃焼する。簡単のために、燃料の噴射によって燃料の質量だけ空気流量が増大するものとして考える。

燃料の低位発熱量 LHV [kJ/kg]、**燃焼効率** η_b とすると、

$$(m_a + m_f)c_p(T_{t3} - T_{t2}) = \eta_b m_f LHV \tag{3.28}$$

これより、燃焼器出口温度(タービン入口温度)は

$$T_{t3} = T_{t2} + \eta_b \frac{LHV}{c_p} \frac{f}{1+f} \tag{3.29}$$

で与えられる。ここで、$f = m_f/m_a$ は燃空比 fuel-air ratio。

燃焼器を通過する際、損失が生ずるが、その損失は普通5%以下である。

$$\frac{p_{t2} - p_{t3}}{p_{t2}} < 0.05 \tag{3.30}$$

タービン：

タービンの断熱効率 η_t、膨張比(全圧比) $\pi_t = p_{t3}/p_{t4}$ で断熱膨張するとき、式(3.6)よりタービン出口(ノズル入口)での全温度は

$$T_{t4} = T_{t3}(1 - \eta_t(1 - \pi_t^{-\frac{\gamma-1}{\gamma}})) \tag{3.31}$$

これより、タービン出力(空気の単位質量当り)は

$$w_t = (1+f) c_p (T_{t3} - T_{t4}) \tag{3.32}$$

で与えられる。ターボジェットの場合、このタービン出力がすべて圧縮機駆動に入力されるから、両者を結合する機械効率を η_m とすると、次の関係がある。

$$w_c = \eta_m w_t \tag{3.33}$$

ノズル：

タービンを出たガスはノズルで大気圧 p_0 まで膨張・加速されて、ジェットとして噴出するとする。このとき、ノズルにおいても全温度は保存されるから、ジェットの静温度を T_j、流速を V_j とすると、

$$T_{t4} = T_j + \frac{V_j^2}{2c_p} \tag{3.34}$$

これより、ジェットの速度は

$$V_j = \sqrt{2c_p(T_{t4} - T_j)} = \sqrt{2c_p T_{t4} \eta_n (1 - (\frac{p_0}{p_{t4}})^{\frac{\gamma-1}{\gamma}})} \tag{3.35}$$

ここで、η_n はノズルの断熱効率で空気取入れ口の断熱効率(式(3.23))と同様に定義される(図3.9b)。

$$\eta_n = \frac{T_{t4} - T_j}{T_{t4} - T_5} \tag{3.36}$$

なお、亜音速機で一般に使用される先細ノズルでは、タービン出口全圧 p_{t4} がある値以上(p_0/p_{t4} が臨界圧力比以下)になると流れは**チョーク choke** するから、そのときのジェットの速度は、式(2.25)第2式 ($\eta_n = 1$ の場合)で与えられる。

b. 性能

ガスタービンエンジンでは一般に燃空比 $f = 0.01 \sim 0.02 \ll 1$ であるから(7.2節参照)、

$$m_a + m_f = m_a(1+f) \sim m_a \tag{3.37}$$

これより、流量は近似的に空気流量に等しいとしてよい。以下、これにならう。

推力 thrust：

ターボジェットが流量 m_a の空気を流速 V(=機速)で吸込み、それを流速 V_j で噴出するとすると、運動量の法則より発生する推力 F[N]は(注3.2参照)、

3. サイクルと性能

$$F = m_a(V_j - V) \tag{3.38}$$

で与えられる。ここで、関連する運動量を以下のとおり呼ぶ。

　　流入運動量　$F_D = m_a V$　：吸入抵抗 momentum drag
　　流出運動量　$F_G = m_a V_j$　：ノズルで生ずる推力 gross thrust

推進仕事 propulsive work：

ターボジェットは推力 F を作りながら速度 V で飛行するから、推力がなす仕事(推進仕事)W_p [kW]は次式で与えられる。

$$W_p = FV = m_a V(V_j - V) \tag{3.39}$$

ジェットエンジンが作るエネルギ：

空気は大気圧で流入し、大気中にジェットとして噴出するから、エンジンが作り出すエネルギ W [kW]は空気のもつ運動エネルギの増分に等しい。すなわち、

$$W = \frac{1}{2} m_a (V_j^2 - V^2) \tag{3.40}$$

これを書き直すと、

$$W = m_a V(V_j - V) + \frac{1}{2} m_a (V_j - V)^2 = 推進仕事 W_p + 排気残留エネルギ \tag{3.40'}$$

となり、エンジンが作り出すエネルギは推進仕事と排気残留エネルギの和として表される。すなわち、静止した人が速度 V で飛行するジェット機を見るとき、ジェット機の下流には速度 $(V_j - V)$ の噴流が残っており、その運動エネルギ $(1/2) m_a (V_j - V)^2$ は使われないで損失となる。これが排気残留エネルギであって、ジェット機が作り出す全エネルギから推進仕事（有効仕事）を差引いたものに等しい。

推進効率 propulsive efficiency：

推進効率は、ジェットエンジンが作り出したエネルギのうちの有効仕事に使われたエネルギの割合で、次式で定義される。

$$\eta_p = \frac{W_p}{W} = \frac{2}{1 + \dfrac{V_j}{V}} \tag{3.41}$$

燃料消費率 specific fuel comsumption (SFC)：

単位時間当りの燃料消費量/推力 [(kg/s)/kN]。

$$SFC = \frac{f}{V_j - V} \tag{3.42}$$

エンジンの熱効率 thermal efficiency：

系に与えられた熱エネルギのうち、エンジン自身が発生した力学的エネルギの割合。

$$\eta_{th} = \frac{発生エネルギ}{消費燃料の熱量} \frac{W}{m_f LHV} = \frac{V_j + V}{2 SFC \cdot LHV} \tag{3.43}$$

エンジンの全効率 overall efficiency： 系に与えられた熱エネルギが有効に利用される割合。

$$\eta_0 = \frac{推進仕事}{消費燃料の熱量} \frac{W_p}{m_f LHV} = \eta_p \eta_{th} = \frac{V}{SFC \cdot LHV} \tag{3.44}$$

(注 3.2) ジェット機は圧力でも押される?
　一般に使用される先細ノズルでは、タービン出口全圧 p_{t4} がある値以上（p_0/p_{t4} が臨界圧力比以下）になると流れはチョーク choke し、ノズル出口でのジェットの圧力 p_j は臨界圧力となり、$p_j > p_0$ となる(2.5 節参照)。その場合、推力は圧力差（$p_j - p_0$）による力が付加され

$$F = m_a(V_j - V) + (p_j - p_0)A_e \tag{3.38'}$$

となる。ここで、A_e はノズル出口面積。しかし、亜音速飛行（V_j したがって p_{t4} が小さい）の場合は余り問題にならないので、ここでは省略する。

(注 3.3) アフタバーナ afterburner（ジェットエンジン再熱器 reheater）:
アフタバーナでは、ドライ（非燃焼時）の圧力損失は保炎器など構造的に大きめ（約 5%程度）が見込まれる。これに加えて、燃焼による損失が発生する点に注意せねばならず、その大きさは、場合によると、5-10%に達することもある。
　後者の見積もりは、レイリー流れ(2.6b 項参照)に順じて、以下のとおり行える。

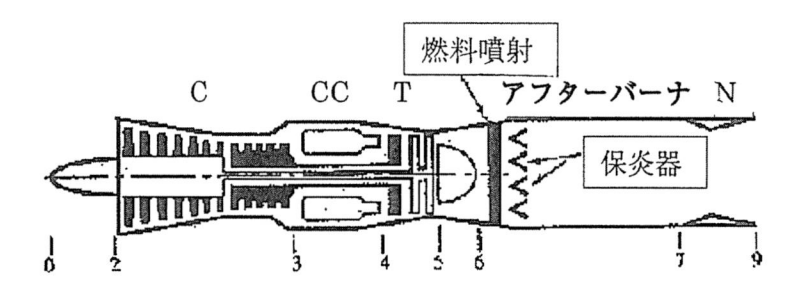

観測位置 6 と 7 の間で、次の保存則が成立。

流量: $m_{fAB} + m_6 = m_7$　　　　ただし、m_{fAB}:アフタバーナ燃料流量 (1)

運動量: $m_6V_6 + A_6 p_6 = m_7V_7 + A_7p_7$ (2)

エネルギ: $m_7 c_{p7} T_{t7} - m_6 c_{p6} T_{t6} = \eta_{AB} m_{fAB} LHV$　ただし、η_{AB}:アフタバーナ燃焼効率 (3)

入口 6 位置の状態が全て与えられるとき、先ず、式(1)と(3)より、T_{t7} ないし $f_{AB} = m_{fAB}/m_6$ が、互いに、c_{p7}(温度 T_{t7} の関数)と併せて決まる。
次に、$m_7\sqrt{(c_{p7}T_{t7})}/A_7 p_{t7} = MFP(M_7)$ より、ただし、$MFP(M) = \gamma/\sqrt{(\gamma-1)} M / [1+\{(\gamma-1)/2\}M^2]^{(\gamma+1)/2/(\gamma-1)}$　　（式 2.27 参照）
$p_{t7} = p_7[1+\{(\gamma-1)/2\}M_7^2]^{\gamma/(\gamma-1)}$ を代入して、$m_7\sqrt{(c_{p7}T_{t7})}/A_7/p_7 = \gamma/\sqrt{(\gamma-1)} M_7 / [1+\{(\gamma-1)/2\}M_7^2]^{1/2}$ (4)

一方、式(2)から、$p_6A_6(1+\gamma M_6^2) = p_7A_7(1+\gamma M_7^2)$、これを式(4)に代入して、

$$m_7\sqrt{(c_{p7}T_{t7})}/A_6/p_6 = (1+\gamma M_6^2)/(1+\gamma M_7^2) \gamma/\sqrt{(\gamma-1)} M_7 / [1+\{(\gamma-1)/2\}M_7^2]^{1/2} \tag{5}$$

式(5)は M_7^2 に関する 2 次式を与え、従って、M_7 が算出される。M_7 がわかれば、式(5)より、$A_7 p_7$ が求まり、A_7 を決めると p_7 が決まり、よって p_{t7} も求まる。加熱により全圧は必ず小さくなり、これが**燃焼によるアフタバーナ損失**である。

[例題 3.3] ターボジェット機が高度 8000 [m]（圧力 35.5 [kPa]、温度 −37.0 [℃]）、機速 750 [km/h]で飛行している。空気の定圧比熱 c_p=1.0 [kJ/kg/K]、比熱比 γ=1.4 として、
(a) 空気取入れ口の断熱効率 η_i=0.93 とするとき、圧縮機入口の全温、全圧
ならびに、空気流量 85 [kg/s]、圧縮機の全圧比 π_c=12、タービン入口全温度 1000 [℃]で作動し、ジェットが外気に等しい圧力で噴出しているとき、
(b) ターボジェットが発生する推力、推進効率および熱効率
を求めよ。ただし、圧縮機とタービンの断熱効率がそれぞれ 85%と 90%、ノズル効率 95%、機械効率 100%とし、燃焼器における圧力損失と燃料による流量変化は無視し、燃焼効率 100%とする。

ヒントと解答:
（a）大気温度　T_0=236 [K]、大気圧　p_0=35.5 [kPa]
　　気体定数　$R=(\gamma-1)/\gamma \times c_p$=0.286 [kJ/kg/K]
　　音速　$a=\sqrt{\gamma R T_0}$=307.2 [m/s]、機速 V=750 [km/h]=208.3 [m/s]、マッハ数 $M=V/a$=0.678

圧縮機入口全温度（式(3.21)）： $T_{t1}=T_0(1+(\gamma-1)/2\times M^2)=257.7$ [K]
圧縮機入口全圧（式(3.25)）： $p_{t1}=p_0(1+\eta_i(\gamma-1)/2\times M^2)^{\gamma/(\gamma-1)}=47.3$ [kPa]
(b) 圧縮機出口全温度（式(3.26)）： $T_{t2}=T_{t1}[1+\{\pi_c^{(\gamma-1)/\gamma}-1\}/\eta_c]=571.2$ [K]
圧縮機出口全圧　$p_{t2}=p_{t1}\pi_c=568$ [kPa]
圧縮機仕事　$w_c=c_p(T_{t2}-T_{t1})=313.5\times10^3$ [kJ/kg]
タービン仕事：$w_t=c_p(T_{t3}-T_{t4})$、加熱量 $q=c_p(T_{t3}-T_{t2})=701.8$ [kJ/kg]
式(3.33)より $w_c=w_t$、タービン入口温度 $T_{t3}=1273$ [K] であるから、上式より
タービン出口全温度 $T_{t4}=959.5$ [K]
タービン全圧比（式(3.31)）： $\pi_t=\{1/\eta_t(T_{t4}/T_{t3}-1)+1\}^{-\gamma/(\gamma-1)}=3.06$
タービン入口全圧　$p_{t3}=p_{t2}$、タービン出口全圧　$p_{t4}=p_{t3}/\pi_t=1.855\times10^5$ [Pa]
ジェット速度（式(3.35)）： $V_j=\sqrt{2c_pT_{t4}\eta_n(1-(p_0/p_{t4})^{(\gamma-1)/\gamma})}=828.5$ [m/s]
推力（式(3.38)）： $F=m(V_j-V)=52.7$ [kN]
推進効率（式(3.41)）： $\eta_p=2/(1+V_j/V)=0.402$
熱効率：$\eta_{th}=1/2(V_j^2-V^2)/q=0.458$

3.4 ターボファン

ターボジェットでは、式(3.38)と式(3.41)より、

推力：$F=m_a(V_j-V)$ ：V_j/V大なるほど大（V=一定とする）

推進効率：$\eta_p=\dfrac{W_p}{W}=\dfrac{2}{1+\dfrac{V_j}{V}}$ ：V_j/V大なるほど小

であって、推力と推進効率とは相反する。

しかるに、ジェット速度 V_j が小さくても流量 m を大きくすることができれば、同一の推力で推進効率も上げることができる。その一つの極限の例がプロペラ機である。このような発想から生れたものが、ターボプロップとターボジェットの中間に位置する**ターボファン**（ファンエンジン）で、プロペラの代りにダクト付きの多翼ファン ducted fan をもっている。現在、燃料経済性の観点から、航空用エンジンとしてターボファンが広く用いられている（図 1.13-14）。

ターボプロップとターボファンの比較を表 3.2 に示す。原理的にはターボファンはターボプロップと同様で、ターボジェットでジェットとなるべきエネルギの一部でタービンを駆動し、それでダクト付きファンを駆動する。ファンを通過した空気の一部は圧縮機→燃焼器→タービン（これを**コアエンジン core engine** という）を通過して、高速のジェットとなって噴出する。一方、残りの空気はコアエンジンを通過することなく、それを包むように比較的低速で流れる。

両者の質量流量比を

$$\text{バイパス比 bypass ratio}(BPR)=\dfrac{\text{コアエンジンを通過しない空気流量}}{\text{コアエンジンを通過する空気流量}}$$

という。

ターボファンでは、コアエンジンが作り出すエネルギの一部がファン駆動に使われるために、コアエンジンのジェット速度も減少し、その結果、推進効率と燃費が大幅に改善され、さらにジェット騒音も大きく減少する(例題 3.4 および 10.1 節参照)。

バイパス比は大きいほど燃料経済性がよいから、燃費節減が厳しく要求される民間航空機用エンジンでは高圧力比のみならず高バイパス比が採用されている。

一層の燃料経済性向上のために、高速性能の良い後退角をもつ多翼のターボプロップ等も研究されてきている(第 11 章参照)。

ターボプロップ	ターボファン
ターボジェットでジェットとなるべきエネルギをプロペラで吸収し推力を得る。ジェット効果は小。（ガスタービン駆動プロペラ推進） $BPR \sim 80$ プロペラの推進効率は$M>0.7$で急激に低下 →飛行速度制限。	ターボジェットでジェットとなるべきエネルギの一部でダクト付ファンを駆動する。 $BPR<10$（減速ギアなし） 　　<15（減速ギア付） ダクト付多翼ファンの周速が音速を越えても、比較的効率よく作動。 ジェット騒音の低減に著しい効果。それに伴いファン騒音が顕著になる。(10.1節参照)

表3.1 ターボプロップとターボファンの比較

ここで、ターボジェットと同様に、ターボファンを考えてみよう(図3.10)。

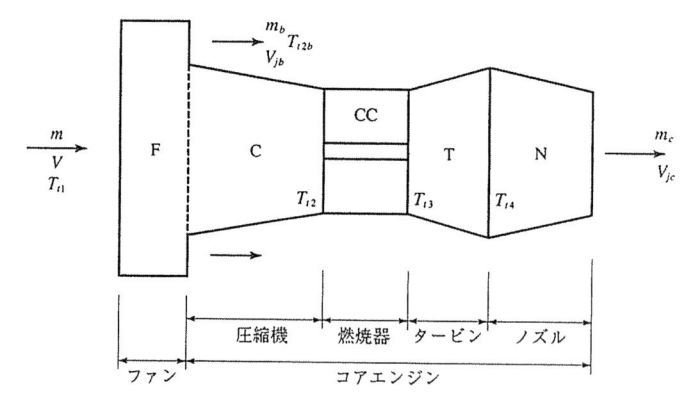

図3.10 ターボファンエンジン

コアエンジン通過の流量をm_c、バイパス流量をm_bとすると、バイパス比は、定義より、

$$BPR = \frac{m_b}{m_c} \tag{3.45}$$

仕事の釣合：
　圧縮機入力 ＋ファン入力 ＝ 機械効率×タービン出力　だから、
　$m_c c_p (T_{t2} - T_{t1}) + m_b c_p (T_{t2b} - T_{t1}) = \eta_m \times m_c c_p (T_{t3} - T_{t4})$、
ここで、圧縮機入力にはm_cに対するファン入力を含む。
　したがって、次の関係式が得られる。

$$(T_{t2} - T_{t1}) + BPR(T_{t2b} - T_{t1}) = \eta_m (T_{t3} - T_{t4}) \tag{3.46}$$

推力 thrust：
　ターボファンが流量 $m = m_c + m_b$ の空気を流速Vで吸込み、それを流速V_{jc}、V_{jb}で噴出するとすると、運動量の法則より、発生する推力は

$$F = m_c(V_{jc} - V) + m_b(V_{jb} - V) = m\left(\frac{1}{1+BPR}V_{jc} + \frac{BPR}{1+BPR}V_{jb} - V\right) \tag{3.47}$$

これは、$BPR \to 0$ のとき $V_{jc} \to V_j$ とすると、ターボジェットの場合の式(3.38)と一致する。

推進仕事 propulsive work：
ターボファンは推力 F を受けながら速度 V で飛行するから、推力がなす仕事(推進仕事)は
$$W_p = FV \tag{3.48}$$

ファンエンジンが作るエネルギ：
エンジンが作り出すエネルギは空気のもつ運動エネルギの増分に等しいから、
$$W = \frac{1}{2}m_c V_{jc}^2 + \frac{1}{2}m_b V_{jb}^2 - \frac{1}{2}mV^2 \tag{3.49}$$

ターボジェットと同様(式(3.40)参照)、これは推進仕事と排気残留エネルギの和に等しい(読者が導いてみていただきたい)。

推進効率 propulsive efficiency：
推進効率は、ファンエンジンが作り出したエネルギのうちの有効仕事に使われたエネルギの割合で、次式で定義される。
$$\eta_p = \frac{W_p}{W} = \frac{(\frac{V_{jc}}{V}-1) + BPR(\frac{V_{jb}}{V}-1)}{\frac{1}{2}((\frac{V_{jc}}{V})^2-1) + BPR\frac{1}{2}((\frac{V_{jb}}{V})^2-1)} \tag{3.50}$$

燃料消費率 specific fuel comsumption(SFC)：
$$SFC = \frac{m_c f}{F} = \frac{\frac{f}{V}}{(\frac{V_{jc}}{V}-1) + BPR(\frac{V_{jb}}{V}-1)} \tag{3.51}$$

ターボジェットの燃料消費率(式(3.42)：ここでは、SFC_0 とする)と比較すると、燃空比 f が等しいとすれば、次の関係が得られる。

$$\frac{SFC}{SFC_0} = \frac{\frac{V_j}{V}-1}{(\frac{V_{jc}}{V}-1) + BPR(\frac{V_{jb}}{V}-1)} \tag{3.52}$$

いま、与えられたコアエンジンにファンおよびファンを駆動する低圧タービンを付加する場合を考えて見よう。ファン駆動のために低圧タービンが仕事をして、タービン出口の全温度は低下するから、コアのジェット速度 V_{jc} は減少して $V_{jb} < V_{jc} < V_j$ となり、BPR の増加とともに V_{jc} と V_{jb} の差が小さくなる。

図 3.11 はそのような場合の計算例で、BPR を大きくしてゆくと推力は増加し燃費が減少するが、ファン圧力比 π_f に応じて燃費が最小となる BPR が存在することがわかる(例題 3.4 参照)。

そのような適正な BPR 付近では、コアエンジンとファンとからでるジェット速度はほぼ等しいから、設計にあたっては両者が等しい($V_{jb} = V_{jc}$)として BPR や π_f を求めればよい(注 3.4 参照)。

現在、民間航空機用エンジンでは BPR が 5〜6 のターボファンが使われているが、最近では BPR が 9 を越える超高バイパスエンジン

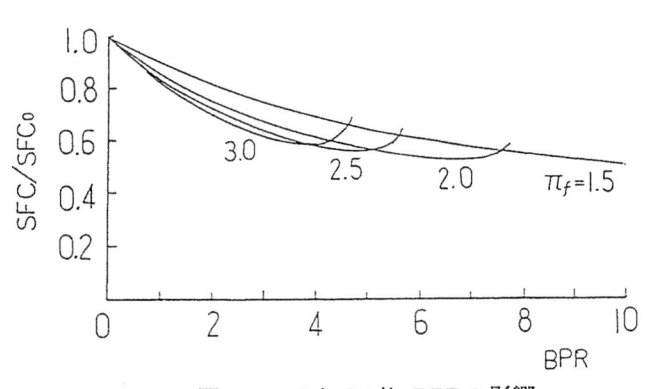

図 3.11 バイパス比 BPR の影響

ultra-high-bypass (UHB) engine も就航している。また、軍用のものでも巡航時の燃費や騒音を重視して、低バイパス比（$BPR = 0.3 \sim 1$）のエンジンが採用されている。

(注3.4) ターボファンの最適条件(バイパス比 BPR, ファン圧力比 π_f):

　この型のエンジンでは、ターボジェットに比べて、バイパス比とファン圧力比の2個が新たなパラメータに加わり、それらの組み合わせの最適化が図られる。先ず、BPR は熱効率 η_{th} に影響を与えず、推進効率 η_P を通じてのみ SFC に寄与する点を注意する。すなわち、

$$\text{ターボジェット出力} = \frac{1}{2}mV_j^2 - \frac{1}{2}mV^2$$

に対して、

$$\text{ターボファン出力} = \frac{1}{2}m_c V_{jc}^2 + \frac{1}{2}m_b V_{jb}^2 - \frac{1}{2}mV^2$$

と異なる表示だが、理想ターボファンサイクルでは、コア流れから割かれた出力はすべて損失なしでバイパス流れに振り向けられるため、差し引きネット（正味）出力は変化しない。

　エンジン入口状態、全体圧力比、最高温度などが与えられるとすれば、SFC を BPR または π_f の関数として偏微分することで、理想サイクルの場合、解析的に次の SFC 最小条件が導かれる。

最適 BPF 値 ($=BPR_{OPT}$): $\quad \dfrac{V_{jc}}{V} - 1 = \dfrac{1}{2}(\dfrac{V_{jb}}{V} - 1)$　すなわち、　ファンコア推力比 $\dfrac{F_b}{F_c} = 2 \times BPR_{OPT}$

最適 π_f 値 ($=\pi_{fOPT}$): $\quad V_{jc} = V_{jb}$　　　　すなわち、　ファンコア推力比 $\dfrac{F_b}{F_c} = BPR_{OPT}$

なお、後者の π_{fOPT} 値は、SFC 式 (3.51) から明らかのように、比推力 $\dfrac{F}{m}$ の最大条件も与える。そのとき、ターボジェットと同様の表示式が次のとおり得られる。

$\pi_f = \pi_{fOPT}: \quad \dfrac{F}{m} = V_{jb} - V$、　また、　$\eta_p = \dfrac{2}{\dfrac{V_{jb}}{V} + 1}$

[例題3.4] 高圧タービン出口（図3.10中、3と4の中間で添え字34とする）の全圧 p_{t34} と全温度 T_{t34}、および付加するファンの圧力比 π_f が与えられたとき、ジェット速度 V_{jc} と V_{jb} を与える式を導け。ただし、流れは等エントロピ変化をするものとする。

　また、図3.11は、例題3.3のエンジンにいろいろな圧力比 π_f のファンをつけた場合（損失はないとしている）を示すが、その結果を計算して確かめよ。

<u>ヒントと解答</u>：

　（以下においては、高圧タービン出口を添字 34、低圧タービン出口を添字 4 で表記しているので注意）。

流入流れ：$T_{t1} = T_0 + \dfrac{V^2}{2c_p}$、ファン出口：$\dfrac{T_{t2f}}{T_{t1}} = (\dfrac{p_{t2f}}{p_{t1}})^{\frac{\gamma-1}{\gamma}} = \pi_f^{\frac{\gamma-1}{\gamma}}$、

ファンのジェット速度：大気圧 (p_0) に流出するから、ジェット温度は T_0 。

$T_{t2f} = T_0 + \dfrac{V_{jb}^2}{2c_p}$ より、$V_{jb} = \sqrt{2c_p(T_{t2f} - T_0)}$

タービン出口：ファン圧縮仕事 $m_b(T_{t2f} - T_{t1})$ = 低圧タービン仕事 $m_a(T_{t4} - T_{t34})$ より、$T_{t4} = T_{t34} - BPR(T_{t2f} - T_{t1})$

これより、$\dfrac{p_{t4}}{p_{t34}} = (\dfrac{T_{t4}}{T_{t34}})^{\frac{\gamma}{\gamma-1}}$、また、コアのジェット速度（式(3.35)参照）：$V_{jc} = \sqrt{2c_p T_{t4}(1 - (\dfrac{p_0}{p_{t4}})^{\frac{\gamma-1}{\gamma}})}$

以上により、$T_{t1} \to T_{t2f} \to V_{jb} \to T_{t4} \to p_{t4} \to V_{jc}$ の順序で求められる。なお、ここでは、高圧タービン出口の条件（T_{t34}, p_{t34}）を与えたが、それらはコアエンジンを解くことによって得る。例題3.3の値を用いると、図3.11 が得られる。

[例題 3.5] ミキサ（混合器）での完全混合：

図のようにコアとバイパス流れが一定断面積のミキサにより完全混合される場合、
(a) コア流のマッハ数 M_6 に対して適合するバイパス流のマッハ数 M_{16} を求めよ。
(b) バイパス比 BPR と面積比 A_{16}/A_6 との関係を導け。
(c) 温度比 T_{t7}/T_{t6} および全圧比 p_{t7}/p_{t6}、さらに出口マッハ数 M_7 の算出式を導け。

ただし、ミキサ入口でのコアとバイパスの温度比 T_{t16}/T_{t6} および全圧比 p_{t16}/p_{t6} は与えられている。また、コアとバイパス流の比熱 c_p と比熱比 γ を、それぞれ、$c_{p6}、c_{p16}$ および $\gamma_6、\gamma_{16}$ とせよ。ダクト壁面は断熱的かつ摩擦抵抗は無視できるとせよ。

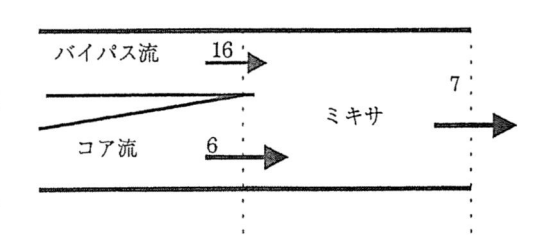

<u>ヒントと解答：</u>

(a) 全圧式 (2.21)：$p_t/p = (1 + \frac{\gamma-1}{2}M^2)^{\gamma/(\gamma-1)}$ をコア(添字 6)とバイパス(添字 16)流れに適用し、両者の合流岐点で静圧バランス $p_6=p_{16}$ が成り立つことから、$p_{t16}/p_{t6} = (1 + \frac{\gamma_{16}-1}{2}M_{16}^2)^{\gamma_{16}/(\gamma_{16}-1)} / (1 + \frac{\gamma_6-1}{2}M_6^2)^{\gamma_6/(\gamma_6-1)}$

左辺の全圧比が与えられると、M_6 から M_{16} が求まる。

(b) 質量流束パラメータ式(2.27)を用いて、$m/A = MFP(\gamma,M) p_t/\sqrt{c_p T_t}$。これを、コア(添字 6)とバイパス(添字 16)流れのそれぞれに適用し、両者の比をとる。$BPR = m_{16}/m_6$ として、$BPR = \frac{A_{16}}{A_6} \frac{MFP(\gamma_{16},M_{16})}{MFP(\gamma_6,M_6)} \frac{p_{t16}}{p_{t6}} \sqrt{\frac{c_{p6}T_{t6}}{c_{p16}T_{t16}}}$ の関係を得る。

(c) ミキサ入口 6 および 16 と出口 7 の間で、以下の保存則が成立。

流量： $m_6 + m_{16} = m_7$ (1)

運動量： $m_6 V_6 + A_6 p_6 + m_{16} V_{16} + A_{16} p_{16} = m_7 V_7 + A_7 p_7$ ただし、$A_7 = A_6 + A_{16}$ (2)

エネルギ： $m_6 c_{p6} T_{t6} + m_{16} c_{p16} T_{t16} = m_7 c_{p7} T_{t7}$ ここで、$c_{p7} = \frac{c_{p6} + BPR c_{p16}}{1 + BPR}$、$\gamma_7 = \frac{c_{p7}}{c_{p7} - R_7}$、$R_7 = \frac{R_6 + BPR R_{16}}{1 + BPR}$ (3)

式(1)、(3) より、$\frac{T_{t7}}{T_{t6}} = \frac{c_{p6}}{c_{p7}} \frac{1}{1+BPR}(1 + BPR \frac{c_{p16}}{c_{p6}} \frac{T_{t16}}{T_{t6}})$ (4)

式(2)において、$mV + Ap = Ap(1 + \gamma M^2)$、また、$Ap = Ap_t \frac{p}{p_t} = \frac{m\sqrt{c_p T_t}}{MFP(\gamma,M)}(1 + \frac{\gamma-1}{2}M^2)^{-\frac{\gamma}{\gamma-1}}$ の関係を用いれば、

$$1 + \frac{A_{16} p_{t16}}{A_6 p_{t6}} \frac{1 + \gamma_{16} M_{16}^2}{1 + \gamma_6 M_6^2} \frac{(1 + \frac{\gamma_6-1}{2}M_6^2)^{\frac{\gamma_6}{\gamma_6-1}}}{(1 + \frac{\gamma_{16}-1}{2}M_{16}^2)^{\frac{\gamma_{16}}{\gamma_{16}-1}}} BPR \sqrt{\frac{c_{p16}T_{t16}}{c_{p6}T_{t6}}} \frac{MFP(\gamma_6,M_6)}{MFP(\gamma_{16},M_{16})}$$

$$= (1 + BPR)\sqrt{\frac{c_{p7}T_{t7}}{c_{p6}T_{t6}}} \frac{MFP(\gamma_6,M_6)}{MFP(\gamma_7,M_7)} \frac{1 + \gamma_7 M_7^2}{1 + \gamma_6 M_6^2} \frac{(1 + \frac{\gamma_6-1}{2}M_6^2)^{\frac{\gamma_6}{\gamma_6-1}}}{(1 + \frac{\gamma_7-1}{2}M_7^2)^{\frac{\gamma_7}{\gamma_7-1}}} \quad (5)$$

上記で、式(4)を用いると、M_7 以外はすべて既知なので流出マッハ数 M_7 が求められる。M_7 が決まると、全圧比 p_{t7}/p_{t6} もまた、次式から算出される。

$$\frac{p_{t7}}{p_{t6}} = \frac{A_6}{A_7} \frac{1 + \gamma_6 M_6^2}{1 + \gamma_7 M_7^2} \frac{(1 + \frac{\gamma_7-1}{2}M_7^2)^{\frac{\gamma_7}{\gamma_7-1}}}{(1 + \frac{\gamma_6-1}{2}M_6^2)^{\frac{\gamma_6}{\gamma_6-1}}} \left[1 + \frac{A_{16} p_{t16}}{A_6 p_{t6}} \frac{1 + \gamma_{16} M_{16}^2}{1 + \gamma_6 M_6^2} \frac{(1 + \frac{\gamma_6-1}{2}M_6^2)^{\frac{\gamma_6}{\gamma_6-1}}}{(1 + \frac{\gamma_{16}-1}{2}M_{16}^2)^{\frac{\gamma_{16}}{\gamma_{16}-1}}} BPR \sqrt{\frac{c_{p16}T_{t16}}{c_{p6}T_{t6}}} \frac{MFP(\gamma_6,M_6)}{MFP(\gamma_{16},M_{16})} \right] \quad (6)$$

4. 軸流圧縮機

　現在、小型ガスタービンには遠心圧縮機 centrifugal compressor もその特徴を生かして使われている(1.2 節参照)が、大型のガスタービンでは殆ど軸流圧縮機 axial-flow compressor である。ガスタービンでは、熱効率に対して圧縮機やタービンの効率の影響が蒸気タービンに比べて大きいので、それらの要素効率が高いことが重要である(3.1b 項参照)。

4.1 翼列と性能

a. 翼列

　軸流圧縮機の基本構成単位は
　　　動翼 rotor+ 静翼 stator = 段 stage
である。
　これを連続的に軸方向に並べて多段圧縮機にすることによって、高い圧力比がえられる。(図 4.1)

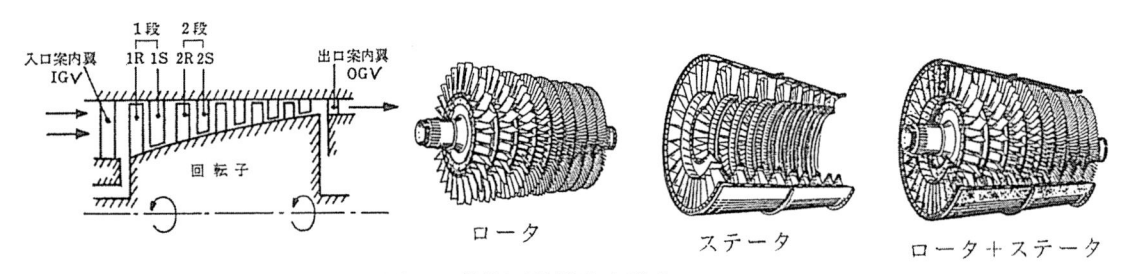

図 4.1 軸流圧縮機基本構成

ここで、動翼(列)、静翼(列):回転盤、回転ドラムや環状壁の周りに、半径方向に長い翼を植えたもの。
　したがって、軸流圧縮機内の流れは、環状の流路中を流れ、大体において回転軸に平行な円筒面上を流れるから、**軸流 axial flow** という。厳密には 3 次元的な翼列を通る 3 次元的な流れとして解析されるが、基本的な考え方として、任意の半径の円筒面で展開した
　　2 次元翼列を通る 2 次元流れ(図 4.3 参照)
として取扱える。
　この場合、翼の高さ(紙面に垂直)方向には流れは変化しないと考えればよい。

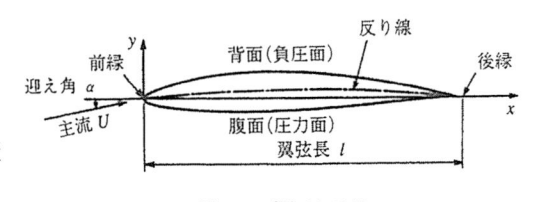

図 4.2 翼型形状

　図 4.2 に一般的な翼型を示す。翼断面の**前縁 leading edge** と**後縁 trailing edge** を結ぶ基準線を**翼弦 chord**、前縁から後縁までの長さ l を**翼弦長 chord length**、翼型の平均高さを示す線を**反り線 camber line**、翼の最大厚さ/翼弦長を**翼厚 thickness**(%で表す)という。また、翼の長さ(紙面に垂直な方向の)を**翼幅**または**翼高さ span**、翼にあたる流れの方向が翼弦となす角度を**迎え角 angle of attack** という。一方、**翼列 cascade**(ないし **blade row**)は翼が一定間隔をもって並んだもので、図 4.3 に 2 次元翼列を示す。
　ここで、V_1, V_2:**流入速度 inlet velocity** と**流出速度 outlet velocity**、V_a:**軸流速度 axial velocity** すなわち

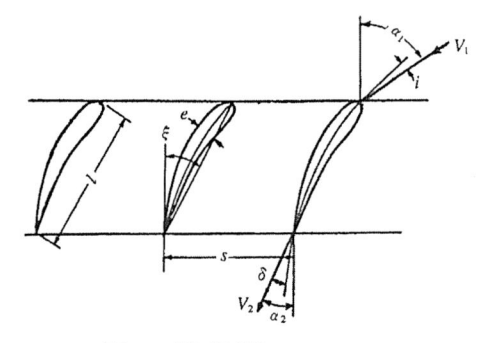

図 4.3 翼列形状パラメータ

流速の軸方向成分、$α_1$、$α_2$：**流入角 inlet flow angle** と**流出角 outlet flow angle** で、流れが翼列の軸方向となす角度、($α_1$−$α_2$)：**転向角 turning angle**、つまり、流入角と流出角の差、i：**入射角 incident angle** と $δ$：**偏向角 deviation angle** は、流入・流出する流れが前縁と後縁における反り線の接線方向となす角度、$ξ$：**食違い角 stagger angle** で、翼弦が軸方向となす翼取り付け角度、s：**ピッチ pitch** で、翼の周方向間隔、なお、s/l(ピッチ/翼弦長)：**節弦比**、その逆数の弦節比(l/s)を**ソリディティ solidity**（翼の詰り工合のこと）という。

このように、単独に存在する翼(単独翼という)の場合と翼列の場合とで、翼と流れの関係の表示が異なるから注意しなければならない。軸流の翼列の場合は、流れの方向の基準として回転軸(軸流)方向がとられ、また入射角が迎え角に代るものとなる。また、単独翼の場合、翼は aerofoil(または airfoil)であるが、翼列の場合、その形状から blade (葉や刃が原意)ということが多い。なお、3次元翼列の場合、動翼先端(外径ケーシング側)を**ティップ tip**、根元(内径ボス側)を**ルート root** ないし**ハブ hub** という。内外径比を**ボス比**または **hub-tip ratio** という。

b. 翼列を通る流れ

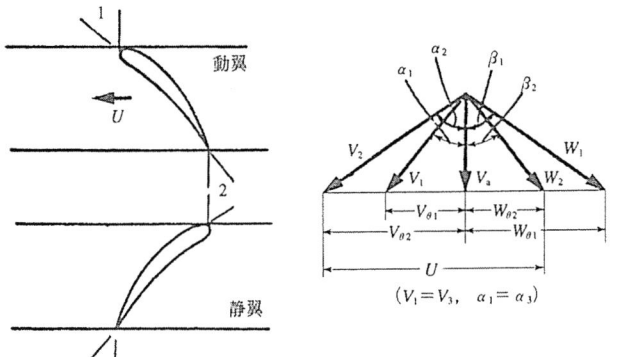

図 4.4 に示される 2 次元の動翼と静翼よりなる段を通過する流れを考える。ここで、動翼の回転による周速度を U、翼列を通る流れの絶対流速と相対流速を V と W、それらの流れの角度を $α$ と $β$ で示す。また、1 段あたりの圧力上昇が比較的小さく密度変化も小さいので、流れは非圧縮性で、その軸流速度(成分) V_a (または、W_a)は一定であるとして取扱う。(注 4.1 参照)

U：動翼周速度
V：絶対速度
W：動翼相対速度
$α$：Vの流入、流出角
$β$：Wの流入、流出角
添字 a：軸方向
θ：周方向
1：動翼入口
2：動翼静翼間
3：静翼出口

図 4.4 翼列流れパラメータと速度三角形

上流の段の静翼から流出して動翼に流入する流れの流速を V_1 とすると、動翼は周速度 U で移動しているから、動翼に対する相対的流入速度は W_1 (絶対流入速度 V_1 と−U のベクトル和)となる。翼列は一種の曲り流路であるから、流れは動翼を通過する間に動翼回転方向(U の方向)に曲げられ、相対的速度 W_2 で流出する。動翼を出た流れは下流の静翼に入って行くが、静止した静翼への流入速度は V_2 (W_2 と U のベクトル和)となる。同様に、静翼を通過した流れは動翼の回転とは逆の方向に曲げられ、静翼から速度 V_3 で流出する。多段圧縮機で同一の形状の段が並んだ場合には、V_1=V_3、$α_1$=$α_3$ となる。これらを重ねあわせると、図 4.4 のようになる。これを**速度三角形 velocity triangle** と呼んでいる。

動翼を通過する流れ：

まず、動翼に相対的な流れを考えてみよう。前述したように非圧縮性流れであるとする。相対的な流れに対しては、動翼は静止して仕事をしないから、損失がないとすると流れのエネルギ(全圧)が保存される。すなわち、

$$p_1 + \frac{1}{2}\rho W_1^2 = p_2 + \frac{1}{2}\rho W_2^2$$

したがって、動翼前後での圧力(静圧)変化は

$$\Delta p_r = p_2 - p_1 = \frac{1}{2}\rho(W_1^2 - W_2^2) \tag{4.1}$$

となる。速度三角形を見れば明らかなように、$W_1 > W_2$ であるから、上式より $p_1 < p_2$、すなわち動翼では相対的流速が減少し、静圧が上昇する。

次に、静止座標系で動翼を通過する流れを考えてみよう。

流入流れの全圧：$p_{t1} = p_1 + \dfrac{1}{2}\rho V_1^2$、　　　　流出流れの全圧：$p_{t2} = p_2 + \dfrac{1}{2}\rho V_2^2$

であるから、動翼前後の全圧変化は

$$\Delta p_{tr} = p_{t2} - p_{t1} = \Delta p_r + \frac{1}{2}\rho(V_2^2 - V_1^2) \tag{4.2}$$

で与えられる。ここで、$V_2 > V_1$ であるから、静圧のみならず運動エネルギも上昇し、全圧上昇をもたらす。

翼列周方向の速度成分を V_θ、W_θ で表すと、

$$V^2 = V_a^2 + V_\theta^2 \qquad\qquad U = V_{\theta 1} + W_{\theta 1} = V_{\theta 2} + W_{\theta 2}$$

であるから、式(4.1)と式(4.2)より

$$\Delta p_{tr} = \rho U(W_{\theta 1} - W_{\theta 2}) \tag{4.3}$$

が得られる。ここで、右辺は動翼がなす仕事(単位体積流量当り)に等しいから、動翼が仕事をして流れにエネルギが与えられる（全圧が上昇する）ことがわかる。

静翼を通過する流れ：

静翼は静止しているから、流れの全圧は保存される。これより、動翼と同様に、静翼前後の圧力変化は

$$\Delta p_s = p_3 - p_2 = \frac{1}{2}\rho(V_2^2 - V_3^2) \tag{4.4}$$

となる。ここで、$V_2 > V_3$ であるから、$p_2 < p_3$ となり、静翼でも流速は減少し静圧が上昇する。

同一形状の段よりなる場合、$V_3 = V_1$ であるから、動翼における運動エネルギの増加はすべて静翼によって圧力エネルギに変換され、段における静圧上昇と全圧上昇は等しい。すなわち、

$$\Delta p_{tr} = \Delta p_r + \Delta p_s \tag{4.5}$$

以上のとおり、軸流圧縮機の翼列を通る流れは、動翼、静翼いずれにおいても減速され、圧力が上昇する。これより、圧縮機翼列を減速翼列ともいう。軸流圧縮機は動翼、静翼とも圧力が上昇するディフューザ系であるが、全圧は動翼でのみ上昇する。したがって、動翼での全圧上昇が段の全圧上昇になる。

段の中でのエネルギ配分を示すものとして**反動度 degree of reaction**（R）が次のように定義される。

$$R = \frac{\text{動翼における静エンタルピ上昇}}{\text{段（動翼）における全エンタルピ上昇}} \tag{4.6}$$

軸流圧縮機の場合、段当りの圧力変化が小さいので、近似的に次で与えられる(注4.1 参照)。

$$R = \frac{\text{動翼内静圧上昇}}{\text{段（動翼）の全圧上昇}} = \frac{\Delta p_r}{\Delta p_{tr}} \quad (\%\text{で表す}) \tag{4.6'}$$

式(4.1)および式(4.3)を用いると、

$$R = \frac{W_{\theta 1} + W_{\theta 2}}{2U} \qquad \text{または、} \qquad R = 1 - \frac{V_{\theta 1} + V_{\theta 2}}{2U} \tag{4.7}$$

反動度0%のものを**衝動型 impulse type**、それ以外を**反動型 reaction type**という。反動度50%の場合、速度三角形は対称となり、動翼と静翼の両方に無理が生じないので、反動度50%が一応の規準とされる。

(注4.1) 圧力とエンタルピ：

ここまで、翼列の流れの変化を圧力の点から考えてきた。これは、変化が小さい場合には、密度は変化せず、圧力のみ変化すると考えればよいからである。しかし、一般に圧縮性が無視できない場合には、流れのもつエネルギとしてエンタルピ h が用いられる(2.2節参照)。すなわち、式(2.10)および式(2.1)、式(2.7)、式(2.21)から、

4. 軸流圧縮機

静エンタルピ： $h = c_p T = \dfrac{\gamma}{\gamma-1}\dfrac{p}{\rho}$ 　　全エンタルピ： $h_t = c_p T_t = \dfrac{\gamma}{\gamma-1}\dfrac{p_t}{\rho_t}$

同一形状の段よりなる場合、式(4.5)に相当して、

　　段(動翼)における全エンタルピ上昇Δh_{ts}＝動翼における静エンタルピ上昇Δh_r＋ 静翼における静エンタルピ上昇Δh_s

さらに、変化が小さいときは、式(2.1)と式(2.13)より、

　　　エンタルピ変化　　$\Delta h = c_p \Delta T = \dfrac{\Delta p}{\rho}$

と近似できるから、式(4.6')が得られる。

なお、

　　段の全エンタルピ上昇Δh_{ts}＝動翼がなす仕事(単位質量当り)

であるから、次の関係が成立つ(4.4節参照)。

$$\Delta h_{ts} = c_p \Delta T_{ts} = U(W_{\theta 1} - W_{\theta 2}) \tag{4.8}$$

[例題 4.1] 図は軸流圧縮機の一つの段を通る流れを示す。流体は非圧縮性(密度 ρ =1.23 [kg/m³])、軸流速度 V_a は一定で損失はないものとし、また転向角は動翼および静翼とも 15度として、次を求めよ。空気の定圧比熱 c_p =1.0 [kJ/kg/K]。

(a) 段を通過する流れの速度三角形
(b) 段における静圧上昇と全圧上昇
(c) 段の反動度
(d) 段の温度上昇(気体であるとして)

ヒントと解答：
(a) 動翼への流入流れ：$V_a = V_1 \cos\alpha_1$ =106.1[m/s], $V_{\theta 1} = V_1 \sin\alpha_1$
　　　=106.1[m/s]、$W_{\theta 1} = U - V_{\theta 1}$ =193.9 [m/s], $W_1 = \sqrt{(V_a^2 + W_{\theta 1}^2)}$
　　　= 221.0[m/s], $\beta_1 = \tan^{-1}(W_{\theta 1}/V_a)$ =61.3°
　　動翼からの流出流れ：$\beta_2 = \beta_1 - 15$ =46.3°, $W_2 = V_a \sec\beta_2$ = 153.6 [m/s], $W_{\theta 2} = V_a \tan\beta_2$ =111.1 [m/s]
　　静翼への流入流れ：$V_{\theta 2} = U - W_{\theta 2}$ =188.9 [m/s], $V_2 = \sqrt{(V_a^2 + V_{\theta 2}^2)}$ = 216.6 [m/s], $\alpha_2 = \tan^{-1}(V_{\theta 2}/V_a)$ =60.7°
　　静翼からの流出流れ：$\alpha_3 = \alpha_2 - 15°$ =45.7°, $V_3 = V_a \sec 45.7$ =151.9 [m/s]
(b) 静圧上昇：動翼 (式(4.1))　　$\Delta p_r = (\rho/2)(W_1^2 - W_2^2)$ = 0.155×10⁵ [Pa]
　　　　　　　静翼 (式(4.4))　　$\Delta p_s = (\rho/2)(V_2^2 - V_3^2)$ = 0.147×10⁵ [Pa]
　　段の全圧上昇：(式(4.3))　　$\Delta p_t = \rho U(W_{\theta 1} - W_{\theta 2})$ = 0.305×10⁵ [Pa]
(c) 段の反動度 (式(4.6'))：　$R = \Delta p_r/(\Delta p_r + \Delta p_s)$ =0.513 (51.3%)
(d) 段の全圧上昇　Δp_t は動翼が単位体積の流体になす仕事に等しい。単位質量当りの仕事 W と全温度上昇 ΔT_{ts} の間には、$W = c_p \Delta T_{ts}$ の関係があるから (4.4節参照)　$\Delta T_{ts} = \Delta p_t / c_p / \rho$ =24.6 [K]

c. 翼列の性能

上述のように、軸流圧縮機の動翼、静翼はともに減速翼列であるから、ここでは動翼、静翼における相対的流れを共通に考えることとし、それらの流入、流出側をそれぞれ 1、2 とする(図 4.3 参照)。翼列を通過する流れに損失 Δp_t がある場合、流体の圧縮性を無視すると、

$$p_1 + \frac{1}{2}\rho V_1^2 = p_2 + \frac{1}{2}\rho V_2^2 + \Delta p_t$$

が成立つから、翼列における静圧上昇は、

$$\Delta p = p_2 - p_1 = \frac{1}{2}\rho(V_1^2 - V_2^2) - \Delta p_t \tag{4.9}$$

これを流入流れの運動エネルギで無次元化すると、

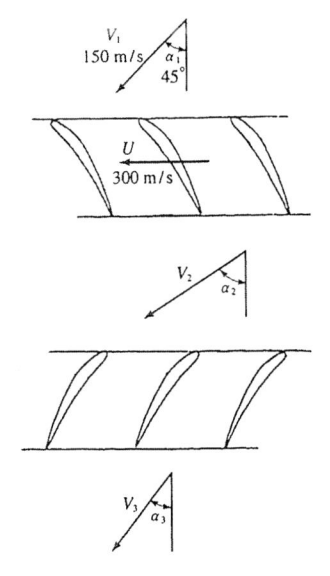

$$C_p = \frac{\Delta p}{\frac{1}{2}\rho V_1^2} = 1 - \frac{\cos^2 \alpha_1}{\cos^2 \alpha_2} - Z \tag{4.10}$$

ここで、Z は**全圧損失係数**といい、次式で定義される。

$$Z = \frac{\Delta p_t}{\frac{1}{2}\rho V_1^2} \tag{4.11}$$

全圧損失は粘性摩擦損失、流れの剥離、2次流れ、翼端隙間のもれ流れなど、種々の要因によって生ずる(2.6節参照)。設計点付近では損失 Z は小さい。流入角 α_1 を増すと静圧上昇が大きくなるから、翼背面側の圧力勾配 dp/dx が増し(図4.5)、その結果境界層が剥離し、Z が増大するようになる。このように、圧縮機翼列では、流れは上昇する圧力に逆らって進まねばならず、剥離を起こしやすい。流れが剥離すると、主流も大きく変り、乱れも生じ、航空機の翼と同様に、翼に働く揚力が減少し、抗力が増大する。これがいわゆる**失速 stall** である。

図4.6は流入角と損失係数の関係を示したもので、設計流入角を中心としたある流入角範囲において損失は小さいが、その範囲を越えて流入角を増減して行くと損失が急激に増加する。流入角を増して入射角が正の状態で生ずる失速を**正の失速 positive stall** といい、逆に流入角が減少して負の入射角になったときに生ずる失速を**負の失速 negative stall** という。そこで、例えば、損失係数 Z が正常時の50%だけ増加する正の失速と負の失速の範囲を以て翼列の作動範囲とする。

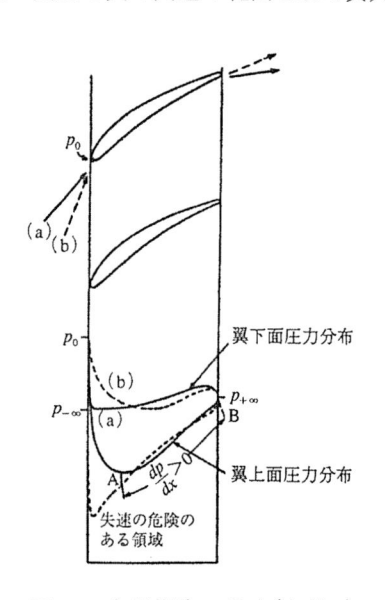

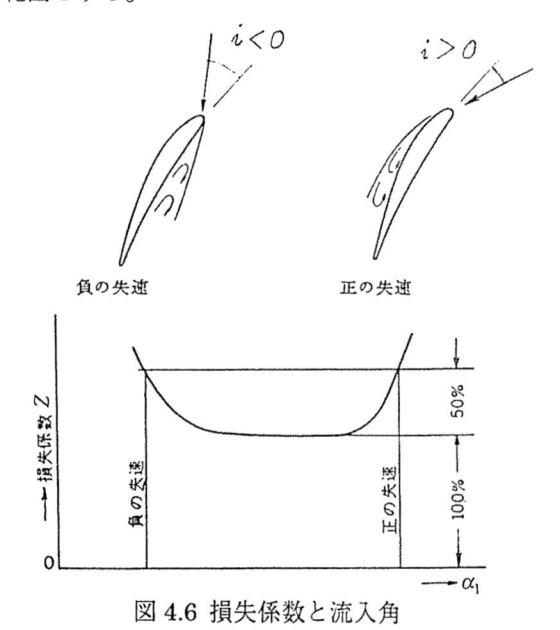

図4.5 全圧損失の発生(文献9)　　図4.6 損失係数と流入角

このような翼列の負荷限界の予測に対して種々の提案がなされている。**ディフュージョンファクタ diffusion factor**（D）はその一つで、次式で定義される。

$$D = 1 - \frac{V_2}{V_1} + \frac{V_{\theta 1} - V_{\theta 2}}{2V_1}\frac{s}{l} \tag{4.12}$$

一般に $D<0.6$、動翼先端部で $D<0.4$ とすることが望ましいとされている。

翼列の場合、翼面上の境界層の剥離も重要であるが、流路を構成するケーシング壁面の境界層の剥離も重要で、

$$\text{圧力係数 } C_p = \frac{p_2 - p_1}{\frac{1}{2}\rho V_1^2} > 0.6$$

では、翼型のいかんによらずケーシング壁面で**剥離 wall stall** するといわれている(図 4.7)。

失速に陥ると、次のような好ましくない影響が生ずる。
・損失の増大、効率の低下。
・失速領域での性能を予知することは、ほとんど不可能。
・流れを不安定にし、翼などを振動させ、大きな応力をもたらす。

そこで、できるだけ失速を避けることを考えなければならない。例えば、

翼の枚数をふやす(ピッチ小)→翼1枚当りにかかる負荷小→翼背面の dp/dx 小→失速しにくくなる。

翼枚数をふやす代りに、翼弦長を大きくしても同一効果がある(ワイドコード翼)。一方、翼枚数を余りふやし過ぎると、摩擦損失がふえるのみならず、翼間の流れの面積が小さくなって、翼背面上の流速が増して音速を越え、翼面上に衝撃波が発生するようになる。衝撃波が発生すると、それ自身によっても損失が生ずるし、また衝撃波前後の急激な圧力上昇のために、境界層が剥離して失速と同様に損失が生ずる。なお、翼面上で流速が音速に達するときの流入マッハ数を**臨界マッハ数**という。

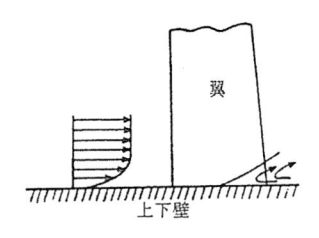

図 4.7 ケーシング流れの剥離

[例題 4.2] 翼列の翼に働く流体力は相対的な平均流速(流入流速と流出流速のベクトル平均)に垂直の方向に働くことを示せ。また、これは一般的に成立つことを示せ。

<u>ヒントと解答</u>
翼列の場合、付図を参照して、損失がないとすると、翼列前後の圧力上昇は

$$\Delta p = \frac{\rho}{2}(V_1^2 - V_2^2) = \frac{\rho}{2}(V_{\theta 1}^2 - V_{\theta 2}^2) = \frac{\rho}{2}V_a^2(\tan^2\alpha_1 - \tan^2\alpha_2)$$

で与えられる。この圧力差によって、翼列には翼一枚(ピッチ s)当り

$$F_z = -\Delta p \cdot s$$

だけの力が翼列軸 z 方向に生ずる。また、翼列を通過する流れは、翼列の周方向に曲げられ、それによって翼列周方向に

$$F_\theta = \rho V_a s (V_{\theta 1} - V_{\theta 2}) = \rho V_a^2 s (\tan\alpha_1 - \tan\alpha_2)$$

だけの力が一枚の翼に働く(4.4節参照)。

これらの力の合力が揚力に相当し、その方向は

$$F_z / F_\theta = -(\tan\alpha_1 + \tan\alpha_2)/2$$

より、流入速度と流出速度の平均速度ベクトル V_m に垂直の方向であり、その大きさは

$$F = \sqrt{F_z^2 + F_\theta^2} = \rho V_m s (V_{\theta 1} - V_{\theta 2})$$

となる。ここで、$(V_{\theta 1} - V_{\theta 2})s$ は一枚の翼まわりの循環である。

これは、理想流体中の単独翼の場合と全く同様の結果であって、**翼列におけるクッタ・ジュウコフスキーの定理**という。

翼列で流入角 α_1 を増してゆくと、上記の揚力だけでなく、平均速度ベクトル方向に抗力が生じ、失速するようになる。

4.2 内部流動形式

これまでは、2次元翼列を通る2次元的な流れを考えてきたが、実際の場合、流れは円環状の流路内を旋回しながら軸方向に流れるから、どの流体部分も周方向速度成分による半径方向の遠心力と平衡しながら運動している。

そこで、翼列の上流と下流では、流れは圧縮機回転軸に同心の円筒面上を流れる軸対称の等エントロピ流れであるとする(図 4.8)。

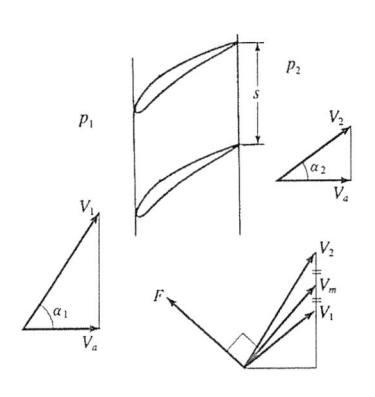

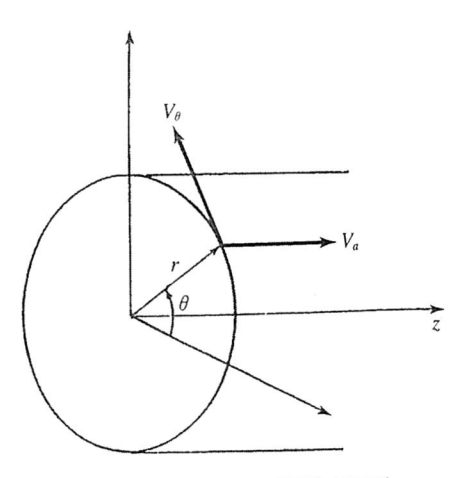

図 4.8 ロータ円筒座標系

そのとき、半径方向の平衡の式は、**単純半径方向平衡 simple radial equilibrium** であるから、

$$\frac{dp}{dr} = \frac{\rho V_\theta^2}{r} \tag{4.13}$$

エネルギの式：（例題 4.3 参照）

$$\frac{dV_a^2}{dr} = 2c_p \frac{dT_t}{dr} - \frac{1}{r^2}\frac{d(rV_\theta)^2}{dr} \quad \text{ここで、} c_p T_t = c_p T + \frac{1}{2}\left(V_a^2 + V_\theta^2\right) \tag{4.14}$$

連続の式：

$$m = 2\pi\rho \int_{r_i}^{r_o} V_a r\, dr = \text{const} \quad \text{ここで、} r_i \text{、} r_o : 環状流路の内外半径 \tag{4.15}$$

したがって、流れの全温度 T_t が半径方向の関数として与えられれば、式(4.14)より、任意の周方向速度成分 V_θ 分布に対して軸流速度 V_a が得られ、流れ場が求まる。

一般に、各段で半径方向の仕事配分 ΔT_t は一定になるようにする。そこで、$dT_t/dr=0$ として**流れの型 flow pattern** を考えてみよう。なお、以下においては、流れを静止(絶対)座標系で考え、動翼・静翼いずれの場合も、流入、流出を記号 1、2 で示すことにする。

自由渦 free vortex 型の流れ：（図 4.9a）

周方向速度成分が自由渦の速度分布をもつもので、循環 rV_θ =一定。したがって、式(4.14)より、

$$\frac{dV_a}{dr} = 0$$

すなわち、半径方向に循環 rV_θ の変化がなければ、軸流速度 V_a も半径方向に変らず、

$$V_\theta = \frac{K_1}{r}, \quad V_a = K_2 \tag{4.16}$$

となる。ここで、K_1, K_2 は定数。

翼列の流入、流出する流れが自由渦型で、それぞれ、

$$rV_{\theta 1} = A, \quad rV_{\theta 2} = B$$

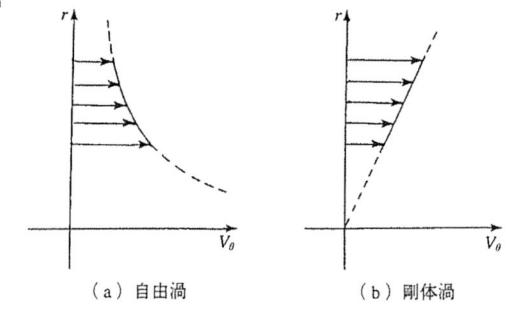

図4.9 自由渦と剛体渦

であるとすると(A、Bは定数)、翼まわりの循環は

$$2\pi r \frac{(V_{\theta 1} - V_{\theta 2})}{n} = 2\pi \frac{(A-B)}{n}, \quad \text{ただし、} n : 翼枚数$$

となり、半径(翼スパン)方向に一定になる。 また、動翼の場合、動翼が単位質量流量あたりになす仕事は

$$w = 2\pi r N(V_{\theta 2} - V_{\theta 1}) = 2\pi N(B-A), \quad \text{ここで、} N : 回転数$$

となり(4.4 節参照)、これも半径方向に一定になる。

このように自由渦型を採用すると、循環が翼スパン方向に一定になるので、翼列下流に随伴渦が生ぜず損失が少ないが(2.6 節参照)、半径方向の流入マッハ数の変化や翼の捩れが大きい。

剛体回転 solid rotation 型の流れ：（図 4.9b）

周速度分布が一定の角速度 Ω をもつ。

$$V_\theta = \Omega r, \quad V_a = \sqrt{K_3 - 2\Omega^2 r^2} \quad \text{ここで、} K_3 \text{は定数} \tag{4.17}$$

この型は、マッハ数の半径方向変化は小さいが、内径側の軸流速度が大きくなる。

混合型：

自由渦型と剛体渦型の中間のものである。いま、周方向速度成分が

$$V_{\theta 1} = Ar - \frac{B}{r}, \quad V_{\theta 2} = Ar + \frac{B}{r} \quad (4.18)$$

なるような分布をもつとき（A, B は定数）、軸流速度は

$$V_a = \sqrt{K_4 - 2A^2 r^2 \pm 4AB \log r} \quad \text{ここで、} K_4 \text{は定数} \quad (4.19)$$

また、

動翼がなす仕事： $w = 2\pi N(V_{\theta 2} - V_{\theta 1}) = 2\pi N B$

式(4.7)より、

反動度： $R = 1 - \dfrac{V_{\theta 1} + V_{\theta 2}}{4\pi N} = 1 - \dfrac{A}{2\pi N}$

であって、いずれも半径方向に一定となる。

混合型は、速度分布にも翼の捩れにも余り無理がなく、広く用いられている。自由渦型と混合型（反動度一定）とを比較した例を図 4.10 に示す。これに見るように、

- 自由渦型：翼の全長にわたって、流入角、流出角、マッハ数の変化が大きい。
- 反動度一定型：変化の度合が少なく、特にマッハ数は僅かしか変化しない。

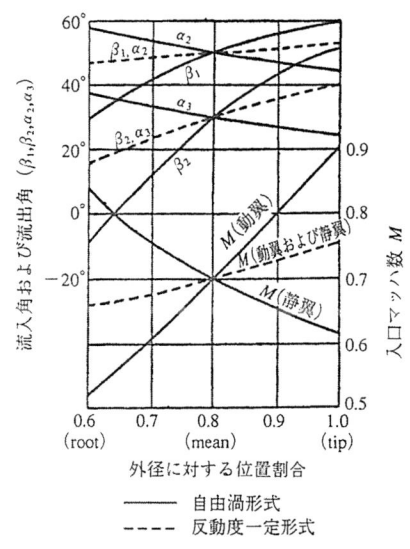

図 4.10 自由渦型と混合型（文献 1）

これより、使用目的に応じて次のように選定される。

　航空用ガスタービン：翼の全長にわたって、マッハ数の制限値まで周速を大きく、また流量を増したいから、反動度一定型に近いものが用いられる。

　産業用ガスタービン：比較的低速で効率の高いことが必要なので、自由渦型などが用いられる。

以上では、単純半径方向平衡で考えたが、軸流圧縮機では流れは一般に半径方向に偏って流れる。したがって、周方向速度成分による遠心効果のみならず、子午線面内速度成分による遠心効果も考えなければならない。より厳密には、そのような効果を考慮して流れを解析することが必要となってくるが、その解析法の一つに流線曲率法（文献 8 参照）があり、広く使われている。

[例題 4.3] 式(4.14)を導け。

ヒントと解答：

全温度： $T_t = T + V^2/2c_p = T + (V_a^2 + V_\theta^2)/2c_p \rightarrow dT_t/dr = dT/dr + (dV_a^2/dr + dV_\theta^2/dr)/2c_p$

等エントロピ流れとすれば、$T/p^{(\gamma-1)/\gamma} = $ const（全流れ場で一定）。従って、$(1/T)dT/dr = ((\gamma-1)/\gamma/p)dp/dr$

式(2.1),(2.7),(4.13)を用いると、 $dT/dr = (1/c_p)(1/\rho)dp/dr = (1/c_p)V_\theta^2/r$

これを上式に代入すると式(4.14)が得られる。

[例題 4.4] 多段軸流圧縮機の一つの段において、軸流速度 100 [m/s]、外径周速 200 [m/s]、全温上昇 5 [K]、ボス比 0.6 の軸流段の速度三角形を自由渦型で設計せよ。なお、圧縮機の各段は同一形状をもち、平均半径での反動度を 60%、空気の比熱 $c_p = 1.0$ [kJ/kg/K] とする。

ヒントと解答：

図 4.4 の速度三角形を参照。以下、内径、平均半径、外径を添字 r, m, t で示す。

段全温上昇（式(4.8)）： $\Delta T_{ts} = (1/c_p)(W_{\theta 1} - W_{\theta 2})U$

反動度（式(4.7)）： $R = (W_{\theta 1} + W_{\theta 2})/2U = 1 - (V_{\theta 1} + V_{\theta 2})/2U$, 　　($V_{\theta 1} = V_{\theta 3}$)

自由渦型： $rV_\theta = $ const $\rightarrow r_r V_{\theta r} = r_m V_{\theta m} = r_t V_{\theta t}$

動翼周速： $U = U_t r/r_t$

上式より、 $W_{\theta 1m} - W_{\theta 2m} = (c_p/U)(r_t/r_m)\Delta T_{ts}$, 　　$W_{\theta 1m} + W_{\theta 2m} = 2R_m(r_m/r_t)U_t$

U_t =200 [m/s], $\varDelta T_{ts}$ =5 [K], r_m/r_t =0.8, R_m =0.6 なる故、

$W_{\theta 1m} - W_{\theta 2m}$ = 31.3 [m/s], $W_{\theta 1m} + W_{\theta 2m}$ = 192.0 [m/s] → $W_{\theta 1m}$ =111.6 [m/s], $W_{\theta 2m}$ =80.4 [m/s]

これより、$V_{\theta 2m} = U_m - W_{\theta 2m}$ =79.6 [m/s], $V_{\theta 3m} = U_m - W_{\theta 1m}$ =48.4 [m/s]

自由渦型なる故、

$V_{\theta 2r} = (r_m/r_r) V_{\theta 2m}$ =106.1 [m/s], $V_{\theta 3r} = (r_m/r_r) V_{\theta 3m}$ =64.5 [m/s] → R_r =0.289(28.9%)

$V_{\theta 2t} = (r_m/r_t) V_{\theta 2m}$ =63.7 [m/s], $V_{\theta 3t} = (r_m/r_t) V_{\theta 3m}$ =38.7 [m/s] → R_t =0.744(74.4%)

軸流速度 V_a =100 [m/s] であるから、これらより各半径位置での速度三角形が求められる。流入・流出角が大きい程、翼の食違い角は大きいから、速度三角形より、動翼は先端にゆく程ねじれが大きくなり、また静翼は逆にねじれることがわかる。

4.3 基本設計

圧力比、流量などの要求性能が与えられているとする。

a. 段数の決定

圧縮機の圧力比が与えられているとき、段数をどうすればよいかが問題になる。翼列の圧力上昇が大きすぎないようにすること(4.1 節参照)など、いろいろ考えなければならないが、

    産業用：コスト、安全性、高効率
    航空用：軽量化、安全性、コスト、高効率

などに重点をおいて、1 段当りの負荷をきめて段数を決定する。

各段の仕事配分(全圧上昇または全温度上昇)も最良というものはなく、個々の場合により異なる。例えば、

    各段の圧縮比を一定 → 高圧縮比の場合、後段に負荷がかかり過ぎる。
    翼を共通にする → 安価になるが、後段に負荷がかかる。

一般に、前段の負荷を軽くする。その理由は、

- 低回転数作動時に前段が失速しやすい(4.5 節参照)。
- 前段は温度が低く、マッハ数が高い（負荷をかけると、臨界マッハ数が低下）。
- ボス比が小さいので、内径での周速が低く、同一仕事を与えるのに大きな転向角を必要とする(負荷を軽くして、転向角を小さくする)。

等である。

各段での仕事配分 $\varDelta T_{ts}(r)$ が与えられると、周方向の速度成分が求められるが(4.2 節参照)、最も基本的な考え方は

    "翼まわりの循環をスパン方向に一定にする"

ことである。これは、循環が等しくないと**随伴渦 trailing vortex** が生じ、損失となるからである(2.6 節参照)。しかし、航空用など、マッハ数や失速などに対して厳しい場合は、必ずしも循環一定にはしない。

b. 通路形状の決定

周方向の速度成分が求まると、半径方向の釣合の式(4.14)から、軸流速度成分が求められる。

翼列前後および各段における平均軸流速度は通常ほぼ一定(±10%以内)になるようにする。したがって、通路形状は図 4.11 のように大別される。

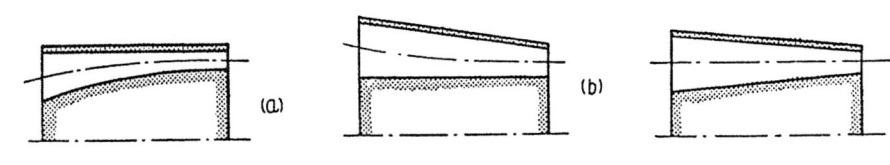

図 4.11 軸流圧縮機の形状

1) 外径一定のもの：
 ・工作容易。
 ・周速が全段にわたって高い(内径一定に比し、後段の仕事を大きくすることができる)。
2) 内径一定のもの：
 ・後段の周速が減少。
 ・後段の翼高が過小にならない(翼が小さ過ぎると、壁面の摩擦や翼端隙間の影響を強くうけて、効率が減少。翼高さの最小値は経験的に15mmが目安)。
 ・大型の場合、外径の小さい部分の外側に補機を配置できる。
3) 上記 1)、2) の中間：
 ・内外径のテーパの工作が面倒。

通路形状は、以上の得失の他に、全体の寸法、形状、重量、タービン回転数との関係等によって決定される。

このようにして速度三角形を求めてゆくわけだが、実際にはもっと複雑で、次の点を考慮しなければならない。

1)内外径の変化の割合が大きい場合には、流線の半径方向の移動も激しく、**子午線面 meridional plane** 内で流線が曲がる。
2)種々の原因で損失が生ずる。

参考のため、以下に数値例を示す。
 ポリトロープ効率：88〜91%
 大容量・高圧力比化 → 高速・高負荷化
 設計点：入口軸流速度 130〜200[m/s]
   動翼先端速度 300〜430[m/s]
   流入マッハ数 0.8〜1.4
   段当り全温上昇 25〜45[K] (1段当りの圧力比は、現在、最高圧力比をもつ遷音速段で 1.4〜1.6)

c. 翼型と翼列条件の選定

速度三角形が得られると、次にはそれに合う翼型と翼列条件を選定しなければならないが、それは豊富な実験よりえられた2次元翼列データを基礎として、圧力係数 C_p、ディフュージョンファクタ D、臨界マッハ数 M_{crit} 等を考慮してなされる。

比較的低速の軸流圧縮機に対しては、NACA(米国)やNGTE(英国)などの設計法が有名である。このうち、NACAは現在のNASAの前身であって、風洞実験や理論解析を行って航空機や翼列の翼の性能に関して膨大なデータを蓄積しており、その設計法は標準的なものとして世界で広く使われている(文献24)。

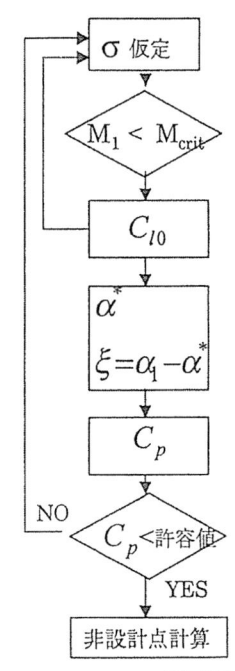

図 4.12 NACA翼列設計法

図 4.12 は NACA 設計法の流れ図である。翼列の平均半径において、設計点の流入角 α_1、流出角 α_2 および流入マッハ数 M_1 が与えられたとき、まずソリディティ $\sigma = l/s$ を仮定し、翼列データのカーペット線図を用いて、臨界マッハ数 M_{crit}、翼の反り C_{l0}、翼列食違い角 $\xi(=\alpha_1 - 設計迎え角)$、圧力係数 C_p やディフュージョンファクタ D を順次求めてゆき、C_p や D が許容値以下になるような翼型と翼列条件を求める。他の半径位置においては、ソリディティは自動的に求まるので、それを用いて同様な手続きで翼型と翼列条件を求める。半径方向に積み重ねれば(**スタッキング**)、3次元的な翼が得られる。

亜音速流れの場合に使われる翼型としては、NACA65シリーズが有名であるが、高亜音速流れにおいては特性が悪くなる。そこで、遷音速圧縮機翼として**2重円弧 double circular arc 翼**(翼の背面と腹面の形が、異なる半径の円弧よりなる)や多重円弧翼などが用いられているが、翼型の性格上流入角の変化に対して作動範囲が狭いという欠点がある。そのために、いろいろな翼型が研究されており、例えば比較的鈍い形状をもちながら衝撃波の発生を制御する**超臨界 supercritical(拡散制御 controlled diffusion)翼型**などが使われたりしている(11.1b項参照)。

軸流圧縮機の翼列を通る流れは、翼負荷や通路形状によって半径方向に偏ることが多い。したがって、翼列の設計においては軸流速度差の影響、流線の半径方向の偏りの影響等も考慮しなければならないが、それらについてはまだ実用上十分整理されていないようである。また、遷音速翼列では、亜音速流れから超音速流れまでが共存し、衝撃波なども 3 次元的に生ずるから、2 次元翼列データの利用には限界がある。このような場合には、数値解析法が有用で設計に盛んに使われはじめており、実験風洞に代って数値風洞でデータが求められる段階にいたっている。

図 4.13 にターボファン動翼、図 4.14 に数値計算から求められた圧縮機翼列を通る流れの例を示す。

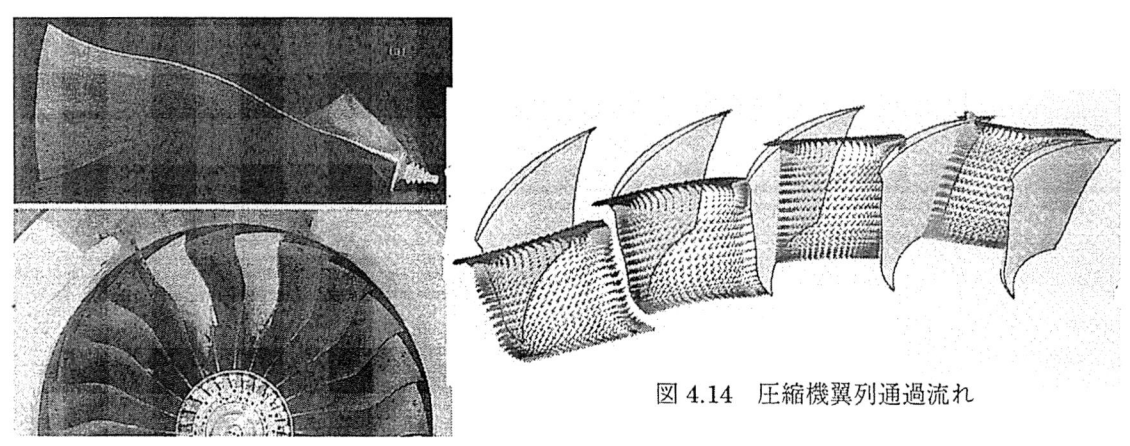

図 4.14 圧縮機翼列通過流れ

図 4.13 ターボファン動翼

4.4 作動特性

このようにして設計された軸流圧縮機はどのような作動特性をもつのであろうか。いま、圧縮機が一定回転数で運転されているとき(動翼周速 U 一定)、圧縮機の一つの段を通る流れを考えよう。(図 4.15)

一枚の動翼に働く周方向の流体力 F は、翼列 1 ピッチ s 間を流れる流体(質量流量 $\rho W_a s$)が動翼を通過する際に生ずる周方向の運動量の変化に等しい。

したがって、

$$F = \rho W_a s (W_{\theta 1} - W_{\theta 2}) \tag{4.20}$$

動翼はこの力に逆らって速度 U で移動するから、動翼が単位質量の流体になす仕事は

$$w = (W_{\theta 1} - W_{\theta 2}) U \tag{4.21}$$

熱力学法則より、いまの場合、動翼によりなされる

　　外部仕事 = 全エンタルピ上昇

であるから(2.2 節参照)、段における全温度上昇を ΔT_{ts} とすると、

$$w = c_p \Delta T_{ts}$$

したがって、

図 4.15 動翼を通る流れ

$$\Delta T_{ts} = \frac{1}{c_p}(W_{\theta 1} - W_{\theta 2}) U \tag{4.22}$$

となる。これより、段における全圧比は、$\eta_s=$ 段ポリトロープ効率として、式(3.14)より、

$$\frac{P_{t3}}{P_{t1}} = \left(\frac{T_{t3}}{T_{t1}}\right)^{\eta_s \frac{\gamma}{\gamma-1}} = \left(\frac{T_{t1} + \Delta T_{ts}}{T_{t1}}\right)^{\eta_s \frac{\gamma}{\gamma-1}} \tag{4.23}$$

で与えられる。

式(4.23)において、変化が小さいとすると、段の全圧上昇は

$$\Delta p_{ts} = \eta_s \rho\, c_p \Delta T_{ts}$$

となり、$\eta_s=1$ の場合非圧縮性流れとしたときの式(4.3)が得られる。

さて、軸流圧縮機の流量を絞ってゆくと（軸流速度が減少：図 4.15 中、破線で示す）、上流の静翼から流入する流れの方向は余り変らないから、動翼への相対的な流れにおいては、流入角が大きくなり、流入速度の周方向成分 $W_{\theta 1}$ が増大する。一方、動翼からの流出する流れの方向は余り変らないから、流出速度の周方向成分 $W_{\theta 2}$ は減少する。その結果、式(4.21)より、動翼が流体になす仕事(単位質量あたり)が増大するから、式(4.22)より、段の全温度上昇が増大する。したがって、式(4.23)より、段の全圧比も増加する。これらは、ベルヌーイの式からも求めることができるので、読者が試していただきたい。

軸流圧縮機の特性は、図 4.16 に示すように、質量流量と圧力比によって与えられる。大雑把に言って、流量は回転数に比例し、圧力上昇は回転数の 2 乗に比例するから（上式参照）、回転数ごとに特性曲線が与えられる。

一定回転数で圧縮機の流量を絞ってゆくと、圧縮機出口圧力は増加してゆく。しかし、ある流入角(入射角)に達すると、一部の翼列から失速しはじめ(正の失速：4.1c 項参照)、遂には圧縮機全体が失速した状態になり、それによって圧力増加は頭打ちになり、さらには低下するようになる。

このような非設計 off-design 点の状態で失速が生ずると、種々の**不安定現象**が生ずるようになる。**サージ** surge や**旋回失速** rotating stall 等がそれで、機械の破損にもつながるので極めて重要である（第 8 章参照）。図 4.16 において、**サージ線** surge line はサージの発生限界を示し、それ以下の流量で作動することは避けなければならない。

一方、流量を増してゆくと、圧縮機の圧力上昇は減少し、遂には負の失速などが生じ(4.1.c 項参照)、性能が悪化する。高速の軸流圧縮機においては、流れが**チョーク**して流量を増すことができなくなり(2.5 節参照)、図 4.16 に見るように、特性曲線が垂直に変化するようになる。

ところで、圧縮機は始動後、低速のアイドリング状態から設計点の高速回転まで回転数を上げてゆく。簡単のために、圧縮機の出口が単純な絞りに接続されており、絞りの下流は大気に開放されているとする。絞りの条件を一定に保つとき、流量は圧縮機出口全圧の平方根に比例する(近似的に非圧縮性流れで考える)から、回転数のいかんによらず流動状態(速度三角形)は相似となる。すなわち、圧縮機の回転数を上げてゆくと、流量は回転数に比例して増加し、圧縮機出口圧力は流量の 2 乗に比例して変化する。サージ線もそうした曲線の一つである。したがって、設計で与えられた絞り条件であれば、圧縮機の作動曲線はほぼサージ線に平行になり、サージなどの心配はないように見える。これは、低速の圧縮機で流れの圧縮性が無視できる場合には言えるが、高速の圧縮機では、次節で見るように、事情は異なる。

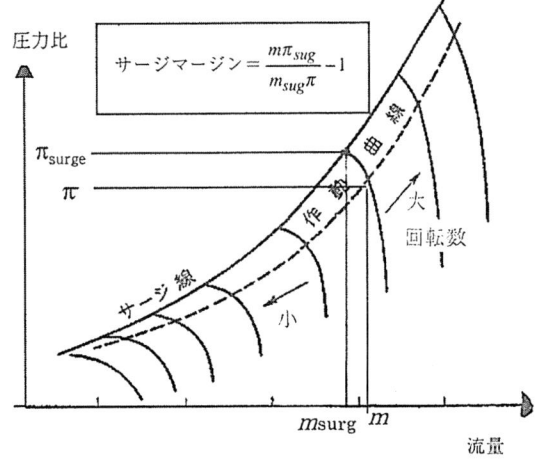

図 4.16 圧縮機特性曲線

4.5 軸流圧縮機の失速対策

ジェットエンジンの場合、軸流圧縮機はアイドリングから設計点(離昇時の状態を設計点に選ぶ)および高空全力の広い運転範囲にわたって作動曲線上で作動する(図 4.16 参照)。また、一般の軸流圧縮機の起動の場合も同様である。

定常運転のとき、圧縮機を通る流量は一定で、A を流路面積として、

$$m = \rho_1 V_{a1} A_1\,(第一段) = \cdots\ = \rho_2 V_{a2} A_2\,(最終段)$$

したがって、

$$\frac{\rho_2 V_{a2}}{\rho_1 V_{a1}} = \left(\frac{p_2}{p_1}\right)^{\frac{1}{\gamma}} \frac{V_{a2}}{V_{a1}} = \frac{A_1}{A_2} = \text{const} \tag{4.24}$$

流路は、設計回転数付近で軸流速度比 $V_{a2}/V_{a1} \sim 1$ になるように設計されるが、上式からわかるように、
回転数が低いとき：圧力比 p_2/p_1 減少 → $V_{a2}/V_{a1} > 1$
　　　　高いとき：　　　　　増加 → $V_{a2}/V_{a1} < 1$

となる。したがって、設計点から離れた作動状態を考えると、中間段では流れは全体の平均的状態であって、その速度三角形は設計点の状態にほぼ相似（$V_a/U \sim$ 不変）で作動は安定であるが、第1段側と最終段側では速度三角形が大きく歪み、作動状態が非常に悪くなり、多くの不都合が生ずる。

図 4.17 は、回転数が低下したときの各段における速度三角形の変化の様子を示す（簡単のために、軸流方向に流入するものとしている）。この例に示すように、特に回転数が低くなったとき（始動時やアイドリング時）、前方の段では

軸流速度が過小になる → 動翼の入射角が増大 → 失速 → サージング・旋回失速

という変化が生ずる。

このような不都合は、式(4.24)より圧力比が高い圧縮機ほど顕著で、始動特性を悪くする原因になる。1軸の軸流圧縮機で、特別な対策をしなくても問題が生じない圧力比は4程度である。一方、ガスタービンの高効率化の点から圧力比を高くすることが要求されるので、安定な作動をうるために以下のような対策がとられている。

可変静翼 variable stator vane(VSV)を用いる方法：
入口案内翼および初めの数段の静翼の取付け角を変えて、動翼に対する迎え角をできるだけ適正な値に調整して、失速を防ごうとする考え方（図 4.18）。構造が複雑になるが、運転範囲の拡大、効率の改善ができるので、圧力比が13位までの圧縮機に広く用いられる。産業用軸流圧縮機では、全段の静翼が可変のものもある。

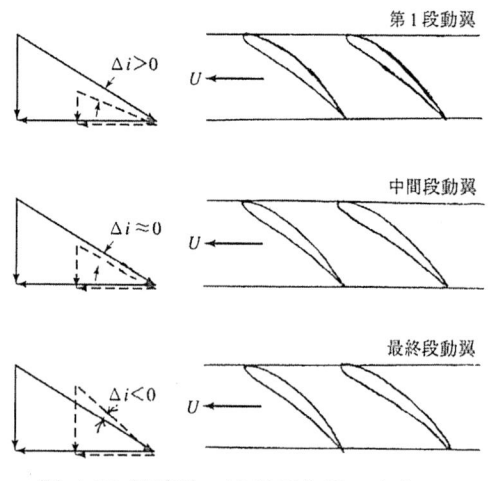

図 4.17 減速時の速度三角形の変化

抽気法 air bleed：
圧縮機の中間段のところに弁をおき、回転数の低いときに、そこから空気を逃して、前方段を通る空気流量（軸流速度）を増してやり、失速を防ぐ（図 4.19）。この方法は、サージ等を防ぐためには簡便かつ有効な方法であるが、抽気する分だけ仕事の損失となること、抽気弁を閉じる際にジェットエンジンの推力が不連続的に増すこと、などの欠点をもつ。

2軸 two- または twin-spool 式：
図 4.20a に示すように、軸流圧縮機を低圧段(LP)と高圧段(HP)に2分割し、それぞれ別々の低圧タービンと高圧タービンとで独立に駆動する。実際の構造では、2本の軸を同軸としている（図 4.20b）。起動やアイドリングの際は、高圧タービンよりも低圧タービンの出力低下が大きく（例題5.2参照）、軸流圧縮機の低圧段は高圧段よりもずっと低い回転数で回転するために（$V_a/U \to$ 増大）、前方段の動翼の迎え角が適正な値になる。回転数を上げると、両者の回転数は互いに近づき、自動的にうまい工合に作動するようになる（図 4.21）。2軸式では、低圧段、高圧段とも圧力比が適当に大きくなり過ぎないように選ばれるが、例えば、3×4=12 といった圧力比をもつ圧縮機が容易にえられる。最近では、圧力比が20以上のものも製造されている。例：航空用の Rolls-Royce RB-211 は3軸（ファン＋中圧圧縮機＋高圧圧縮機）で、（ファン圧力比 1.5×圧縮機圧力比 25=全圧力比 38）。

1軸では圧力比はせいぜい12〜16で、2軸にすることによって圧力比を高くすることができるが、そ

の最大の利点は燃料経済性が優れている点である。また、始動の場合も、高圧圧縮機に動力を加えてやれば、低圧側は自然に回転しはじめるので、1軸の同じ圧縮比のものに比べて始動が容易である。

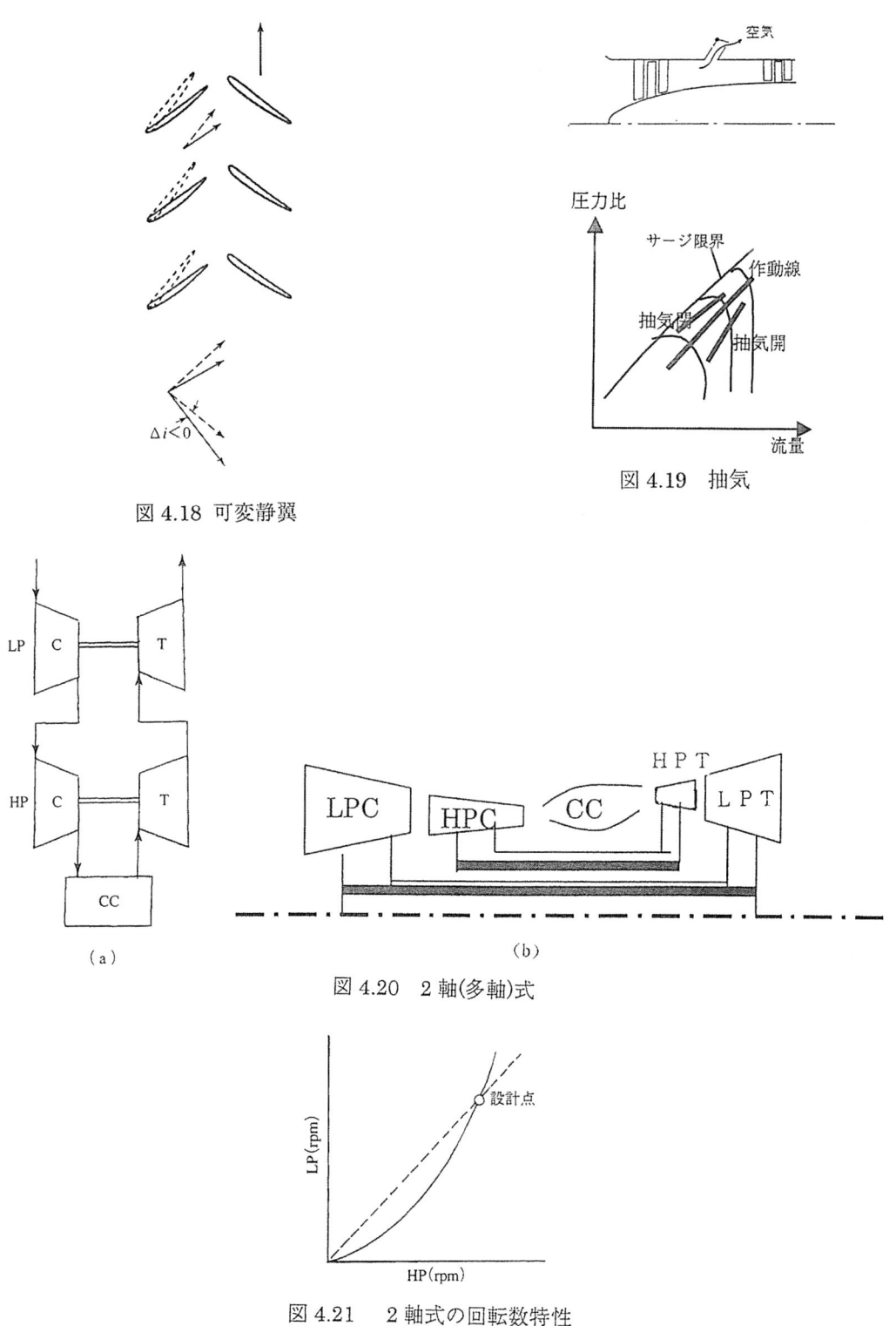

図 4.18 可変静翼

図 4.19 抽気

図 4.20 2軸(多軸)式

図 4.21 2軸式の回転数特性

5. 軸流タービン

　軸流圧縮機の入口と出口の役割を入れ替え、流れの向きを逆にすると、回転軸から仕事を取り出す軸流タービンが得られる。そうする場合、圧縮機との決定的な違いは、流れ方向に圧力が減り増速する状況で作動できる点である。この流体にとり流れやすい状況のため、より高い効率と大きな翼列転向角で圧力とエネルギの変化量を大きく設定できる。従って、圧縮機に比べ格段に少ない翼列段数で、同じ圧力比の膨張が達成できる。ただし、翼にかかる応力はそれだけ大きくなる覚悟が要り、しかも、高温で作動するから、現状では高価で重く成型困難な耐熱材料を使用せねばならない。

5.1 翼列と性能

　燃焼器からの高温高圧ガスは、**ノズル nozzles** と呼ばれる**静翼列（ステータ stators、ベーン vanes** とも呼ぶ）にて増速し（静圧は減少）、周方向に曲げられた後、動翼列（**ロータ rotors**、ないし、蒸気タービンとの歴史的つながりから**バケット buckets** とも呼ぶ）に衝突する。ロータ内で流れは回転方向に翼を押し、その運動量変化に応じて、周方向速度成分は減少する。生じたトルクは軸出力として取り出される。このように、ノズルとロータの組み合わせを**段 stage** と呼び、タービンの基本的な構成単位である。（図 5.1a）段あたりの軸出力には適当な大きさがあるので、大出力に対応する場合、多段（軸方向に段を並べること）にする。多段タービンは、通常、高圧タービン HPT と低圧タービン LPT に分割され、2軸で、それぞれ、ファンや低圧および高圧圧縮機を合理的に駆動する（図 5.1b）が、さらに中圧軸を設けた3軸形式も採用されている。（RR-RB211 など）

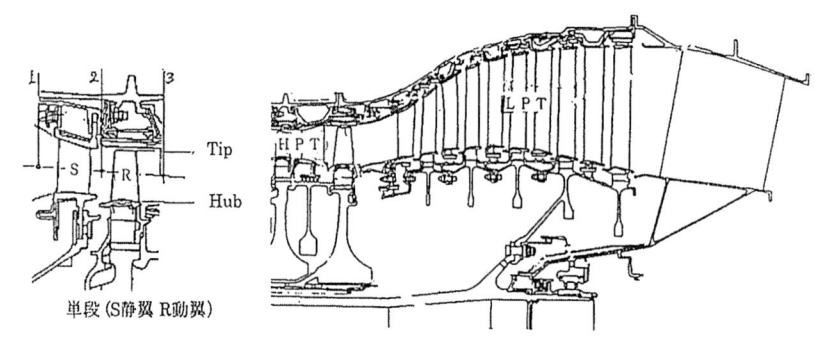

単段（S静翼 R動翼）

多段（高圧タービン HPT2段+低圧タービン LPT5段）

図 5.1 軸流タービン段構成

a. 速度三角形

　タービン翼列の段をある平均翼スパン位置の円筒面で切断し、2次元平面に展開したものを図 5.2 に示す。軸流タービンは、多くの場合、1段ごとの**ボス比**（内径ハブ／外径ティップの比）が 1.0 に近いので、この図に流れの速度ベクトルを投影し、**速度三角形 velocity triangle** を描けば、実際の3次元流れを代表する良い近似となる。速度三角形を見れば、ノズルで大きく増速（$V_2 > V_1$）した後、ロータ前後で、やはり、相対速度が増加する（$W_3 > W_2$）、絶対速度は逆に減少 $V_3 < V_2$ ）ことがわかる。従って、ノズルとロータ共に内部でガス静圧は低下し、境界層や剥離などによる流れの不安定性を抑えるような圧力勾配が形成されている。

　単位流量あたりの流体とロータとのエンタルピ交換は、

$$h_{t2} - h_{t3} = c_p(T_{t2} - T_{t3}) = U(V_{\theta 2} + V_{\theta 3}) \tag{5.1}$$

により関係（**オイラータービン仕事法則**）づけられる。ここで、記号は図 5.2 中に示すとおり、また、V_3 は、中心軸に対し回転と反対方向に、流れ角 α_3 を正にとっている。この絶対流出角 α_3 を**出口旋回角度**と

呼び、上式から、$V_{\theta 3}$ が大きいほど軸出力は大きくなることがわかる。しかしながら、旋回速度成分の増加は、タービンを流出するガスのエネルギのうち、運動エネルギの占める割合が増えることを意味するので、最終的に圧力というポテンシャルに変換する際に困難を伴う。

　速度三角形により、タービン段のガス力学的特性を推定することができ、また、これが幾何学的に相似なら、ほぼ同じ特性をもつと考えられる。一方、特性に関し、速度三角形の大きさは余り意味をもたず、むしろ、マッハ数の大きさで表現して比較すべきである。そうすれば、音速に近づくにつれ顕著となるガスの圧縮性効果の評価に役立つ。

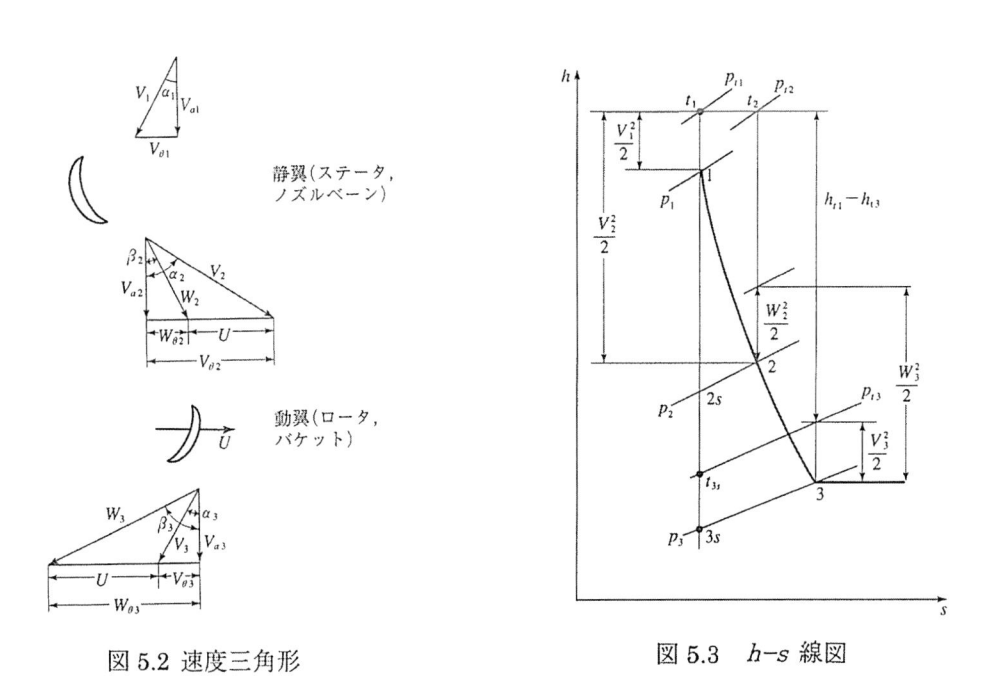

図 5.2　速度三角形　　　　　図 5.3　h–s 線図

b. 段性能と特性

断熱効率 adiabatic efficiency、η：

　段入口 1 と出口 3 または $3s$ の状態が与えられるとき、等エントロピ膨張出力（1→$3s$）に対する実際の出力（1→3）の比として定義される。（図 5.3 参照）

$$\eta = \frac{h_{t1} - h_{t3}}{h_{t1} - h_{t3s}} \tag{5.2}$$

完全ガスを仮定すると、全温と全圧の比に書き換えられて、

$$\eta = \frac{T_{t1} - T_{t3}}{T_{t1} - T_{t3s}} = \frac{1 - \dfrac{T_{t3}}{T_{t1}}}{1 - \pi^{-\frac{\gamma-1}{\gamma}}} \tag{5.3}$$

なお、π は**段圧力比 stage pressure ratio**（入口と出口の全圧比 p_{t1}/p_{t3}）で、等エントロピ関係式に従う。

$$\pi = \frac{p_{t1}}{p_{t3}} = \left(\frac{T_{t1}}{T_{t3s}}\right)^{\frac{\gamma}{\gamma-1}} \quad \text{ただし、}\gamma：比熱比$$

　断熱効率はエンタルピ差と比例の関係にあるのでサイクル計算に便利だが、反面、断熱効率の同じ段を多段化しても全段の断熱効率は等しくならず、圧力比に依存する。これは、図 5.3 h–s 線図で、等圧線が平行な間隔にならないためで、全体膨張比が大きいほど断熱効率は良い結果を生む。そうした不便を取り除くには、無限小状態変化に対応する断熱効率を意味する**ポリトロープ効率 polytropic efficiency**、η_p

を導入すると良い(注 3.1 参照)。これを用いれば、段圧力比 π は、温度比 T_{t1}/T_{t3} と次の関係にあり、

$$\pi = \frac{p_{t1}}{p_{t3}} = \left(\frac{T_{t1}}{T_{t3}}\right)^{\frac{1}{\eta_p}\frac{\gamma}{\gamma-1}} \tag{5.4}$$

式(5.3)に代入することで、η と η_p の関係式(3.16)が導ける。

段負荷係数 stage loading coefficient ψ および流量係数 flow coefficient φ :

単位流量あたりの段出力および軸流速度 V_a を、それぞれ、ロータ周速 U の2乗ないしロータ周速 U で無次元化した値であり、共にタービン段の断熱効率と密接な関係がある。

$$\psi = \frac{\Delta h_t}{U^2} = \frac{h_{t1} - h_{t3}}{U^2} \tag{5.5}$$

$$\varphi = \frac{V_{a1}}{U} \tag{5.6}$$

負荷係数を用いれば、温度比を $\dfrac{T_{t1}}{T_{t3}} = \dfrac{1}{1 - \dfrac{\psi \cdot U^2}{c_p T_{t1}}}$ と表すことができる。また、速度三角形(図 5.2)と

式(5.1)を参照して、流れ角との間に次の関係が導かれる。

$$\psi = \frac{V_{\theta 2} + V_{\theta 3}}{U} = \varphi\left(\tan\alpha_2 + \frac{V_{a3}}{V_{a2}}\tan\alpha_3\right) = \varphi\left(\tan\beta_2 + \frac{V_{a3}}{V_{a2}}\tan\beta_3\right) \tag{5.7}$$

$$\varphi = \frac{1}{\tan\alpha_2 - \tan\beta_2} \qquad 注：軸流速度一定（V_{a1}=V_{a2}）の場合。 \tag{5.8}$$

速度比 velocity ratio :

ロータ速度 U をタービン段の全エンタルピ変化 Δh_t に相当する速度 $V_j = \sqrt{2\Delta h_t}$ で無次元化した値で定義され、蒸気タービンの分野では、段負荷係数の代わりに多く使われることがある。両者の関係は

$$\frac{U}{V_j} = \frac{1}{\sqrt{2\psi}} \tag{5.9}$$

で与えられ、ψ=1.4 - 2 が、ほぼ、速度比=0.5 - 0.6 に相当する。

反動度 degree of reaction、R :

段あたりの全エンタルピ変化中に占めるロータでの静エンタルピ変化の割合をいう。(4.1b 項参照)

$$R = \frac{h_2 - h_3}{h_{t1} - h_{t3}} \tag{5.10}$$

完全ガスの場合、上式は、温度変化量で表せて、$R = \dfrac{T_2 - T_3}{T_{t1} - T_{t3}}$、さらに、$c_p T_2 + \dfrac{W_2^2}{2} = c_p T_3 + \dfrac{W_3^2}{2}$、および $\Delta V_\theta = V_{\theta 2} + V_{\theta 3} = W_{\theta 2} + W_{\theta 3}$ の関係を用いて、式(5.10)を書き換えると、

$$R = \frac{W_3^2 - W_2^2}{2U\Delta V_\theta} \tag{5.11}$$

これより、軸流速度が一定（例えば、非圧縮性流体）の場合には、

$$R = \frac{\varphi(\tan\beta_3 - \tan\beta_2)}{2} \tag{5.12}$$

という流れ角 β および流量係数 φ との関係式を得ることができる。

タービン段の代表的な速度三角形の設計としては、この反動度 R を、0%（**衝動ないしインパルス型タービン**と呼ばれる）や 50%に選ぶ方法、また、旋回成分無しで軸方向に流出するように選ぶ方法（反動度は半径方向に変化）など がある。通常、0<R<1 の範囲（**反動段と呼ぶ**）が広く採用される。

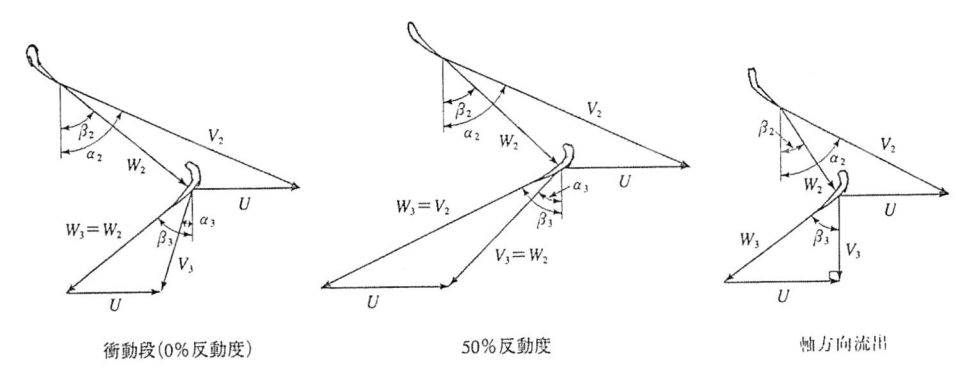

図 5.4 反動度と速度三角形（軸流速度一定）

全圧損失係数(total pressure) loss coefficient、Z：

タービンの場合、動翼あるいは静翼それぞれの入口と出口の全圧差 Δp_t ($=p_{t1}-p_{t2}$) を出口の動圧 ($p_{t2}-p_2$)で無次元化した形として定義されることが一般的である。

$$Z = \frac{\Delta p_t}{p_{t2} - p_2} \tag{5.13}$$

空力的な全圧損失係数は、圧縮機と同様に、種々の要因から生じ、
- 出口マッハ数（圧縮性効果、衝撃波損失）
- Re 数（境界層など粘性効果）
- 翼端間隙（翼端もれ流れ）
- 翼列転向角（2 次流れ）

など、翼列実験や与えられたタービン形状に関する実機データを基に経験的に推定される。通常、段全体をステータとロータに分け、それぞれの全圧損失係数をもとに全段の圧力比を算出する。全圧損失とエントロピ増加との換算は、翼列前後で断熱条件(T_t=一定)が成立すれば、関係式 $\frac{ds}{c_p} = -\frac{\gamma-1}{\gamma}\frac{dp_t}{p_t}$ を積分することで求まる(式 2.28 参照)。

$$\frac{\Delta s}{c_p} = \frac{\gamma-1}{\gamma} \ln\frac{p_{t1}}{p_{t2}} \tag{5.14}$$

上式は、p_{t1} と p_{t2} が大きく変わらない場合、次のように書き換えられる。

$$\frac{\Delta s}{c_p} = Z\frac{\gamma-1}{\gamma}\frac{p_{t2} - p_2}{p_{t2}} \tag{5.15}$$

5.2 基本設計

軸流タービンの設計は、概略、図 5.5 に示すようなフローチャートに従って進められる。

a. 流路形状

タービン段の各軸方向位置での全温 T_t、全圧 p_t、マッハ数 M、流れ角 α が与えられ、かつ、全流量 m が分かっていると、流路断面積 A は容易に質量流束パラメータ MFP(式 2.27 参照)により推測される。

$$A = \frac{m\sqrt{c_p T_t}}{p_t MFP(M)\cos\alpha}$$

こうして算出された A より、平均半径ないしボス比を与えると、ハブやティップの半径位置が決まる。基本的には、図 5.6 の示すとおり、外形一定、平均径一定、内径一定の 3 種類が一般に選ばれる。

軸方向長さを決めるには、速度三角形を基に、翼列形状パラメータのコード（翼弦長）、キャンバ（翼曲率）、スタガ（食違い角）、ソリディティなどを同時に考慮してゆく。コードと流路高さの比は、0.3～1.0 程度に、また、ステータとロータの軸間距離はコードの軸方向投影長さの 1/4 程度が目安とされる。

一定コードの翼をひねり、スタガを付けると、通常、ハブ側でロータ翼、ティップ側でステータ翼の軸コードが最長になる。（経験的には、軸コードを 6mm 以上に、また、軸間距離を 3mm 以上にとるのが妥当のようである）スパン方向への翼ひねりは、半径方向の流れのパターンを

- 自由渦型(rV_θ=一定)、
- 段仕事一定、
- 流出角一定

などに決めた後、数カ所のスパン位置で速度三角形に合う翼列形状を求めて、それを翼高さ方向に積み重ねる（スタッキング、4.3 節参照）。しかし、最近は、数値流体解析を適用して最初から 3 次元翼列形状を設計する例も増えてきた。

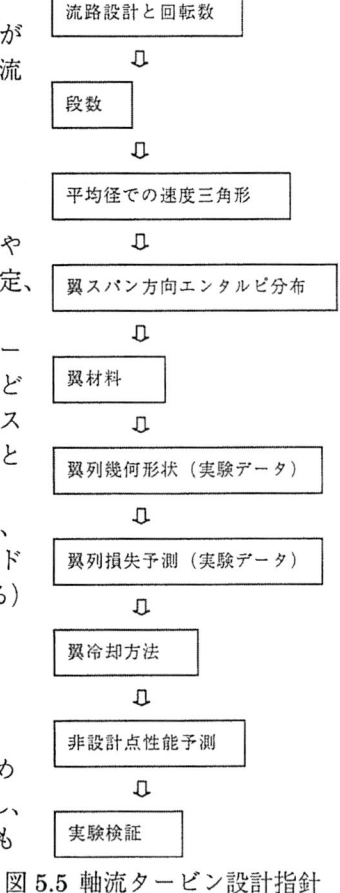

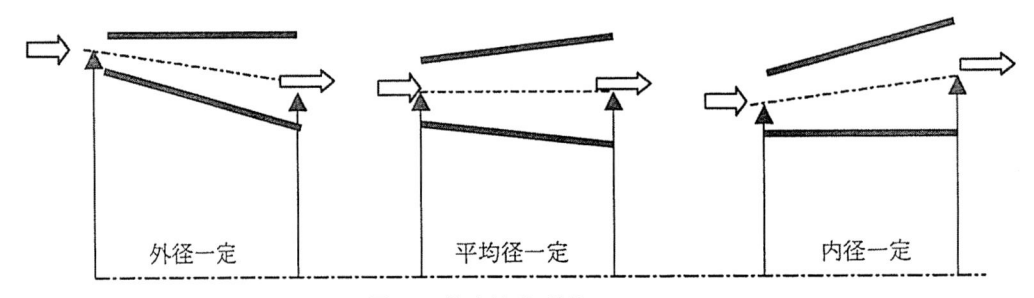

図 5.5 軸流タービン設計指針

図 5.6 基本流路形状

b. 翼列形状

速度三角形を決めてから、実際の翼列形状(図 5.7)を設計する方法は、基本的に、圧縮機翼列の場合と同様である。ただし、翼面境界層が増速流のため薄くなり、流出角の偏向の補正式などが異なる。翼型としては、圧縮機翼を参考にして、キャンバ形状を円弧や放物線に選んだり、米国 NACA のキャンバや厚み分布、ないし、英国 の C4 や T6 といった形状を基本型として座標を決定することが多く行われる。流出マッハ数が 1 を超えるあたりになると、ノズルと呼ばれるにふさわしく、流出角の偏向はほぼ無視できるようになる。このとき、しばしば、負圧面は、ノズルスロート以降、後縁まで直線的に平らになるように製作され、**ストレートバック翼 straight-backed blade** と呼ばれる。さらに、マッハ数が大きく超音速領域になると、後縁からの膨張波や圧縮波の発生により、流出角は大幅に変化するから、注意が肝心である。

段負荷係数を大きくとる（軽量化）には、要求される翼一枚あたりの空力負荷が過大にならないように、翼列ソリディティを大きくとる必要があるが、一方、損失を低く抑える点からは、ソリディティは小さ

い方が望ましい。こうしたトレードオフ (考量、勘案、折合い) はタービンに限らず、設計上、頻繁に起きる。

反動度 R について触れると、図5.4を参照して、

1) $R=0$ の場合は、$\beta_2 = \beta_3$ が成立し、軸流速度が一定の条件では、$W_2 = W_3$ となる。完全ガスの等エントロピ流れであれば、ロータ前後で圧力が変わらないことになるので、周方向負荷は衝撃力によるだけであり、これを衝動タービンと呼ぶ。このとき、段負荷係数 ψ と流量係数 φ の間には、次式が成立する。

$$\psi = \frac{\Delta V_\theta}{U} = 2(\varphi \tan \alpha_2 - 1)$$
$$= 2\varphi \tan \beta_2 \qquad (5.16)$$

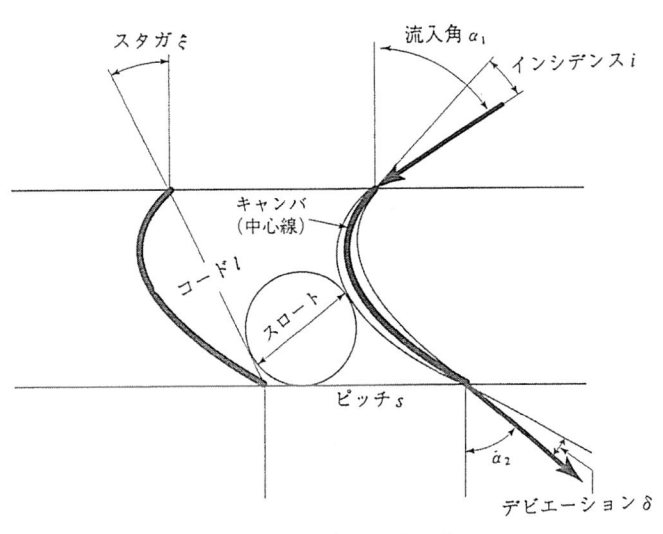

図 5.7　翼列パラメータ

ψ を大きくとるには、α_2 を大きくとりたいわけであるが、V_2 従って、W_2 が大きくなり、損失も増える。α_2 の限度としては、70° が目安である。

2) $R = 50\%$ の場合は、左右対称な速度三角形 ($\alpha_2 = \beta_3$、$\alpha_3 = \beta_2$) となる。ステータとロータで同じだけのエンタルピ変化を生じ、よって、軸流速度一定の下に、

$$\tan \beta_3 - \tan \beta_2 = \tan \alpha_2 - \tan \alpha_3 = \frac{U}{V_a} = \frac{1}{\varphi} \quad 、 \quad \psi = \frac{\Delta V_\theta}{U} = 2\varphi \tan \alpha_2 - 1 = 2\varphi \tan \beta_3 - 1 \qquad (5.17)$$

の関係が得られる。やはり、α_2 は 70° が限界とされる。

3) 出口で旋回無しとする場合、$\alpha_3 = 0$、すなわち、$V_{\theta 3} = 0$、また、$\tan \beta_3 = \frac{1}{\varphi}$、従って、

$$R = 1 - \frac{V_a}{2U} = 1 - \frac{\psi}{2} \quad \text{すなわち、} \quad \psi = 2(1 - R) \qquad (5.18)$$

上式より、$\psi = 2$ ($R=0$)、1 ($R=50\%$) のように、大きな段負荷に対しては、反動度が小さくなる。言い換えれば、周速を同一として、単位流量あたりの段仕事は、反動度0の場合、50%の場合に比べて、2倍になる。

最後に、翼スパン方向への反動度の変化について検討してみる。タービンでは、圧縮機に比べ大きな質量流束になるため、低圧タービンの最終段あたりを除けば、翼高さは短くなり、スパン方向の変化は緩やかになる。

仮に、半径方向へ自由渦型の設計を選ぶ場合、

$rV_\theta = $ 一定 ($r_m V_{\theta m}$)、　ただし、添字 m は平均半径位置を示す。

となるので、軸流速度 V_a を一定として、反動度の半径方向の変化は、次のとおり計算される。

$$R = 1 - \frac{V_{\theta 2} - V_{\theta 3}}{2U} = 1 - (1 - R_m)\left(\frac{r_m}{r}\right)^2 \qquad (5.19)$$

航空エンジンでは、$R=0.4$ から 0.5 程度が一般的であるが、上式のように反動度が翼スパン方向に変化するため、大きな負荷の低圧タービンロータ翼 (ボス比が小さい) の場合、ハブ側で $R<0$ となり、そこでの静圧が上昇し、剥離流れの危険が生じることも考えられる。そのような場合、効率良い状態を保つため、当然、ハブ側で自由渦型の旋回分布を外すことが必要になる。このように、軽量化(高負荷)と性能(高効率)の適度なバランスを考慮して設計がなされるわけである。

c. 段数

上述のとおり、段負荷係数が2を超える設計は反動度が負になったりする場合が生じて困難である。その場合は、多段化する必要がある。1段あたりの温度降下は全体の温度降下をほぼ等分するように選ぶのが適当である。ただし、高圧タービンの場合、第一段ノズルはチョークし流出マッハ数が1.0を少し超える程度にセットするので、結果的に、他の段に比べ負荷が大きくなる。

航空用エンジンの高圧タービンは、耐熱や冷却が大変であるから、段負荷係数を2.0前後にとり、段数を2段程度までにおさえることが多く、一方、低圧タービンは、効率を重視して段負荷係数を低く1.5程度とする。このため、高圧軸に比べ低圧軸の回転数が低いことも重なり、低圧タービンの段数は多くならざるを得ず、軽量化にとりペナルティとなる。

d. 回転数

周速とティップ径から軸回転数が算出されるが、この値は、高圧タービンにあっては、第一段動翼ならびにディスクの許容応力と、また、低圧タービンにあっては、圧縮機側の第一段動翼の許容応力もしくはティップマッハ数が制限値以内かどうか検討されねばならない。高温での材料強度や空気力学的な損失、翼や軸の機械振動と共振、ベアリング潤滑（ベアリング中心直径 D [mm]と軸回転数[rpm]の積を DN_m 値と呼び、現状の油潤滑技術で 250 万程度が許容限界の目安といわれる）、そして、高負荷高速化による重量軽減などの条件を総合的に考慮して、回転数を最終的に決める。

[例題 5.1]（反転タービン段）：大きなタービン負荷を達成するため、後段のロータを反転させる方法がある。ノズル+ロータ段を2つ通常に組合わせるとき、代表的な速度三角形は付図1のように与えられる。

軸流速度 V_a を翼列前後で一定とするとき、
(a) 後段ロータを反転させるときの速度三角形を検討し、後段ノズル翼の転向角が非常に小さくても、容易に段負荷が達成できることを示せ。（転向角の小さいことは、効率の大幅な向上につながる。）
(b) 前段ロータ流出に積極的な旋回を残すことで、反転ロータにより、後段ノズルを省略できる可能性を速度三角形および段負荷係数から評価せよ。

<u>ヒントと解答</u>：
(a) 付図2に示すとおり、後段ロータを反転させることで、前段から流出する流れの旋回がロータ回転方向と一致し、そのままロータに当てることができるため、ノズル翼に大きな転向が不要となる。
(b) 前段からの流出角を α_1（反転方向 $\alpha>0$）として、これをそのまま α_2 とすれば、
式(5.7)より、 $\psi = \varphi(\tan\alpha_2 + \tan\alpha_3) = \varphi(\tan\beta_2 + \tan\beta_3)$ また、

式(5.8)より、$\varphi = \dfrac{1}{\tan\alpha_2 - \tan\beta_2}$ 、さらに、式(5.12)より、$R = \dfrac{\varphi(\tan\beta_3 - \tan\beta_2)}{2}$

これらより、後段負荷係数 $\psi = 2(\varphi\tan\alpha_2 - 1 + R)$ を得る。

反転ロータからの流出角 α_3 と ψ の関係に書き換えれば、$\psi = 2(\varphi\tan\alpha_3 + 1 - R)$
したがって、軸方向流出とする場合、$\psi = 2(1-R)$ の関係を得る。回転軸の反転は、高圧(HPT)と低圧(LPT)のタービン間に適用される可能性があり、その場合、LPT第1段ノズルを省略可能となる。第2段以降は通常のノズル転向があるから、軸方向流出に拘束されなくて良い。

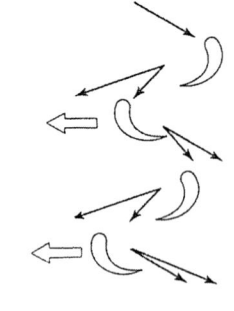

付図1

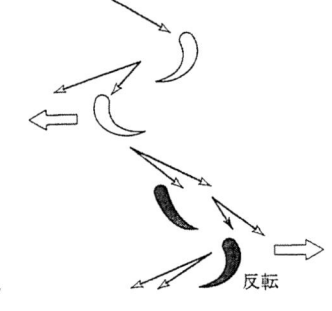

付図2

5.3 作動特性

タービン特性は、通常、流量に対する膨張比およびタービン効率の関係として示す。タービンを多段にするときの特性は、図5.8に示すように、等エントロピ膨張に比較して、段数とともにチョーク流量が減少する傾向へと変化し、流量と膨張比の間には、**楕円法則**と呼ばれる次の近似式が成立するようになる。

5. 軸流タービン

$$\frac{m\sqrt{T_{t1}}}{p_{t1}} = k\sqrt{1-\pi_t^{-2}} \quad \text{ここで、k：比例定数 } 、\pi_t = p_{t1}/p_{t3} \tag{5.20}$$

また、タービン効率と速度比の間には、2次式の関係（図5.8）もよく用いられる。

$$\eta_{\max} - \eta \propto 速度比^2 \quad \left(= \frac{U^2}{2\Delta h_t}\bigg|_{\eta_{\max}} - \frac{U^2}{2\Delta h_t} \right) \tag{5.21}$$

これらは、経験から導かれた関係式で、タービンが非設計点で作動する場合の性能予測に役立つ（9.1節参照）。

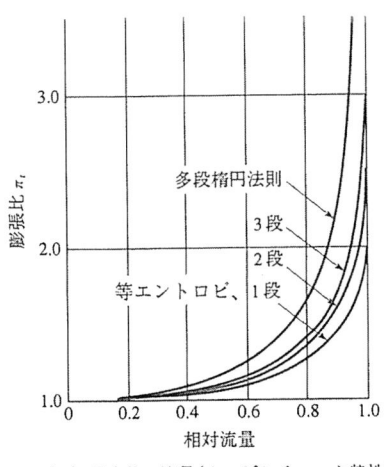

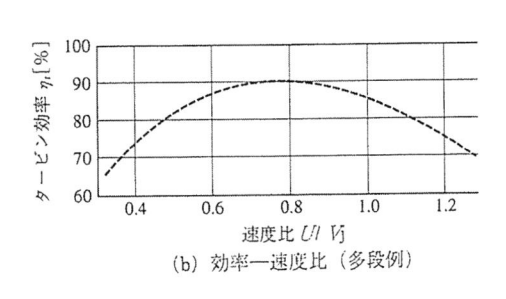

図 5.8 多段タービン特性
(a) 圧力比—流量（タービンチョーク特性）
(b) 効率—速度比（多段例）

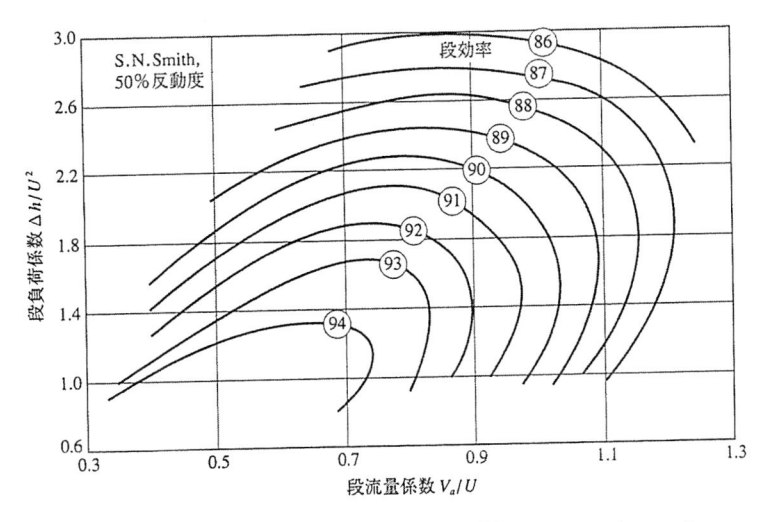

一方、断熱効率 η_ad、段負荷係数 ψ および流量係数 φ の3者の関係を表したものが図5.9であり、スミス['65]により、数々の計測データをもとに、翼端間隙効果を補正した平均流に対してまとめられ、広く引用される。適用に際して注意すべき点は、主として反動度 $R=0.5$ の場合の結果であることで、それを知らずに ψ、φ の2つのパラメータだけで速度三角形を描こうとしても情報不足となる。

図 5.9 タービン段性能（50%反動度）—スミスチャート

ここで、多段タービンを高圧および低圧タービンに分割する場合の膨張比の配分について触れておく。直列するタービン段の全体膨張比が減少すると、高圧タービン側に比べ低圧タービン側の膨張比の減少が著しい。つまり、高圧タービンに対する低圧タービンの仕事の比率が大きく変化する。(例題 5.2 参照) このことは、圧縮機との適合条件を通して、エンジン全体の作動特性、特に失速対策に大きく影響するわけで、4.5 節においてすでに触れた。

[例題 5.2] (直列タービン段の膨張比配分)：高圧および低圧タービンそれぞれの特性を図 5.10a、b の実線で与える(横軸はチョーク状態での高圧タービン入口の流量を1としたときの相対流量、縦軸は膨張比)。設計点状態 A,B(高圧タービン)と C(低圧タービン)で圧力比配分は$\sqrt{5}\times\sqrt{5}$=全体圧力比 5 との作動とする。高圧タービン入口の圧力レベルだけが変化し、全体膨張比が減少するとき、高圧タービンに対する低圧タービンの仕事の比率はどうなるか検討せよ。

<u>ヒントと解答</u>：

図 5.10a で、高圧タービン特性の入口(添字 i、図中 D 点)と出口すなわち低圧タービン入口(添字 e、図中 E 点)とは、次の関係により対応する。

$$\frac{m\sqrt{T_e}}{p_e} = \frac{m\sqrt{T_i}}{p_i} \frac{p_i}{p_e} \sqrt{1 - \frac{\Delta T}{T_i}}$$

ただし、$\Delta T = T_i - T_e$ は高圧タービン温度変化

題意の変化に対応して、状態 A,B,C 点から D,E,F 点へと移り、その結果、図 c に示すように、全体膨張比が減少すると、低圧タービン側の膨張比の減少が著しくなる。両者の仕事比率（高圧段/低圧段）は図 d に示すとおり、大きく変化する。

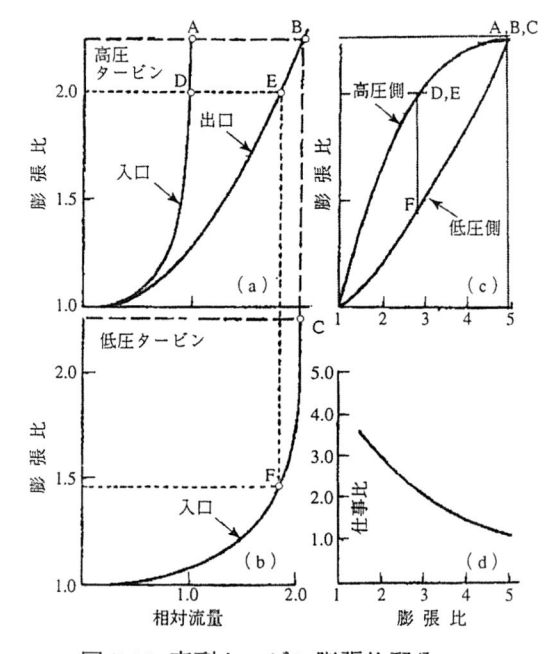

図 5.10 直列タービン膨張比配分

5.4 翼冷却

高温化は耐熱材料の開発と空冷技術の進歩により達成される。とりわけ、タービン要素は、最高温度の燃焼ガスが流入する過酷な状況で長時間高速回転するので、まさに、酸化、クリープそして疲労という材料強度の限界に対する技術的挑戦といえる。航空エンジンの分野では、通常、運転始動と停止に伴う高熱応力の繰り返し回数が、ホットパーツと呼ばれる高温部のオーバーホール期間や寿命を決める。酸化の対策として、高温ガスに接触する材料表面に**コーティング thermal barrier coating (TBC)**を処理することは、熱遮蔽と合わせて非常に効果的であり、また、海面飛行中の塩分腐食防止に有効である。ロータ翼には、高い回転遠心応力がかかり、ノズル翼後流との干渉による高周波変動も生じ、クリープと熱疲労は極限に達するので、冷却なしに作動できる材料温度は、せいぜい 1,000 [℃] 以下に制限されてしまう。従って、高性能化に冷却技術は必須であり、作動ガスの空気を冷却に用いることが自然である。冷却の有効さを評価するには、次式で定義される**冷却温度効率 cooling effectiveness**、η_{cool} を用いると便利である。

$$\eta_{cool} = \frac{T_{gas} - T_{blade}}{T_{gas} - T_{cool}}$$

図 5.11 に、代表的な冷却方法と、必要な冷却空気量、冷却温度効率との関係を示す。タービン入口温度が上昇するにつれ、単純な**対流 convection 冷却**から**インピンジ impingement 冷却**、**フィルム film 冷却**へ

と効率の面で大きな技術進歩をとげているが、冷却空気量も着実に増加している。冷却空気は圧縮機から取り出されるので、このままの傾向では高温化のメリットに多くを望めない。今後、多孔質材ないし精密鋳造による**浸出 transpiration 冷却**が期待されるが、冷却空気量を少なくできる方法が大事となろう。

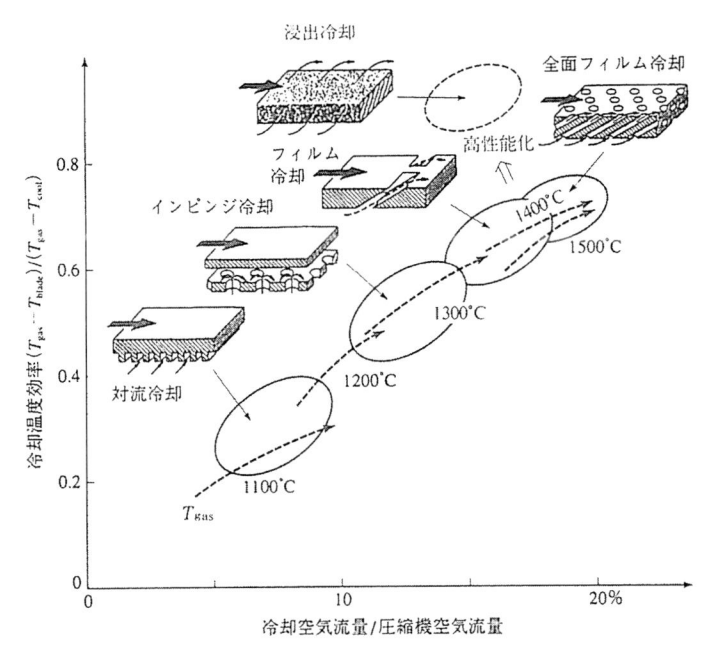

図 5.11　タービン冷却性能

図 5.12 には、以上の冷却技術を適用した空冷翼の例を掲げる。特に高温ガスにさらされるノズル翼と第一段ロータ翼の冷却空気孔の複雑な内部流路構造がみてとれる。冷却空気は圧縮機出口ないし適当な圧力レベルの位置から一部抽気され、その後、タービン翼へと導かれる。流動の基本は圧力を利用した補給方法だが、スワールさせ滑らかに導入し空気流れの動圧まで有効にする工夫も見られ興味深い。

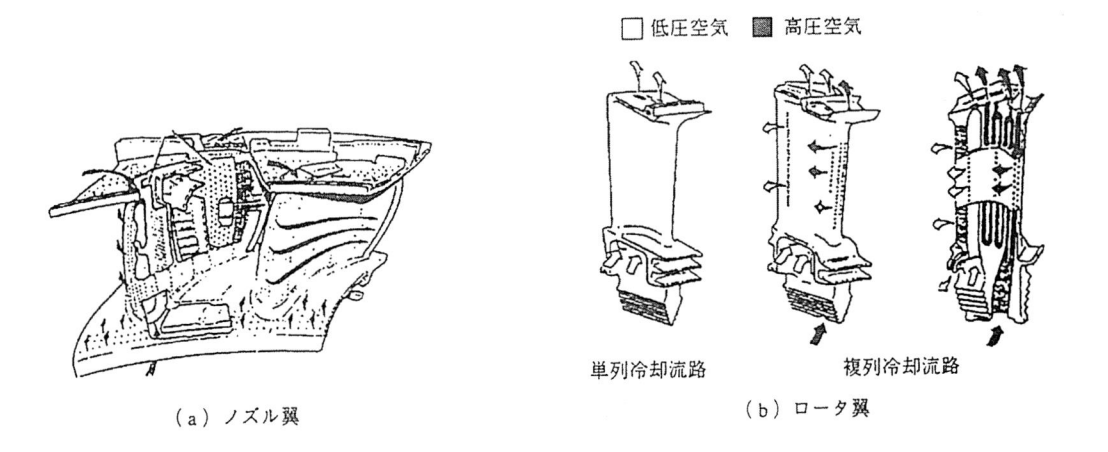

（a）ノズル翼　　　　（b）ロータ翼

図 5.12　タービン翼冷却孔—構造例

6. 遠心圧縮機とラジアルタービン

　遠心系ガスタービン要素を上手に組み合わせた代表は、ピストン式内燃機関の出力ブーストに広く利用されるターボチャージャ（ターボ過給機）であろう。これは、圧縮機やタービンなどのターボ（回転軸でつながる）要素だけを、ちょうど取り出したようなユニットである（図 1.5、1.6 参照）。その使命は、いうまでもなく、主エンジンからの高温排気エネルギを、効率良くタービン段で回収し、応答遅れなく圧縮機駆動のための回転軸出力に変換することである。タービンは増速流のため、段あたり負荷を大きくとれ、少ない軸流段数ですむ。圧縮機ではそうならないので、軸流式に比べて単段あたりの圧力比を高くとれる遠心式を採用する方が軽量化に有利な状況も生まれる。圧縮機効率の点でも、遠心式は、一般に、設計点性能こそ軸流式に劣るが、非設計点での広い流量範囲にわたる性能劣化が緩やかな特徴から、ターボチャージャの利用目的に向く。そして、何よりも、組み上げるシステムの構造の単純さと製造コストの点で有利である。

　一方、最新の航空用エンジンでは、超高バイパス比ファンの開発にともない、コア部分の高温高圧化が進み、高圧圧縮機の最終段の翼スパンが極端に短く、軸流の設計が困難な場合すら出現しそうな状況である（図 6.1）。そうした部位に、やはり、遠心系流れ設計技術のノウハウが実践される可能性は十分ある。

　さらに、最近では、電力事業規制緩和や大規模発電所立地条件の困難さを反映して、電力供給の分散化の方向も顕著となり、発電機一体型のマイクロガスタービン（出力数十から百 kW）やレジャー・個人ユースの可搬携帯のもの（2 kW程度）が市場に出現している。今後、セラミック材料の優れた耐熱性と断熱性を活かし、ますます高性能化が期待されるが、当初から大きな構造材のセラミック成型は信頼性に欠けるので、小型部品要素の開発を先行させ、自動車用に続く多様な遠心系ガスタービンシステムが提案される可能性は高い。本章では、以上を背景に、遠心系ターボ流れの基礎に関して述べる。

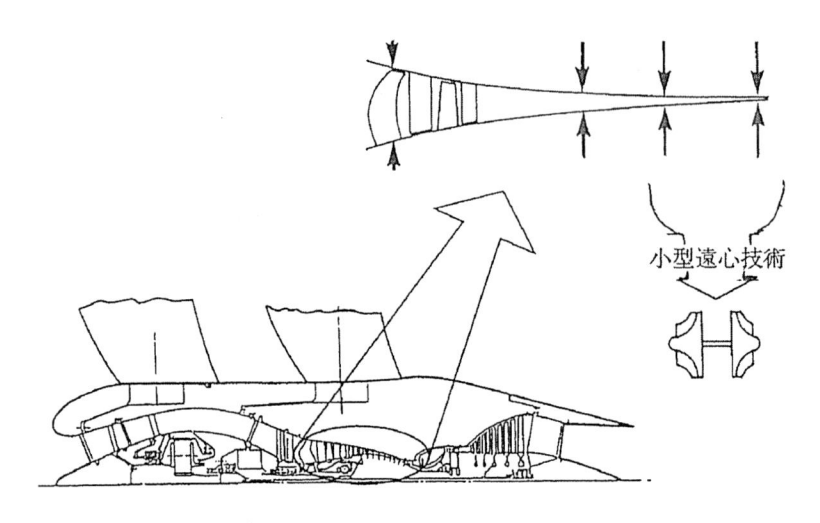

図 6.1 遠心系小型ターボ技術の効果的適用

6.1 遠心系ターボ流れ

a. 特徴と基本パラメータ

　圧縮機やタービンなどのターボ流れに関係する無次元パラメータは、基本的に、軸流と遠心どちらにも共通するはずであるが、発展の経緯により、その適用に若干の相違も見受けられる。ここでは、遠心系ターボ流れで良く参照されるパラメータのうち、代表的なものを整理しておく。図 6.2 は遠心圧縮機とラジアルタービンの構成を描いたもので、主要素は、もちろんロータ（インペラ）である。流路に沿

って、圧縮機では、ロータ入口1から出口2へと圧縮仕事を受けエンタルピ上昇したガスが、ディフューザで静圧回復した後、ボリュートにおいて高圧状態で収集される。一方、タービンでは、ボリュートを出た高圧高温ガスがノズルを通り増速され、ロータ入口3から流入し、膨張仕事を行った後、出口4から流出する。圧縮機とタービンで、ロータに作用する回転力の向きと流路中で曲げられるガスの流れ方向が逆である状況は、図中の速度三角形から一目瞭然であろう。

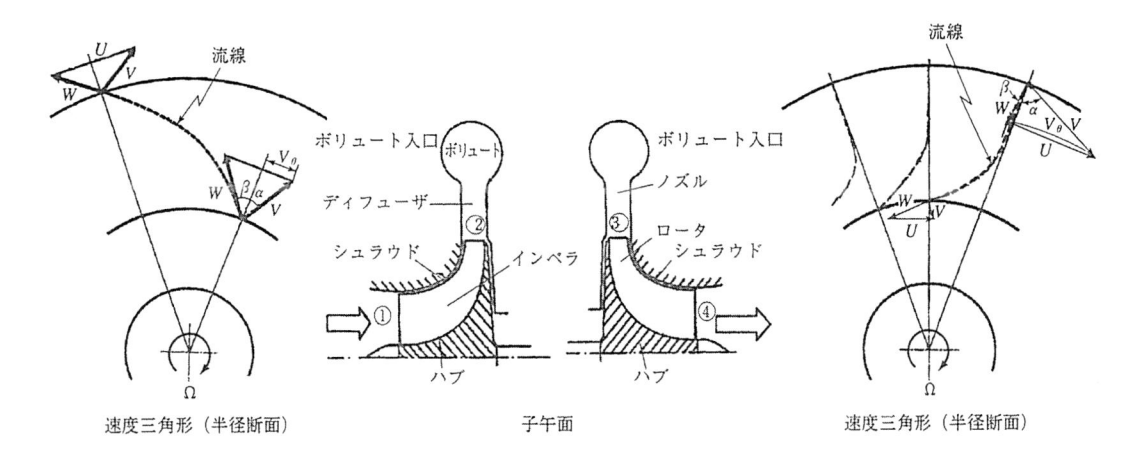

図 6.2 遠心圧縮機とラジアルタービンのロータ流れ

流量係数・flow rate coefficient： $\varphi = \dfrac{Q}{AND} \cong \dfrac{V_{in}}{U}$

体積流量 Q [m³/s]を代表断面積 A [m²]と代表速度 ND [m/s] (ただし、N は回転数、D は代表径)で除した数値を指す。非圧縮流れに適用され、密度比が関係する圧縮流れの場合には定義に注意が要る。圧縮機の場合、代表値 V_{in} と U は、入口位置における軸流速度と周速度をとる。タービンの場合も、同様に入口径位置の子午面内半径方向速度と周速度をとれば良い。

負荷係数 loading coefficient： $\Psi = \dfrac{\Delta H}{(ND)^2} \cong \dfrac{\Delta h}{U^2}$

エンタルピ変化 ΔH [kJ/s]を代表速度 ND [m/s]の2乗で除した数値であり、通常、単位流量あたりエンタルピ $h(=H/m)$ の変化量と翼の回転エネルギとの割合で表現する。通常、Δh および代表速度としては、

圧縮機の場合：等エントロピ圧縮仕事 $\Delta h_{ts} = c_p T_t (\pi^{\frac{\gamma-1}{\gamma}} - 1)$ 、 π：圧力比、 $U=$インペラ出口周速度

タービンの場合：実際の全エンタルピ変化 $\Delta h_t = c_p \Delta T_t$ 、 $U=$ロータ入口周速度

を選択する。Δh の代わりに全圧ないし静圧の変化 Δp を用いて圧力係数 **pressure coefficient**：

$\Psi = \dfrac{\Delta p}{(\rho U^2)}$ と定義することもある。

(理論)速度比 (isentropic)velocity ratio： $\dfrac{U}{V_j}$

タービンの場合、ロータ入口周速 U と理論（等エントロピ）速度 V_j との比は断熱効率に関係する重要

なパラメータであり、蒸気タービンの設計で伝統的な用語とされる。V_j は等エントロピ膨張仕事 Δh_{ts} との関係式：$\Delta h_{ts} = C_p T_{t3}\left(1 - \pi^{-\frac{\gamma-1}{\gamma}}\right) = \frac{V_j^2}{2}$ により定義される。ここで、膨張比 π としては、通常、入口全圧と出口静圧の比がとられるが、航空用ガスタービンなどは排気エネルギーもジェット推力に寄与するから、出口静圧に代わり、出口全圧を用いることもある。

断熱効率 adiabatic efficiency; η

等エントロピ仕事 Δh_s と実際の仕事 Δh との比である。ただし、次のように定義される。

$$\eta = \frac{\Delta h_s}{\Delta h} \quad (圧縮機の場合)、\quad \frac{\Delta h}{\Delta h_s} \quad (タービンの場合)$$

比出力係数(仕事率・パワ比) specific power coefficient：$\frac{W}{H} = \frac{\Delta h}{h_t}$

タービンの場合、流入全エンタルピのうち、どれだけの割合が出力に変換されたかを示す数値である。比出力(単位流量あたりの出力) $w = W/m$ [kJ/s/(kg/s)]と作動ガスの全エンタルピ $h_{t3} = c_p T_{t3}$ の割合をパワ比と呼ぶ。以下のとおり、全温比で表現されるので、膨張比 π とパワー比との間には、タービン効率 η_t を介して、関係式が成り立つ。

$$\frac{W}{m h_{t3}} = \frac{\Delta h}{h_{t3}} = 1 - \frac{T_{t4}}{T_{t3}}、\text{従って、}\frac{W}{m h_{t3}} = \eta_t (1 - \pi^{-\frac{(\gamma-1)}{\gamma}})$$

比速度 specific speed：$N_s = \varphi^{\frac{1}{2}} / \Psi^{\frac{3}{4}}$

φ と ψ それぞれの定義から、流量 $Q = \varphi A (ND)$、ここで、A 流路面積 $\propto D^2$ および 仕事 $\Delta H = \psi (ND)^2$

と表せる。両式から代表径 D を消去すると無次元パラメータ・比速度 $N_s = N Q^{\frac{1}{2}} / \Delta H^{\frac{3}{4}} = \varphi^{\frac{1}{2}} / \Psi^{\frac{3}{4}}$ が得られる。物理的には、形状パラメータ（およそ、ロータ入口と出口の内外径比を基準とする幾何学的な相似条件）としての意味を持ち、実機の寸法に関係なく空力特性を整理する際に役立つ。比速度は、有次元(m、m^3/min、rpm 単位)の定義を使うこともあり、注意を要する。

反動度 degree of reaction：R

段（ロータおよびステータ組合せ）あたりの全エンタルピ変化 Δh_t のうち、ロータ内の静エンタルピ変化 Δh の占める割合を反動度と呼び、段特性の指標となる。流量、周速や段圧力比だけではロータ流出状態の推定は出来ず、この反動度が役立つ情報を与える点に注意されたい。軸流の圧縮機やタービンの章では、反動度を段あたりの全圧変化に対するロータ内の静圧変化の割合として説明した（4.1節、5.1節参照）。これを言い換えると、以下のようになる。

$$R = \frac{\Delta h}{\Delta h_t} = 1 - \frac{\Delta \frac{V^2}{2}}{\Delta (UV_\theta)}、ここで、\Delta \frac{V^2}{2}：ロータ内の運動エネルギ変化、\Delta (UV_\theta)：全エンタルピ変化$$

つまり、反動度を 1 に比べて小さくしてゆくことは、ロータ内部の運動エネルギの変化が大きくなること、すなわち、圧縮機であればインペラ仕事の多くが動圧上昇になることを意味しており、必然的にディフューザにおける静圧回復が圧縮機性能を左右することを意味する。

b. 流れとエネルギ関係式:

　遠心系ターボ流れで肝心な点は、流入と流出の半径位置が異なることである。軸流系でも半径方向の力の平衡を考えれば、周方向速度成分により流線の半径位置は変わる。しかし、遠心系では、それが本質的なことである。完全ガスを仮定すれば、図 6.2 中の速度三角形の記号に従って、回転軸まわりのトルク T は、流れの角運動量変化で与えられる。

$$T = m(r_2 V_{\theta_2} - r_1 V_{\theta_1}) \tag{6.1}$$

比出力 w ないし単位流量あたりの全エンタルピ上昇 Δh_t も、従って、次式で表される。

$$w = \frac{T}{m} \cdot \Omega = U_2 V_{\theta 2} - U_1 V_{\theta 1} \tag{6.2}$$

$$\Delta h_t = h_{t2} - h_{t1} = U_2 V_{\theta 2} - U_1 V_{\theta 1} \tag{6.3}$$

速度三角形の関係から、

$$W^2 = V^2 - V_\theta^2 + (U - V_\theta)^2$$

が成立するので、式(6.3)を用いて、次の関係を得る。

$$\Delta h_t = \Delta \frac{U^2}{2} + \Delta \frac{V^2}{2} - \Delta \frac{W^2}{2} \tag{6.4}$$

右辺第 1 項は遠心力の差とバランスする静圧変化で可逆的であり、第 2 項は運動エネルギの変化であり、ディフューザで静圧に変換する分、第 3 項はインペラ内部の相対運動エネルギの変化で静圧回復する可能性がある。遠心系流れでは、通常、第 1 項が他に比べ非常に大きいため、エンタルピ変化と外径周速が与えられた場合、第 3 項のインペラ内部の速度変化は少なくてすむ。つまり、遠心圧縮機の場合、インペラ流路中の減速がわずかで済み、粘性境界層が剥離しにくいなどの有利な状況を意味する。従って、インペラ流れに限れば、高効率となる可能性が十分ある。

　回転座標系における全エンタルピを見ると、

$$c_p T_t = c_p T + \frac{W^2}{2} = h_t - \frac{V^2}{2} + \frac{W^2}{2}$$

となり、従って、その変化に対し、(6.4)式を用いて、次の関係を得る。

$$c_p \Delta T_t = \Delta h_t - \Delta \frac{V^2}{2} + \Delta \frac{W^2}{2} = \Delta \frac{U^2}{2} \tag{6.5}$$

これより、遠心系の特徴である入口と出口での周速度の違い、すなわち、可逆的に、回転座標系での全温（従って、全圧も同様に）が大きく変化することがわかる。なお、回転座標系では、**ロータルピ rothalpy**、H_r を以下のとおり定義する。　上記速度三角形の関係を用いると、

$$H_r = h_t - U V_\theta = h + \frac{W^2}{2} - \frac{U^2}{2}$$

式(6.3)より、

$$\Delta H_r = H_{r2} - H_{r1} = 0 \tag{6.6}$$

となり、ロータルピが保存量の性質をもつので、ガスの流動を議論するのに便利である。

　上述の反動度と運動エネルギ変化との関連に戻ると、$\Delta H_r = 0$ より、ロータ内部の静エンタルピ変化は、　$\Delta h = \Delta U^2/2 - \Delta W^2/2$ の関係にあり、これと式(6.4)を用いれば、前述の反動度の式が導かれる。

$$R\left(=\frac{\Delta h}{\Delta h_t}\right) = 1 - \frac{\Delta \frac{V^2}{2}}{\Delta h_t} \tag{6.7}$$

6.2 遠心圧縮機

a. 概要

遠心圧縮機 centrifugal compressor は、図6.3 に示すとおり、構造上、インペラ impeller、ディフューザ diffuser、そしてボリュート volute(スクロール scroll とも呼ぶ)から構成される。気流はインペラ内部で半径外向きの方向に曲げられ、各半径位置で遠心力による可逆的な圧縮仕事を受ける。つまり、インペラが流動エネルギの補給源で、圧力比はインペラ周速の2乗にほぼ比例して増える。

通常、全体圧力上昇のおよそ半分がインペラ出口までの静圧上昇、残りの速度エネルギがディフューザでの減速を通じ静圧上昇に変換される。その後、最終的にボリュートで圧縮ガスは収集される。インペラ圧力比が4程度になると、インペラ出口の周速度は音速を超えるようになる。それ以上の圧力比が必要な場合は、遠心段を多段にする方法(図1.12例)もあるが、つなぎとなる戻り流路での損失や不安定流れを考慮すると望ましくない。このため、航空用エンジンでは、軸流段を重ね、最終段のみを遠心段にする設計が見られる。

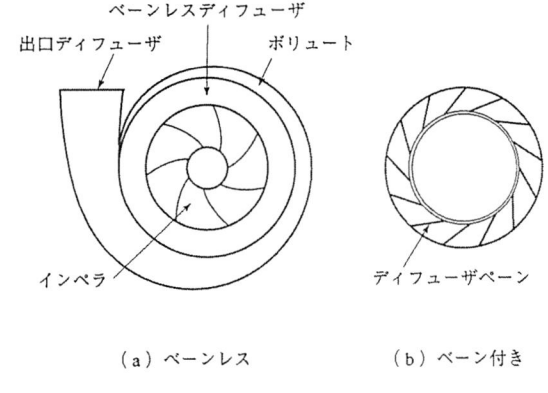

図6.3 遠心圧縮機の構成
(a) ベーンレス　(b) ベーン付き

b. インペラ

インペラで所定の圧力比 π を達成するために要する全エンタルピ Δh_t は、断熱効率 η_c を用いて、次式で与えられる。

$$\Delta h_t = \frac{\Delta h_s}{\eta_c} \qquad ただし、\Delta h_s = C_p T_{t_1}(\pi^{\frac{(\gamma-1)}{\gamma}} - 1) \tag{6.8}$$

一方、Δh_t は、式(6.3): $\Delta h_t = U_2 V_{\theta 2} - U_1 V_{\theta 1}$ (オイラー仕事則)で与えられるので、断熱効率 η_c とインペラ入口と出口の旋回速度成分、$V_{\theta 1}$, $V_{\theta 2}$ および圧力比 π の間の関係を見出せる。この関係は、ディフューザやボリュートなど静止部をも含めて断熱流れならば、η_c を圧縮機の断熱効率に置き換え、圧縮機全体に適用できる。

インペラ流路は、入口から出口まで子午面速度がほぼ一定(図6.2, $W_{r2}=W_{a1}$)になるように設計すれば良い効率が得られる。つまり、入口と出口の面積比には適当な値がある。このため、外径を軸流なみに抑えると、処理流量が限られてしまう。

インペラ翼の形状は、半径方向に直線放射(ラジアル radial)型を基準として、回転方向ないしその逆に彎曲させた型(それぞれ、**前進 foward**、**後退 backward**)に大別され、場合によっては、S字型の翼も使われることがある。

簡単のため、子午面速度一定($W_{r2}=W_{a1}$、$V_{r2}=V_{a1}$)また、入口で旋回なし($V_{\theta 1}=0$)とすれば、

$$\Delta h_t = U_2 V_{\theta_2} \qquad 従って、\Psi = \frac{V_{\theta_2}}{U_2} \tag{6.9}$$

また、$V_{\theta_2} = U_2 - W_{r_2}\tan\beta_2$ の関係から、

$$\Psi = 1 - \varphi\tan\beta_2 \tag{6.10}$$

前節の結果から，$R = 1 - \dfrac{V_{\theta_2}}{2U_2}$、よって、

$$R = 1 - \dfrac{\Psi}{2} \tag{6.11}$$

図 6.4~6.5 に上記関係を示すが、反動度 R は翼型(流出角β_2)により異なることがわかる。ラジアル翼($\beta_2=0$)は最大の静圧上昇($\dfrac{\Delta p}{\rho U^2} = R\Psi = \dfrac{1}{2}$)を与え、翼根部回転応力の点でも有利なため、標準とされる。

前進翼($\beta_2 < 0$)は高い全圧上昇を得ることができるが、動圧の割合が大きく、ディフューザで圧力回復させるときに損失が多いので、低圧で大風量の多翼送風機に使われる。一方、後退翼($\beta_2 > 0$, 通常、後退角は 35~50°程度にセット)は反動度が高く効率が良い点が魅力で、翼の製作加工技術の進歩につれて、多くの圧縮機で採用されている。

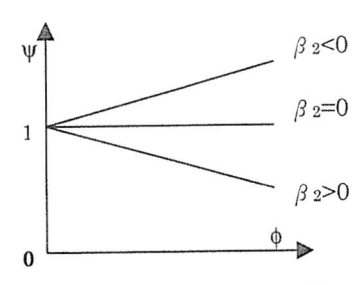

図 6.4 負荷係数と流量係数

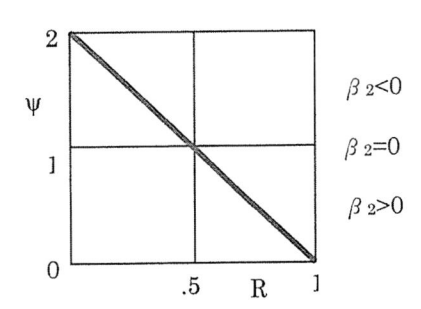

図 6.5 負荷係数と反動度

インデューサは、軸方向からの気流をスムーズに流入させるためインペラ入口に配置され、インペラと一体削り出し、もしくは、異なる材料で分離加工される。流入軸流速度を一様とすれば、シュラウド（外径）側ほどインデューサ相対流入マッハ数が大きくなり、これが超音速になると、衝撃波が生じ流れの剥離など損失が増すため、入口流れに予旋回を与え相対マッハ数を下げることもある。また、翼厚による流路ブロッケージを嫌い、インデューサ翼枚数をインペラの半分にすることも多く、このとき、インデューサとつながる主翼に対して、**スプリッタ翼**と呼び区別する。超高圧力比を狙うインペラでは 2 段階のスプリッタ翼を採用するもの(日本では、ヘリコプタ用ターボシャフトエンジン MG5 が $\pi = 11$ を達成し、実用で他に類を見ない)もある。

断熱効率η_c：必要となる断熱効率η_cとインペラ流入流出の旋回速度、$V_{\theta 1}$、$V_{\theta 2}$を予め知ることは不可能に近い。断熱効率η_cは、境界層での摩擦抵抗、混合損失、衝撃波損失など、流体の粘性に起因して局所的な流動状態の詳細に依存する。(2.6 節参照)遠心圧縮機のこれまでの経験によれば、設計点のポリトロープ**効率η_p**は、図 6.6 に示すように、**比速度**N_sと良い相関関係が見られ、これによれば、N_s =0.7 付近に効率ピークが観察される。

周速マッハ数と圧力比：通常の軸方向流入($V_{\theta 1}$=0)、半径方向流出($V_{\theta 2} = r_2\Omega = U_2$、$\Omega$角速度)を再び例にとれば、インペラ仕事の関係式(6.8)から、

$$\pi^{\frac{(\gamma-1)}{\gamma}} = 1 + (\gamma-1)\eta_c \dfrac{U_2^2}{a_{t1}^2} \quad \text{ただし、入口全温音速 } a_{t1} = \sqrt{\gamma R T_{t1}} \tag{6.12}$$

これより、圧力比πは、周速U_2または、それを入口全温音速a_{t1}で徐した周速マッハ数の 2 乗にほぼ比例

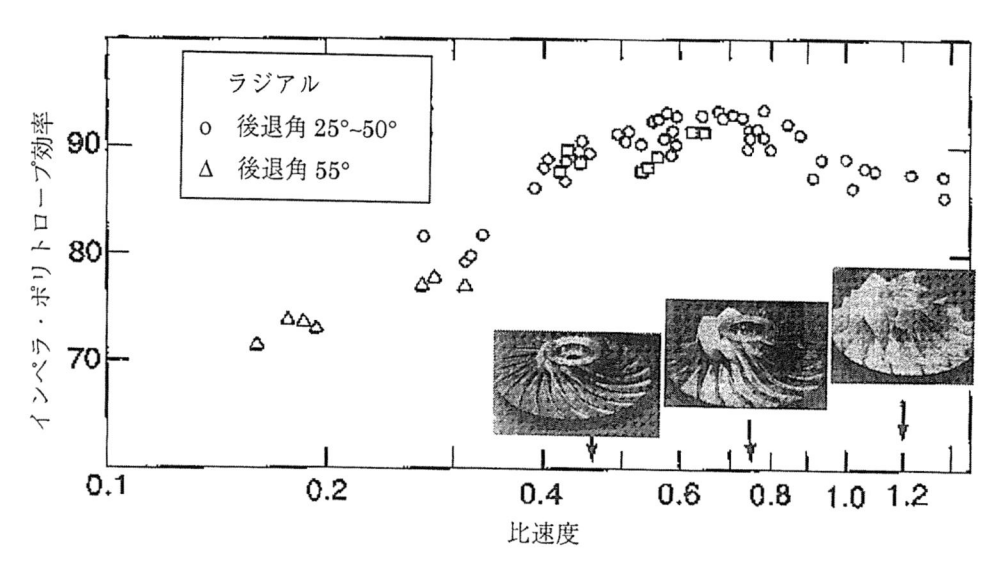

図 6.6 比速度と圧縮機効率の関係（文献 30）

することがわかる。実機で標準的な断熱効率 $\eta_c=0.85$ として、圧力比 π を周速マッハ数 $M_u = U_2/a_{t1}$ に対してプロットした結果を図 6.7 に示す（$\eta_c=1.0$ の結果も併示）。

　断熱圧縮による温度上昇のため、出口音速が大きくなるので、M_u が 1.0 を超えてすぐに、インペラ出口のマッハ数が音速に達するわけではない。通常、圧力比 4.0 程度（M_u 換算で 1.33 程度)を超えると、インペラ出口で超音速になる。

スリップ係数 slip factor：インペラでスリップといえば、流出が翼後縁形状に沿うことなく相対的に回転と逆方向に外れることを指す。この現象は、軸流翼列で生じる偏向（デビエーション）と同じ性質のもので、翼面負荷（翼面の受け持つ圧力差）が後縁に向かうにつれて消失するため、流れは翼間で一様になろうと翼面の曲率を離れる傾向を示す理由による（文献 30）。これをインペラ流路内の**相対渦 relative eddy** から説明することも可能である(注 6.1)。スリップは非粘性流れの仮定から説明され、損失などを問題にする以前に考慮されるべき要因である点が注意される。スリップ係数 μ は、δV_θ をスリップ速度、$V_{\theta\infty}$ を無限枚数の理想的な場合の流出速度周方向成分として(図 6.8 参照)、次式で定義される。

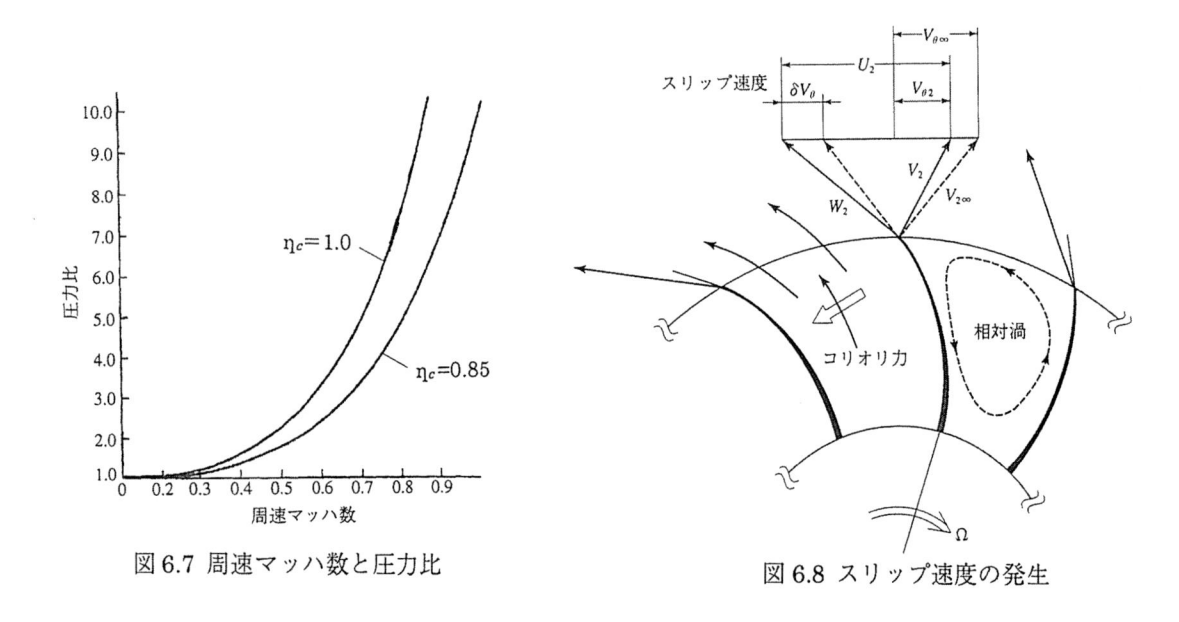

図 6.7 周速マッハ数と圧力比

図 6.8 スリップ速度の発生

$$\mu = 1 - \frac{\delta V_\theta}{V_{\theta_\infty}} \tag{6.13}$$

μは、従って、インペラ翼枚数 N、入口出口径比、流出角 β_2 などに依存して決まり、幾つか経験式が提唱されている。例えば、Stodola（文献 35）によれば、以下の評価式が適用される。

$$\mu = 1 - \frac{\frac{\pi}{N}\cos\beta_2}{1 - \Phi_2 \tan\beta_2}$$

遠心流れでは、翼面負荷は主にコリオリ力（注 6.2 参照）に起因し翼弦の反りに余り依存しないため、スリップ係数 $\mu = 0.8 - 0.9$ 程度と一定値をとり、流量によらない傾向となる。

(注6.1) インペラ内の相対渦

ヘルムホルツの定理：理想流体においては、渦は"不生、不滅"である。いま、回転するインペラ内の流体が相対的に静止しているとすると、（図 6.8 参照）、一つの翼間流路内の流体は、循環（時計回り）$\frac{2\pi\Omega(r_0^2 - r_1^2)}{N}$ （N:翼枚数）をもつ。流体は回転する前は静止、すなわち、渦なしであったとすると、ヘルムホルツ定理より、回転しても渦なしのはずである。従って、上記循環を打消す循環（図中点線）が存在することになる。これを相対渦といい、インペラ出口で流れにスリップ（偏向）をもたらす原因となる。

(注6.2) コリオリの力

回転座標系における見かけの力（慣性力）である。いま、簡単のため、角速度 Ω で回転する直管の中を質点 m が半径方向に速度 v で移動する場合を考える。（右図参照）時間 dt の間に、速度ベクトル v は Ωdt だけ回転するから、周方向に $\Omega v dt$ だけ変化する。その間、質点は半径方向に vdt だけ移動するから、周方向速度は $\Omega v dt$ だけ変化する。従って、周方向速度の変化は $2\Omega v dt$ となり、$2\Omega v$ なる加速度が生じ、慣性力にして $2m\Omega v$ の大きさを与える。これをコリオリの力という。遠心インペラに働く力はコリオリの力が主で、それにより、ほぼ駆動力が決まる。

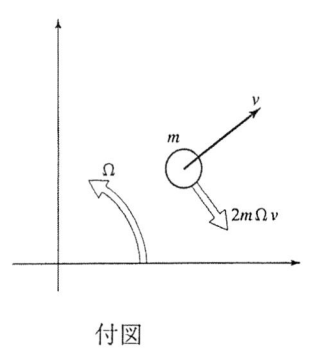

付図

c. ディフューザ

インペラから流出する流れは不均一な分布をもち、かつ、インペラとともに回転しているから非定常である。**ディフューザ diffuser** は、これを受け入れ、広い流量範囲にわたり効率良く安定に減速させ、静圧上昇に変換する役目を担うわけである。ディフューザは、静翼（**ベーン vane**）が有るか、無し（**ベーンレス vaneless**）かにより大別される。

ベーンレスディフューザ vaneless diffuser：

インペラ出口に続く円板状の壁間の流路では、流れの旋回速度成分が、角運動量保存則に従い、ほぼ半径に反比例して変化するので、外径に向かう流れに対してディフューザの作用をする。このディフューザはチョークすることもなく、また、旋回流による遠心力と圧力の半径方向変化の平衡が成り立つ限り、広い流量（流入角度）に対処できる長所をもつ。反面、流れはほぼ対数螺旋を描き、減速比を達成する経路が長く摩擦損失が大きくなる欠点がある。流れが周方向に沿うようになると、壁際の境界層内では流速が低く遠心力が小さいので、流れは半径方向の圧力勾配に抗することができず内径に向かうため、逆流が生じ不安定な流れになる。（図 6.9）流路幅は自由に設計できるので、外径方向に少し狭めて外向き速度を増やし逆流を防ぐ考えもあるが、一般に、所定の外径寸法で効率良く減速を行い目標の圧力回復を達成するためには、やはり、流れをガイドするベーンを組み込むことが不可欠である。

ベーン付きディフューザ vaned diffuser：

ベーン付きの場合でも、インペラ出口からベーン入口までの間隙はベーンレスとして働くことになる。（図 6.10）この領域は、インペラ流出が超音速の際でも衝撃波なしで亜音速まで減速できるため、

特に有効である。また、インペラ後流に起因する流出直後の周方向の速度歪みは、軸流の場合と比較して急激に、インペラ半径の 20%ほど以内で減衰することも知られている。ベーンまでの距離をその程度離せば、周方向の一様性は良くなるが、インペラ流出直後の速度は大きく、長い距離をとるほど摩擦損失の点から不利なため、実機では、インペラ半径の 1.05 から 1.1 倍程度の半径位置にベーン入口を置く例が多いようである。

　ベーンの形状には、チャンネルやパイプなど流路型および直線、円弧、翼型、タンデム翼など翼列型の 2 種類がある。その前縁半径やインシデンスの設定は難しく、特に、前縁からスロートにかけての負圧面に沿う半開放流路は**セミベーンレス semi-vaneless 領域**と呼ばれ、圧力回復と減速に伴う損失の多くが生じる部分である。ベーンに対する流入角が大きすぎると失速現象が起き、インデューサ失速とならび、圧縮機の作動安定性に大きな影響を与える。遠心圧縮機を設計する際に、ディフューザとインデューサ両者の失速限界流量やチョーク流量のマッチングを図ることは、最高効率を向上することに劣らず重要な課題である。

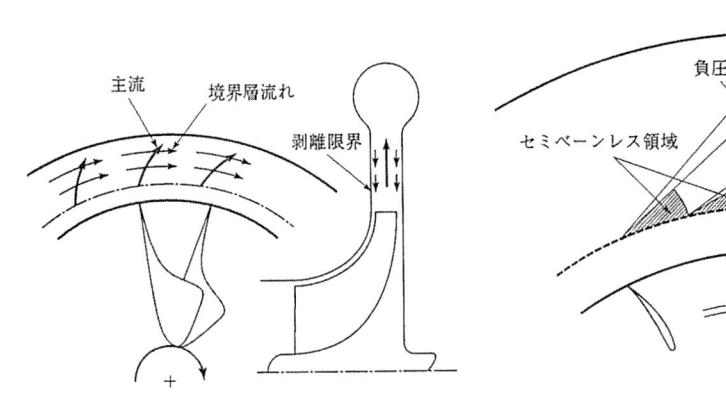

図 6.9　ベーンレスディフューザ流れ

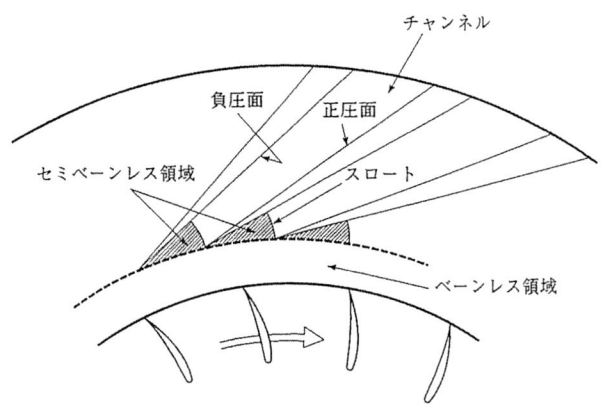

図 6.10　ベーン付ディフューザ流れ領域

d. ボリュート（渦巻室）

　ボリュート volute (scroll)の役割はディフューザから出た流れを下流の流体要素へと集合することにある。その際、同時に動圧を更に静圧に変換できる点も重要である。ディフューザからの流れの取り出しの影響のため、周方向には、圧力分布など不均一が生じ、特に、図 6.11 に示す**舌部 tongue**と呼ばれる流れの分岐点近傍は、常に滑らかに沿う流入が実現されるとは限らず、大きな擾乱位置となる。舌部の影響はインペラ流出後のベーンレス部分を通して、また、ベーン付ディフューザの場合には、ベーン及びその上流へと伝播して、インペラ流出条件を変えてしまうとの観察もある。下流の集合状況が許せば、取り出しを周方向に幾つか分割して行うことで、半径寸法が過大になるのを避け、また、周方向の不均一を減らせる可能性もある。

　流速が十分小さく流れの粘性の影響を無視して良い場合、周方向に静圧が一様となる条件は、角運動量保存則：rV_θ =const が成り立つことである。ボリュート流路の設計は、その平均半径 r_m をスパイラルに展開する形状が通例とされる。流路断面積 A は、平均半径 r_m に沿って、連続式が満足されるように決める。ボリュートのスパイラル角度 α ないし $\dfrac{V_{r_{in}}}{V_{\theta_{in}}}(=\tan^{-1}\alpha)$ の値をもとに流路形状を決

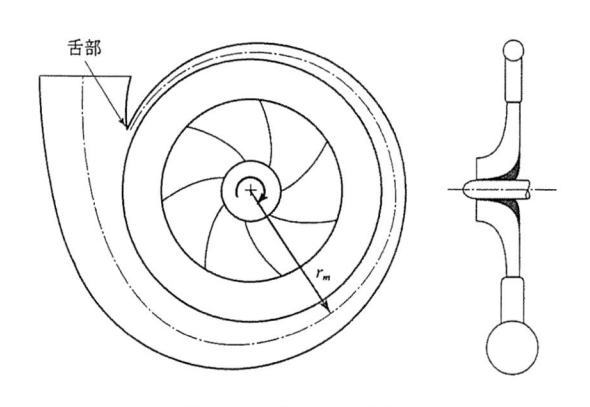

図 6.11　ボリュート流れ

めると、周方向に均一な作動を実現するボリュート流入向きは一つに限定され、それ以外の作動では周方向に沿って静圧や速度が変化することになる。仮に、インペラ回転数一定のまま流量が増えると、$V_{r_{in}}/V_{\theta_{in}}$ が大き過ぎるため周方向に加速と静圧減少を生じ、ボリュートが狭いような効果を、反対に流量が減ると、減速と静圧上昇が生まれ、広すぎるように作動する。いずれの場合にも、一周して舌部の位置に戻ると、圧力は不連続となるわけで、流れの分岐状態が変化することになる。経験的には、周方向の一様性にこだわるより、10%程度ボリュート断面積を絞って加速気味にすると最終的に取り出された状態の圧力回復率は良いといわれる。これは、流れを周方向に向かわせ、損失となる半径方向速度の運動エネルギを減らせる理由からと説明されるが、周方向の不均一性はディフューザやインペラ部分との干渉がからむため複雑である。

6.3 ラジアルタービン

a. 概要

ラジアルタービン radial turbine は、図 6.12 に示すとおり、ボリュート（スクロール）、ノズル（ステータ、ベーン）及びロータ（インペラ）から基本構成される。高圧状態の作動ガスは、ボリュートを通り、子午面内で半径方向からノズルに入り、膨張後、ロータから軸方向に出る。通常、ボリュートで周方向旋回が与えられるため、ノズルの役目は、流れの転向より、むしろ、増速ノズルとして、回転するロータに相対的に滑らかな流入を確保することである。従って、ノズル翼は平板に近い形状に加工され、外壁シュラウドを支持する構造材を兼ねることもある。簡略のため、ノズルを省略（図 6.12b）することもあるが、ロータ全周にわたり一様な流入を実現する上では不利となる。ロータ翼は、回転応力を考慮して、通常、その流入部を半径方向にとる。流路は、続いて子午面内で回転軸方向へ 90 度転向し、流出部で周方向へ曲がるように設計され、最終的な流出方向を静止系でほぼ旋回なしにする。ラジアルタービンの寸法基準は、ロータ入口径を通常とるが、このロータ寸法を合理的に決め、熱サイクル及び材料の耐熱温度から決まる作動ガスの全温（エネルギレベル）をもとに、仕様出力を満足させることが次節以降に述べる空力設計の主要課題である。

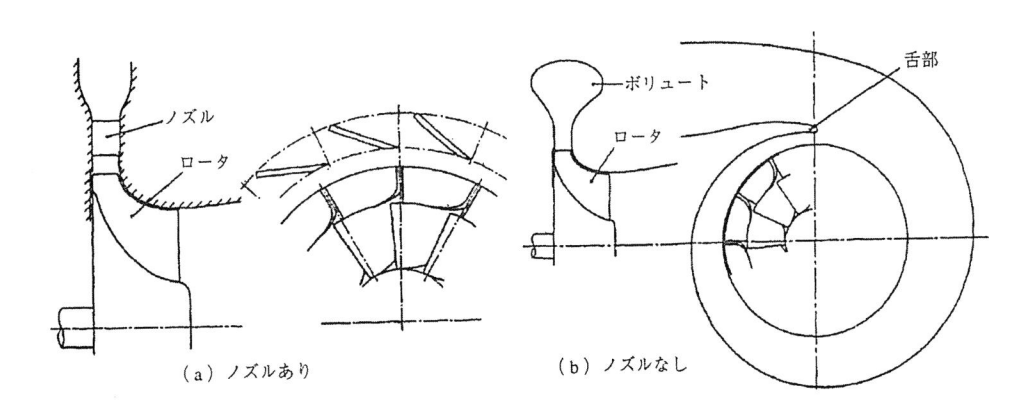

図 6.12 ラジアルタービン流路
（a）ノズルあり　（b）ノズルなし

b. ロータ（インペラ）

ラジアルタービンではロータ流入部分の空力負荷がかなり高くなる。仮にロータが半径方向に直線的なら、$V_\theta = U = r\Omega$ より、角運動量 rV_θ は、ほぼ r^2 に比例して変化する。この半径位置つまり周速差によるエンタルピ変化 $\dfrac{\Delta U^2}{2}$ が全体の等エントロピ膨張仕事 $\Delta h = \dfrac{V_j^2}{2}$ に占める割合（**周速反動度**）は

$(\frac{U_3}{V_j})^2 \left[1-(\frac{D_4}{D_3})^2\right]$ と計算される。例えば、出口入口径比 $D_4/D_3=0.5$、速度比 $U_3/V_j=0.7$ (後述するように、最高効率点での数値)とすれば、周速反動度は 0.37 に達する。6.1 節を参照すれば、全体膨張比が同じ軸流タービンに比べ、この周速反動度の分だけ、ロータ内部での相対全温と全圧が内径側ほど小さくなるため、出口速度が小さくなり有利となる。このように、半径位置の違いから生じる静圧変化の大きいことが遠心系流れの特徴である。

遠心圧縮機と同様に、ラジアルタービンでも、**比速度** N_s は経験的に空力特性を見積もるために便利なパラメータとして用いられる。図 6.13 は、翼高さなど様々な形状の場合の損失を見積もり、その結果を断熱効率として比速度に対し描いたもので、ノズル流出角 α_j ごとのおよその範囲を示してある。実線は入口全圧に対し出口全圧を基準にとった効率を示し、一方、点線は出口静圧を基準の効率の最大値を包絡するもので、出口の運動エネルギも損失として取扱うことに相当する。

損失の内容としては、比速度の小さいものでは、ノズルとロータの流路断面積が翼と壁表面積に比べ小さいため境界層粘性力の影響が大きいこと、また、翼高さが小さいためクリアランスの影響も大きいこと、さらに、ウインデージと呼ばれるロータ背後の空力的な回転摩擦の損失割合も大きいことなどが重なって効率低下につながる。一方、比速度の大きいものでは、出口で排出される運動エネルギが損失の支配的な要因であるので、これを有効に出力ないし静圧へと変換することが大事となる。

比速度で整理された結果を用いれば、タービンの実寸法に依存せず、特性の予測が可能となる。すなわち、タービン負荷係数 ψ と流量係数 φ とは、比速度 N_s の定義から、以下の関係にある。

$$\psi^{\frac{3}{4}} = \frac{\varphi^{\frac{1}{2}}}{N_s}$$

従って、N_s を仮定すれば、任意の φ に対して ψ 値が決まる(図 6.14 点線群)。一方、図 6.13 より、N_s に対して、静圧基準の効率 η と、そのときの流入角 α_j が与えられるので、

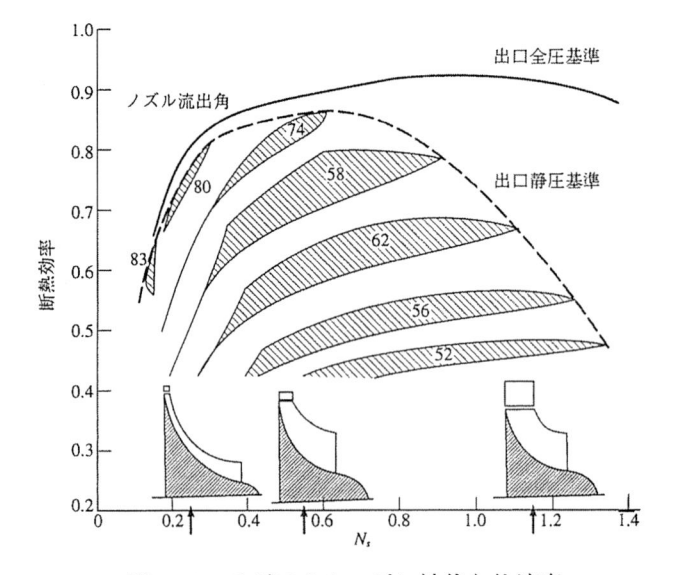

図 6.13 ラジアルタービン性能と比速度 (文献 19)

$$\psi = \frac{\eta(\frac{V_j}{U_3})^2}{2} \quad \text{および、} \quad \varphi = \frac{V_j \cos\alpha_j}{U_3} \tag{6.14}$$

の関係を満足する速度比 U_3/V_j が求まる。

例えば、効率ピークを与えるのは、$N_s \sim 0.6$ で、このとき $\alpha_j \sim 75°$ と大きく、$U_3/V_j = 0.7$ 程度と、軸流に比べて約 10%高い(周速増加)。図 6.14 に概略示すような特性図は、以上の手順を繰り返し得られたものであり、ラジアルタービンが活躍する領域は、$N_s=0.6$ の曲線に沿って、比較的 $\varphi \sim 0.45$ と小さい流量係数あたりである。

一方、流量係数 φ と負荷係数 ψ とから回転数 N を消去することで、

6. 遠心圧縮機とラジアルタービン

無次元代表寸法: $D_s = \dfrac{D\Delta h^{\frac{1}{4}}}{Q^{\frac{1}{2}}} = \dfrac{\Psi^{\frac{1}{4}}}{\varphi^{\frac{1}{2}}}$ (6.15)

が導かれるが、これを縦軸にとり、横軸の比速度 N_s との間で効率分布を示すと図6.15のようになり、効率ピークは D_s =3.5 近傍に存在する。従って、D_s を目安に代表寸法(ロータ入口径)D を決めてやれば良い。N_s と D_s の積をとると、

$$N_s D_s = ND/\sqrt{\Delta H} \propto U_3/\sqrt{\Delta h_t} \propto U_3/V_j$$

の関係を得るが、前述の効率ピークに対応する N_s =0.6 と D_s =3.5、また、速度比 $U_3/V_j \cong 1/\sqrt{2}$ が良い相関を示すことから、上式の比例定数を求めると、次の関係を得る。

$$N_s D_s = \dfrac{2U_3}{\sqrt{\Delta h_t}}$$

こうして、図中に示すとおり、N_s と D_s の関係は右下がりの分布となる。

ラジアルタービンでは、軸流のようにロータ翼に冷却構造を施すことは困難であり、耐熱合金の精密鋳造ないしセラミックを用いた成型となるため、強度上の制約から外径の最大値が決められてしまう。よって、処理できる流量は軸流に比べて小さく、やはり、小型エンジンに適している。

比速度による性能の差は、つまるところ、シュラウドとハブに挟まれる翼型や枚数など流路の幾何形状に係る流れの様子に起因する。図6.16に、ラジアルロータ内部で流れ方向の観測位置で可視化観察された内部流動現象をスケッチして示す。

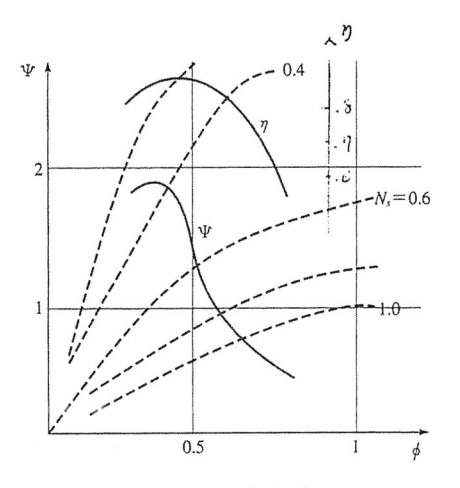

図6.14 空力特性

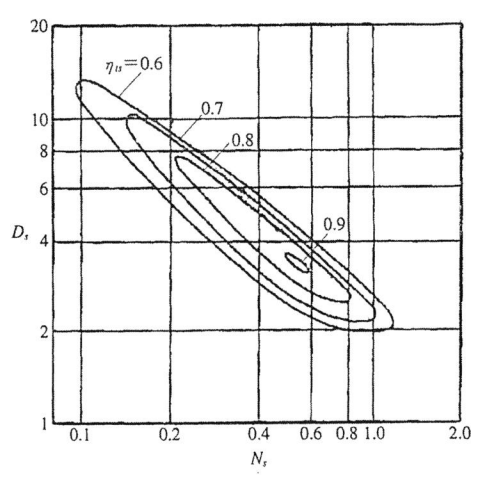

図6.15 無次元代表寸法と比速度の相関

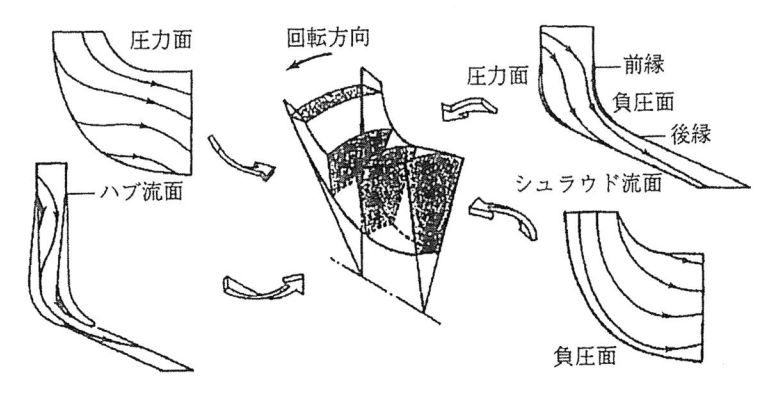

図6.16 ロータ2次流れの発達パターン(文献17)

その特徴をまとめると以下のようである。
- 流入部における回転と逆方向の流れ、つまり、半径内向きから少し負圧面 suction surface に向かう。(これは子午面内流入部での相対渦によるスリップ効果であり、回転逆方向の流路渦の形成も見られる。)
- 中間転向部におけるそれらの消失
- 流出部での回転方向の流路渦発達による2次流れ構造で、負圧面でティップに、圧力面でハブにそれぞれ向かう。

こうした流れ現象の存在は図中の翼面流跡から明白であるが、すべてのロータに一般化されるわけでなく、3次元性が極めて強く複雑なため十分な理解に至っていない。

c. ボリュート（スクロール）

圧縮機のボリュート(6.2節)と同様に、流路は基本的に自由渦流れ rV_θ =一定となるように設計される。図6.17を参照して、流れは最終的に内径位置のノズルないしロータ外径へと流出する。

任意の周位置θの断面積を A, 代表径と外径をそれぞれ R, R_{max} とし、内径（ノズルないしロータ外径）へと抜ける流量分に対応して$\theta+d\theta$位置の速度(周方向)が減少する条件を記述すれば、

$$d(AV_\theta) = -Rd\theta V_r \tag{6.16}$$

従って、$\dfrac{d(\frac{A}{R})}{Rd\theta} = -\dfrac{1}{tg\alpha}$、すなわち、周方向に $\alpha = \tan^{-1}(\dfrac{V_\theta}{V_r})$ =一定を達成するには、流路に沿って、（断面積A/代表径R）を直線的に変化させれば良いわけである。

こうして、ボリュート形状を決定できる。

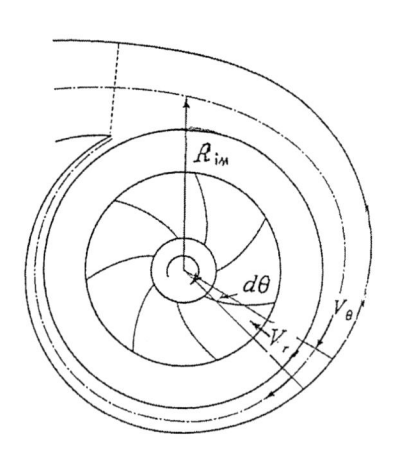

図6.17 ボリュート内部流れ

d. ノズル（ステータ、ベーン）

ノズルの役目は、すでに述べたように、ボリュートでの予旋回流れを増速させ、ロータに滑らかに相対流入させることである。翼型としては、図6.18に示すとおり、平板、直線、背面直線、背面曲線などの型が利用される。順番に、設計加工の手間は増えるが、流入の円滑さ、スロート部分およびそれ以降の流れの一様性が改善され、空力性能の良いものになる。

ノズルからの流出角および流出速度はタービン効率に大きな影響を与える。また、その粘性後流の影響でロータに固有振動が励起される危険性も生じる。さて、ロータ流入部は、回転応力を考え、通常、半径方向に直線とするが、ノズルからの最適な流出は、すでに説明したとおり、入口でのスリップを補償し滑らかな流入となるように、相対流入角β_{34}が20°から40°の負値をとるようにすれば良いことが経験から分かっている。そのため、最近は、ノズル各翼をスパン軸まわりに回転可能な機構を用いて、広い流量領域で最適に保つ可変形状が採用される例も見られる。

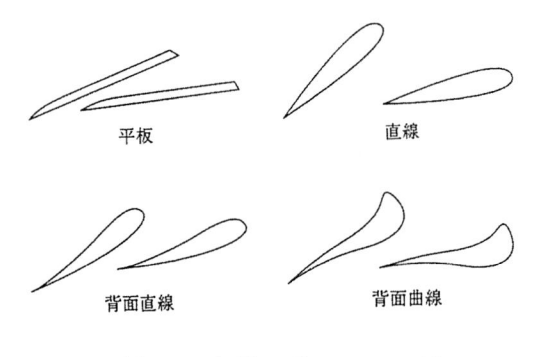

図6.18 各種ノズルベーン形状

その他、ノズルについて考慮される点は、次のとおり。
- 流路壁がほぼ平行なため2次元翼として良いこと、
- 速度比 U/V_j を約0.7にとること、
- 翼枚数の目安は15—24枚と軸流に比べ非常に少ないこと、
- 増速過程ゆえ失速などの危険が少ないこと。

最後に、軸流タービンに対するスミスチャート(図 5.9)のような関係を示す例として、横軸にタービン出口速度比 V_a/U_4 (流量係数に相当)、一方、縦軸に速度比 U_4/V_j を選んだ効率(全圧—静圧) η_{ts} の図 6.19 を掲げる。(6.3b)節で触れたとおり、ロータ出口で $V_{\theta 4}=0$ とすれば、$\Delta h_t \approx \eta_{ts} U_3^2$ とおけるから、速度比 $\dfrac{U_3}{V_j} = U_3 \Big/ \sqrt{\dfrac{2\Delta h_t}{\eta_{ts}}} = \dfrac{1}{\sqrt{2}} = 0.7$ に効率ピークが存在する。また、効率ピークを与える横軸 $\dfrac{V_a}{U_3} \approx \dfrac{D_4}{D_3}\dfrac{1}{\tan\beta_4} = 0.25$ より、外径比 $\dfrac{D_3}{D_4}=1.8$ (やはり推奨値)に対して、相対流出角 $\beta_4 = 65°$ の目安が得られる。

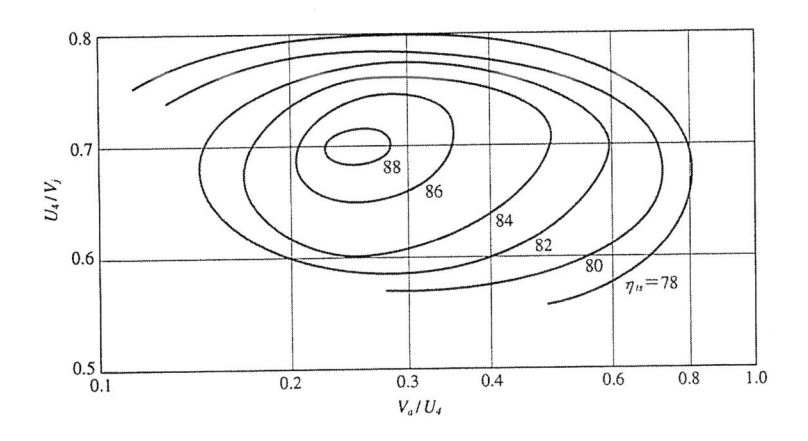

図 6.19 ラジアルタービン性能曲線

7. 燃焼器と再熱器および再生器

7.1 燃焼

a. 燃料

ガスタービンエンジンでは、本来、炭化水素系のいずれの燃料でも利用可能なはずであるが、操作性や環境規制から自ずと選別が進み、産業用に LNG 燃料（ガス）、航空用にジェット燃料（液体）が専ら使用されるようになった。表 7.1 に代表的な燃料を示す。

種類（組成）	引火点 [℃]	沸点 [℃]	凍結点 [℃]	比重	発熱量(LHV) [kJ/kg]	備考（主用途など）
Jet A (灯油)	38—66	—	−40	0.78	42,900	民間用航空機燃料
JP-4 (ガソリン＋灯油)	—	—	−51	0.75〜0.8	42,900	軍用航空機燃料
メタン (CH_4)		−161	−182	0.42	47,600	液化天然ガス (LNG)
プロパン (C_3H_8)		−42	−190	0.59	46,500	液化石油ガス (LPG)
水素 (H_2)		−253	−259	0.071	120,000	液化水素
エタノール (C_2H_5OH)	13	78	−115	0.79	29,730	

表 7.1 代表的な燃料

b. 化学反応

CH_4/Air 反応の組成(2.7c 項、表 2.2 参照)に見られるとおり、燃焼ガスは H_2O と CO_2 とにすべて変化せず、最終的に化学平衡に達した状態で中間可燃ガス成分を含んでいる。その理由は、発熱を総括する以下の反応が順方向（→）ばかりでなく、逆方向（←）にも進行するためである。

$$H_2 + \frac{1}{2}O_2 \leftrightarrow H_2O, \quad CO + \frac{1}{2}O_2 \leftrightarrow CO_2$$

上記第一式の水素・酸素反応を例にとると、単純な記述の総括式にもかかわらず、その内容は、次のとおり、

ラジカル(化学活性種)の生成をもたらす分枝反応、

$H_2 + O \rightarrow H + OH$
$H + O_2 \rightarrow OH + O$

OH ラジカルが関与する酸化反応、

$H_2 + OH \rightarrow H_2O + H$

ならびに、こうして多数発生したラジカルの再結合反応、

$OH + OH \rightarrow H_2O + O$
$H + H + M \rightarrow H_2 + M$
$O + O + M \rightarrow O_2 + M$
$H + OH + M \rightarrow H_2O + M$

などの素反応(順方向→)から構成され、それらすべてに逆反応（←）がある。また、以上の反応式では、HO_2 や H_2O_2 といった中間生成化学種は考慮されていないから、これらについての生成消滅の素反応をさらにいれると、結局、順逆両方向あわせて 38 個もの反応式を取扱うことになる。

表 7.1 に掲げた燃料に対して取扱わねばならない化学反応には、上記 C-H-O 系の反応だけでなく、実は、ほかに窒素 N を含む。航空用燃料のように N 成分を含まなくても、燃焼ガス中で大気に含まれ

るN_2が酸化されることで**サーマル thermal NO** が発生するためである。その生成の詳細は次の**ゼルドビッチ Zeldovich 機構**で良く説明される。

$N_2+O \leftrightarrow NO+N$
$N+O_2 \leftrightarrow NO+O$
$N+OH \leftrightarrow NO+H$

この反応系から分かることは、火炎後の高温ガス状態で、O, OH の化学活性種が多く存在し順反応率も高い場合に NO 生成量が多くなることである。従って、火炎温度をパラメータにとり、横軸反応時間に対して生成量をプロットすれば図 7.1 に示すとおり、平衡状態に達するまで対数的に増加する。通常、燃焼器での滞在時間は 5~10ms 程度と短いので、NO 濃度は平衡に達しないまま希釈領域で凍結されることになる。

サーマル NO と対照的に、低温で燃料過濃な火炎中の燃焼初期領域に生まれるのが**プロンプト prompt NO** である。これは、燃料 HC の過濃領域中で、下記のとおり、N 原子が HCN を経由して OH などと反応し NO を生成するもので、温度依存性は余りない。

$CH + N_2 \leftrightarrow HCN + N \rightarrow NO$
$ \rightarrow N_2$

こうして生成された NO は、やがて大気中 O_2 により酸化され、最終的には NO_2 になるが、光化学スモッグや酸性雨、オゾンホールなど地球環境に悪影響を及ぼす原因にもなる。(10 章参照)
いずれにせよ、**窒素酸化物(NO,NO_2 など NOx)** は厄介であり、熱効率向上のためガスタービンサイクルの高温化を進める際のネックになることは明らかである。

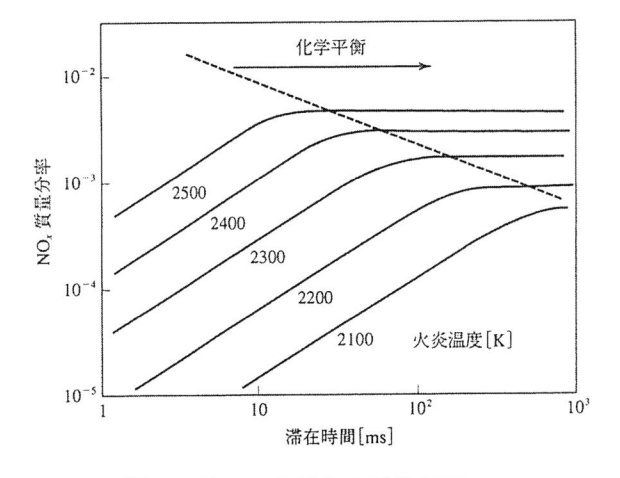

図 7.1 サーマルNOの発生状況

c. 火炎

流体力の作用する場での移流、化学種の拡散そして熱伝達が燃焼に及ぼす影響は極めて複雑である。燃焼器内部に液体燃料を噴射する場合、燃料が着火して安定火炎に至るまでには、**加圧噴射**と**アトマイザ atomizer** による気流微粒化と蒸発過程、そして、空気流との拡散混合といった現象が関係する。

混合とは、単に攪拌された状況でなく、分子レベルまで良く混合し理論当量比近くになっていることが大切であり、さもないと、究極のところ分子間衝突による原子同士の交換である化学反応に係らない。火炎構造は、この混合の状況に応じて大きく異なり、通常、次の2つに分類される。

拡散火炎 diffusion flame：燃料と酸化剤の混合と燃焼が同時に進行
予混合火炎 premixed flame：燃料と酸化剤が混合した後に燃焼

　航空用ガスタービンエンジンでは、ほとんどの燃焼器が圧縮機で昇圧した空気流中へ液体燃料を噴射し拡散混合を促進させる方式によっており、従って、拡散火炎が主体となる。すなわち、ガス化した燃料と空気は接触面で拡散混合し火炎を形成する。反応が瞬時に起こる状況を想定すれば、火炎帯は化学平衡にあり、これをはさむ燃料と空気の双方に、生成ガスと発熱が拡散してゆく。火炎は空気のない燃料中へ伝播できないし、また、燃料のない空気中へ伝播できない。このように、拡散に要する時間が反応時間に比べて遅いことが拡散支配型とよばれる所以である。

　一方、産業用ガスタービンでは、天然ガスを主に利用するため、ブンゼンバーナに代表されるように、燃料と空気とを十分に混合した状態でノズルから噴出させる予混合燃焼方式が採用されつつある。もちろん、拡散燃焼方式も採用されるが、予混合により燃料と空気の混合比つまり当量比を制御する方が燃費向上と NOx 低減を図ることに役立つ。

　火炎が空間に静止して保持されている状況（予混合火炎）を考えると、この場合、未燃混合ガス中を火炎が伝播する速度、つまり、**燃焼速度 burning velocity** が流速と釣り合っているわけで、この速度は、混合ガスの当量比と温度、圧力に依存して決まる。火炎を境に上流側の未燃ガスと下流側の生成ガスとに分かれるので、拡散火炎の場合と異なり、生成ガス（例えば、水蒸気）は火炎帯の片側のみに現れる。このように、予混合火炎の特徴は燃焼速度を有する点である。

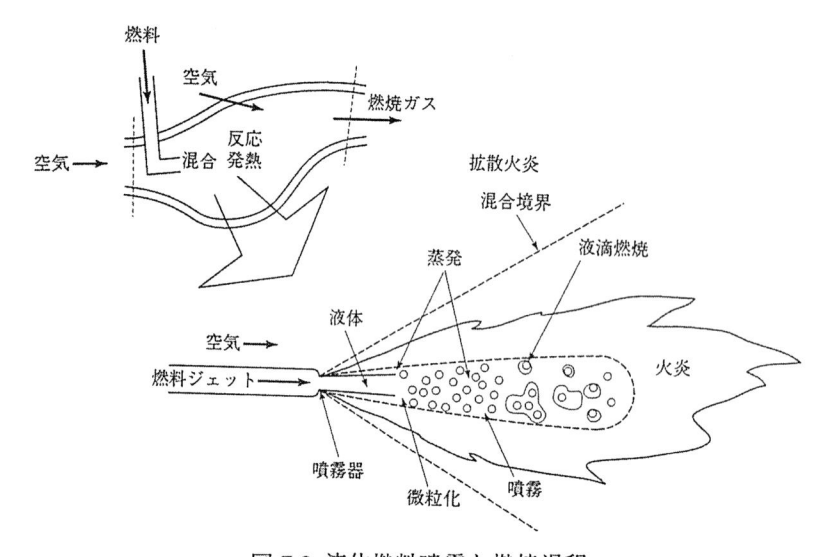

図 7.2 液体燃料噴霧と燃焼過程

7.2 燃焼器

　ガスタービンエンジンの熱負荷が最大に達する要素として、燃焼器ならびに再熱器の設計には技術力と経験の蓄積を必要とする。すなわち、化学反応と熱と流動の3者の複雑な関係を操作し、投入された燃料から最大のエンタルピを引き出す工夫がなされる。例えば、先進航空エンジンでは燃焼器単位体積あたり燃焼負荷率は 100 [MW/m^3/atm] を超え、燃焼器出口ガス温度は、ガスタービンサイクルの熱効率向上を目標に、ますます、燃料の理論当量比に対応する断熱火炎温度の限界へと近づいている。当然、現存耐熱材料の使用範囲を超える温度であるから、耐久性の確保のための高度な冷却技術が必要である。冷却のため圧縮機を出た空気の一部を利用するが、サイクル最高温度につれ圧力比も上昇するため、この冷却空気の温度すら材料の許容温度の限界に近づく。まさに、熱すぎる冷却空気というわけである。

そうした耐熱設計の要求に応える一方で、広いエンジンの運転範囲に対して、吹き消えなど燃焼不安定に陥らず、安定かつ設計点と同等の性能を発揮できるように柔軟な反応熱流体設計を行うことが求められる。表 7.2 に、そうした要求項目を整理し、併せて、それらを評価する際に指標とされるパラメータを示す。

表 7.2 に掲げた要求項目のうち、いくつかは互いに競合する。例えば、航空エンジンでは、できるだけ燃焼器を短く小型軽量化したいわけであるが、不完全燃焼や損失増加につながる恐れがある。現在の燃焼器の形態は、実機を設計する上で、そうした**トレードオフ**（考量、勘案、折合い）をつけながら、たゆみない開発努力を通じて洗練された結果なのである。

要求項目	評価パラメータ
完全燃焼	燃焼効率
最小全圧損失	全圧損失係数
一様全温流出分布	パターン(温度不均一)率
安定燃焼・保炎(吹き消え限界)	空気負荷率
着火・再着火性	飛行範囲（フライトエンベロープ）限界
小型・軽量	燃焼負荷率
耐久性・耐熱性	冷却効率
環境適合性	排気指数 EI、スモーク数 SN(10.2c 項参照)

表 7.2 燃焼器要求項目

a. 基本形態と構造

航空エンジンが初期の遠心圧縮機搭載ターボジェットから最新の超高バイパス比軸流ファンに至るまで変遷をとげる間に、燃焼器形態も、図 7.3 に示すような 3 つの基本型(1),(2),(3)の順番で発展を遂げてきた。

(1)**缶型 can type**：単筒ごとに燃料噴射を独立させた構造
(2)**環状缶型 cannular type**：単筒を共通の環状流路に収めたもの
(3)**環状型 annular type**：燃料噴射をすべて共通の環状流路内に、周方向等間隔で行うもの

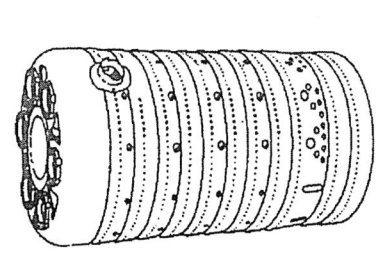

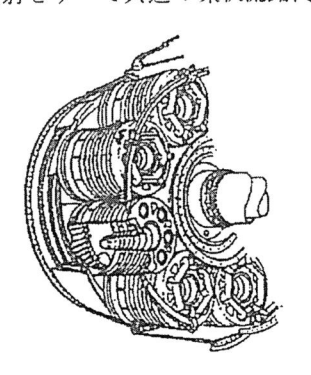

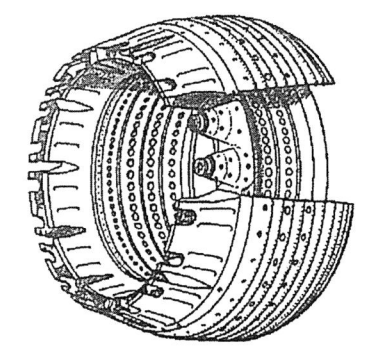

缶型 can type　　　環状缶型 cannular type　　　環状型 annular type

図 7.3 燃焼器基本形態(文献 15、航空エンジン用)

産業用エンジンは、航空用と異なり前面面積の制約が緩いため、図 7.4 に見るような交換・保守の容易さを重視した形態の単筒や多筒配列が工夫されている。

7. 燃焼器と再熱器および再生器

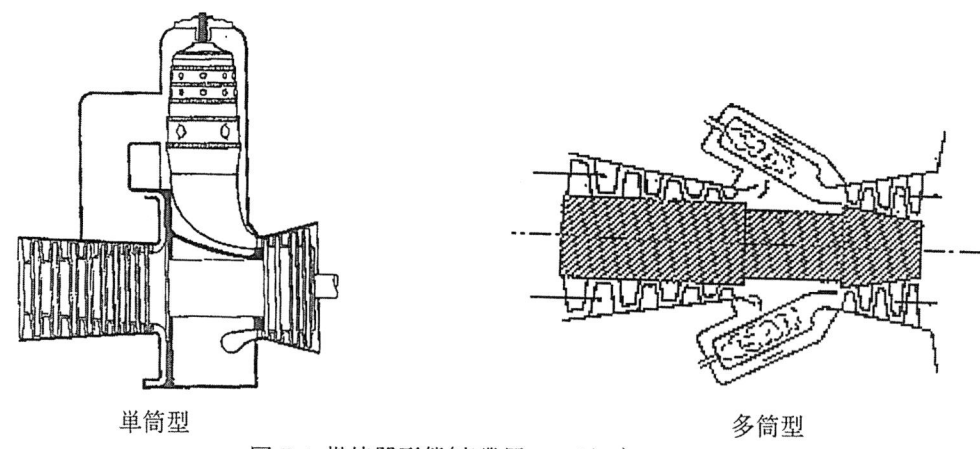

単筒型　　　　　　　　　　　　多筒型

図 7.4 燃焼器形態(産業用エンジン)

　燃焼器内部の平均流速に関しては、定圧燃焼という熱サイクルの性質から、流れ方向に速度は変化せず、発熱による温度上昇で密度が低下する割合だけ、出口に向かい、断面積は広がることになる。実際の設計では、全圧損失を小さくするためマッハ数を出来るだけ下げる必要から、ある程度まで急に断面積を広げ一定にとり、出口近傍に至り絞ってチョーク状態に近くまで増速する形状が選ばれる。製作加工の点からも、その方が有利といえる。出口温度は入口温度より高く、従って、音速が大きくなるので、圧縮機出口に比べタービン入口での軸流速度はより大きくなる。通常、燃焼器をはさみ、圧縮機とタービンは同軸で回転するので、この軸流速度の違いを有効に利用するには、タービン平均径をさらに外径側に構えて大きな周速に適合させると良い。図 7.5a はそうした配置を反映した概略を示す。一方、圧縮機が遠心型で外径が大きい場合には、図 7.5b のように、燃焼器を逆流型とすることで、タービンをその内径側に収め、回転軸の全長を短くするといった配置も可能である。この配置はWhittleによる初期のジェットエンジンに工夫採用され、現在でも未だ活きている。

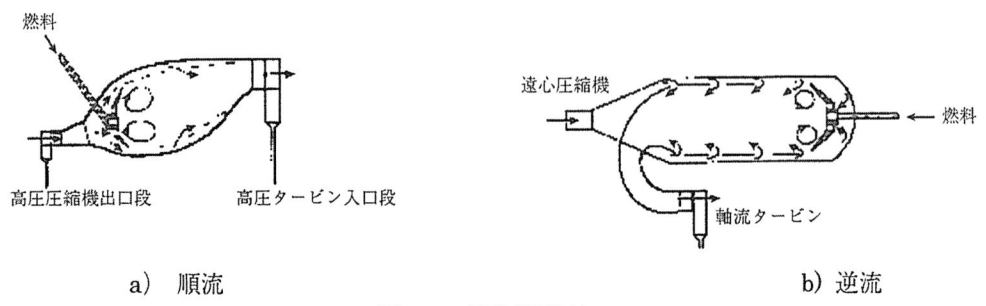

a) 順流　　　　　　　　　　　　b) 逆流

図 7.5　燃焼器配列

　燃焼器の構造は、
　(1)　**入口ディフューザ inlet diffuser**
　(2)　**ドーム dome** と呼ばれる鈍頭部
　(3)　**ライナ liner**
の主要部分から形成され、図7.6のように、外側ケース outer case を介して一つのモジュール(構造要素)として組み上がっている。他に、**燃料噴射弁 fuel injector**、**着火器 igniter** など周辺部品が装着される。
　初期の燃焼器では、安定燃焼を実現するため、内部に流れの障害物を置き定在的な渦構造を発生させる方法がとられた。その名残りがドームの形状である。このドームの高さおよび燃焼器長さとの比は燃焼器の幾何形状を特徴づけるパラメータである。

7. 燃焼器と再熱器および再生器

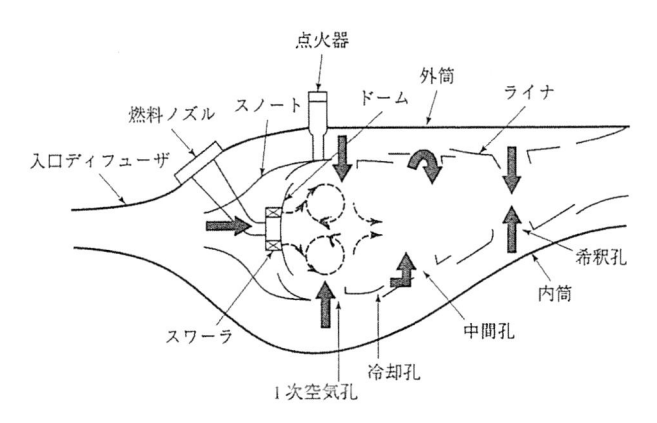

図 7.6 燃焼器構造及び空気流量配分

　図 7.6 に太い黒矢印で書き込んだように、圧縮機からの高圧空気は入口ディフューザにより効果的に減速され、その一部が、ドームに装着された**スワーラ swirler** を通過し、**一次空気 primary air** として、燃焼領域に供給される。スワーラによる強い旋回流の中心は低圧となり、燃焼領域のガスが逆流し循環流れを生じ、安定な火炎を形成する。スワーラ中央部には噴射孔が装着され、そこから噴射される液体燃料は、強い気流のせん断と乱れにより、容易に微粒化し空気と急速混合する。一方、流入空気の残りは、ドームの外側を回り、一部がライナ先頭部の空気孔列から、やはり、一次空気として、燃焼領域の逆流循環流れ構造に取り込まれ、他は、ライナ中間部と後方部の空気孔列から、**二次(中間)空気 intermediate air**、**希釈空気 dilution air** として、それぞれ、燃焼ガスと混合する。さらに、ドーム外側を回った空気は、ライナ全面に設けられた冷却孔から噴出し、ライナ自身を高温の燃焼ガスから保護冷却するために使われる。
　そうした**空気流量の配分 airflow distribution**、すなわち、
　　(1) 燃焼域への一次空気
　　(2) 中間部への二次空気（燃焼域で発生する中間可燃ガスや未燃ガスを引き続き燃焼完結させる）
　　(3) 希釈空気（燃焼ガスの温度を下げてタービンへの流出分布を整える）
　　(4) 冷却空気

を最適な当量比と温度分布にそれぞれ制御できるかどうかは、先の表 7.2 に掲げた要求項目を達成する上で決定的に重要である。
　一次空気流量は燃焼領域の局所当量比を安定な燃焼のため理論当量比近くにセットする必要がある。将来、高温化を極限まで進め、燃焼器出口でこの理論当量比に相当する断熱火炎温度（ジェット燃料で 2500K 程度、2.7 節参照）を実現するようになると、希釈空気は取り除かれるはずである。そのためには、飛躍的なタービン耐熱材料と冷却技術の開発が不可欠であり、現状の技術レベルでは実現に遠いように見える。しかし、実機における推移を見ると、燃焼器出口温度 1400K レベルで空燃比 60 に対し、1800K レベルで空燃比 30 という具合に、高温化に伴い空気流量が減少し、燃焼器内部の空気流量配分は明らかに影響を受けている。
　冷却空気はライナ表面に開けた小孔列から内壁面を覆うように噴出し、燃焼器内部の高温環境からライナへの輻射対流熱伝達を防ぎ、材料を保護する。そうした冷却技術の方法例を図 7.7 中に示す。
　ライナは、通常、板金溶接で製作され、その材料としては、現在、高張力かつ熱疲労や酸化に強い耐熱合金である Hastelloy X (Ni 基、1100K 程度まで)、Haynes 188(Co 基、1250K 程度まで)にセラミックスのコーティングを施したものなどが一般的であるが、将来は、CMC（セラミックマトリックス複合材）や MGC(融成長複合材)などを用いて、高温化に対処してゆくであろう。

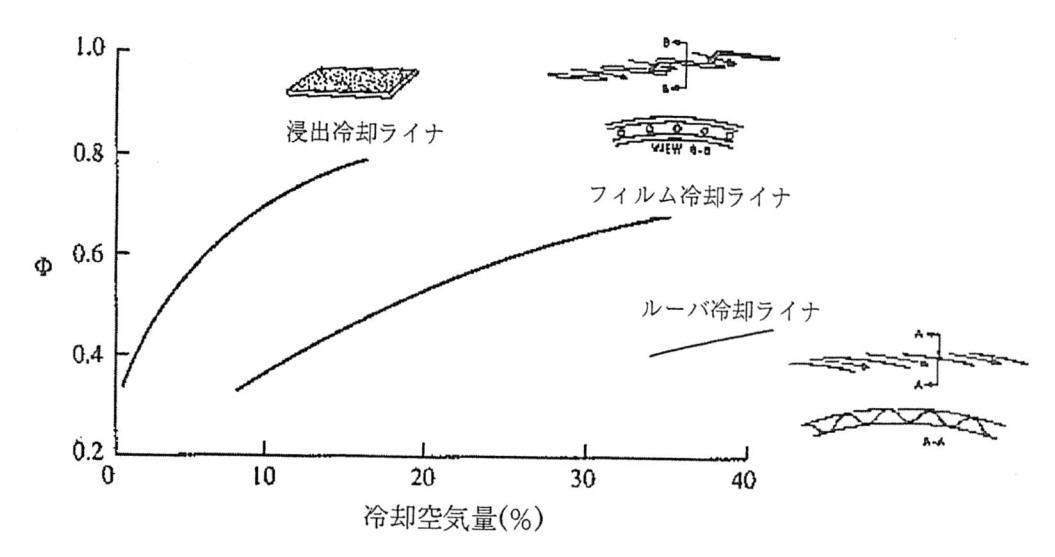

図 7.7 燃焼器冷却技術と冷却効率及び冷却空気量

冷却技術の有効性を測るには、次式の**冷却効率 cooling effectiveness**により比較すると便利である。

$$\text{冷却効率} \quad \Phi = \frac{T_g - T_m}{T_g - T_c} \tag{7.1}$$

ここで、T_g、T_m、T_cは、それぞれ、ガス、金属そして冷却空気の温度である。

冷却効率と必要冷却空気量との関係は図 7.7 に示す例のとおりである。これより、冷却空気温度 T_c=800K の膜冷却法の場合、ガス温度 T_g=1800K に対し、金属温度 T_m=1200K に抑えるためには、冷却効率 0.6、従って、25％近い冷却空気量が必要とされることが分かる。高温化により空気流量がますます減少する事態をむかえ、冷却効率の一層の向上が不可欠といえる。

b. 性能

燃焼効率 combustion efficiency：η_b

燃料のもつ利用可能なエンタルピ Δh_f のうち、実際に利用できたエンタルピ Δh_b の割合で定義される。簡単のため、燃焼器内部のガスの定圧比熱 c_p を適当な平均値（一定）で代表させ、入口と出口の温度差 ΔT に置きかえることもある。

$$\eta_b = \frac{\Delta h_b}{\Delta h_f} = \frac{\Delta T_b}{\Delta T_f} \tag{7.2}$$

燃焼効率は、ガスタービンエンジンの燃費に直接影響を与えるので、設計点において、できるだけ 100％に近づける必要がある。航空エンジンを例にとれば、離陸や巡航の大出力時に 99.5％以上の技術レベルにあるが、回転数の低下に伴い燃焼圧力が下がるため、非設計点で悪化し、アイドル状態では未燃ガスの臭気がする場合も過去に見受けられた。現在、環境適合の規制も厳しい折、非設計点でも 99％以上のレベルが目標とされる。

燃焼効率は、圧力、温度、ガス速度、温度上昇や燃焼器幾何形状に関連し、それぞれの燃焼器の設計に際し、経験則に裏付けられた評価方法が適用される。特に、反応速度に注目したパラメータによ

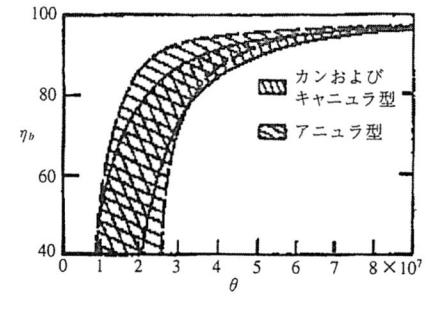

図 7.8 燃焼効率と熱負荷
（文献 27）

り整理する方法は有望とされるが、一般的な評価式は確立されていない。液体燃料を噴射する航空エンジンでは、燃焼時間(蒸発・混合・反応に要する合計)に比べて滞在時間(空気流速に反比例する)が十分でないといけない。このため、燃焼器の熱負荷の目安として、θパラメータおよび **混合速度パラメータ**などが導入され、それぞれ、燃焼器圧力レベルに応じて、燃焼効率 η_b と関係付けられた(図7.8)。

$$\theta \text{パラメータ} = \frac{p_{t3}^{1.75} A_3 D_3^{0.75}}{m_a} \exp\left(\frac{T_{t3}}{300}\right)$$

$$\text{混合速度パラメータ} = \frac{p_{t3} A_3}{m_a T_{t3}^{0.5}} \left(\frac{\Delta p_t}{p_{t3}}\right)^{0.5}$$

ここで、m_a は空気流量、Δp_t はライナ圧力損失、添字3は燃焼器入口状態を示す。

燃焼負荷率 combustor loading parameter：L_f

燃焼器内での熱発生を示す尺度であり、一般に大気圧での単位体積あたりの発熱量をいうことが多く、次式で定義される。

$$L_f = \frac{Q}{Vp^n} \qquad \left[\frac{\text{W}}{\text{m}^3 \text{atm}^n}\right] \tag{7.3}$$

ここで、Q, V, p はそれぞれ燃焼器熱発生率、体積、圧力(便宜上、入口全圧)、また、指数 n は経験定数であり、1(高圧状態で混合律速 mixing controlled のとき)と選んだり、1.8 ないし 2(単純な2体反応のとき)とする。

空気負荷率 air loading parameter：L_a

アイドルや高空再着火などの運転条件では、化学反応速度が低下して流れ中で保炎できず、吹き消えや燃焼不安定を生じやすい。そうした反応律速 reaction-rate controlled 状態の吹き消えに関しては、撹拌反応炉中の検討結果が適用でき、混合ガスの初期温度をパラメータとして、当量比 ϕ ならびに次式の空気負荷率 L_a により整理すると良いことが知られている。

$$L_a = \frac{m_a}{Vp^n} \tag{7.4}$$

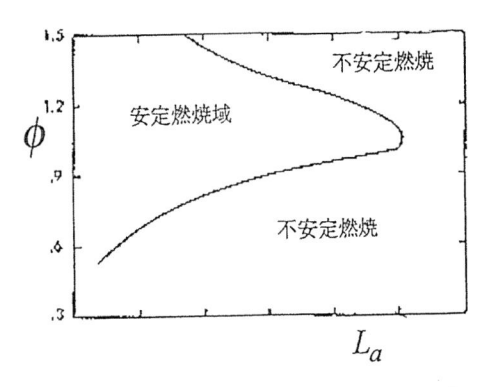

図 7.9 吹き消え限界(文献 31)

ここで、記号は燃焼負荷率の際と同様である。

吹き消え限界 stability(blow out) loop を示す図 7.9 によれば、理論当量比あたりが吹き消えの空気負荷率を一番大きくとれる。

全圧損失係数 total pressure loss coefficient：ζ

入口ディフューザ損失、ドームとライナの損失および加熱による損失の合計 Δp_t を圧縮機出口圧力 p_{t3} で除した値で定義される。

$$\zeta = \frac{\Delta p_t}{p_{t3}} \tag{7.5}$$

指標値は、通常の燃焼器では、5%程度と見積もられる。全圧損失は、エンジンの熱効率や推力に悪影響を及ぼすが、前述のとおり、燃焼器空気流量配分を介しての安定燃焼や効果的なライナ冷却などを達成するための、いわば、必要悪ともいえる。

入口ディフューザ形状に関しては、圧縮機空気の動圧を損失少なく一様に静圧回復させる観点から、緩やかな断面積の拡大が有利なはずであるが、一方、寸法が長くなる欠点や、広い空気流量範囲に対応できず、安定燃焼に悪いなどの影響がでる。それらを考慮して、ディフューザの形状パラメータ（入口と出口の断面積比、長さ、広がり角度）を決めることになる。なお、急拡大管やレイリー流れに対して導かれた全圧損失の表示式(2.6節)を適用すれば、ある程度正確な損失評価ができる。

全温流出分布 exit temperature profile：
燃焼が一様に生じているかどうかの指標として、**パターン（温度不均一）率** PF および**プロフィール（形状）率** Pf と呼ばれる次のパラメータを定義すると便利である（図7.10参照）。

$$PF = \frac{T_{t\max} - T_{tav}}{T_{tav} - T_{tin}} \tag{7.6}$$

ここで、$T_{t\max}$、T_{tav}、T_{tin} は、それぞれ、出口断面での局所最大温度、平均温度、入口断面での平均温度。同様に、タービン動翼に対しては、周方向に平均した温度がより意味を持つので、

$$Pf = \frac{T_{t\max_{av}} - T_{tin}}{T_{tav} - T_{tin}} \tag{7.7}$$

ただし、$T_{t\max_{av}}$ は出口断面の温度を周方向に平均して得られた値の最大値。

実用の燃焼器では、PF の値は、タービン耐久性から、0.25以下にする。一方、Pf はおよそ1.04から1.08が目安とされる。これら PF や Pf のパラメータ値が目標を外れると、タービン寿命が低下するなど影響がでるため、再設計が必要とされる。なお、これらパラメータだけでは、出口温度のスパン方向の分布を推定できない点に注意がいる。Pf はタービン翼の寿命に決定的な要因となるので、これを希釈空気の配分により、設計どおりに制御することが大事である。なお、燃焼器が環境適合型かどうかの評価が、最近、特に大事となってきている。これに関しては、10.2節で詳述するので参照されたい。

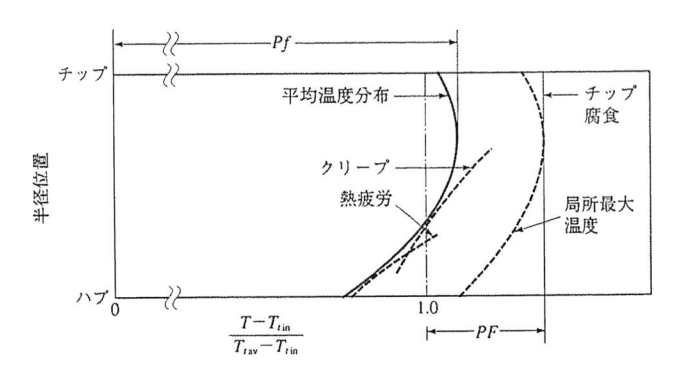

図7.10　燃焼器流出温度分布

7.3　再熱器

再熱 reheat はガスタービンエンジンの出力増強法の一つであり、そのための燃焼器を指して**再熱器 reheater** と呼ぶ。航空エンジンの場合には、**アフタバーナ afterburner** と呼ぶことが多く、音速の壁を超える飛行の際など、大きな推力増加が必要な時に使用される。産業用の再熱器は、構造上、前節に述べた燃焼器と大きな相違はないと思われるので、ここでは、主として、航空用のアフタバーナについて説明を加えることにする。一般に、再熱器では、流入するガスが新鮮な空気でなく、すでに、
(1) 高温となっている。
(2) 酸素濃度が低下している。

などの点に注意が必要である。入口温度が高いため、燃焼温度も高温化するが、再熱器の場合、タービン回転翼列が後方に存在するわけでもないので、冷却技術を活用して、材料の許容限界まで温度上昇が可能といえる。しかし、残存する酸素量が減少しているため、供給可能な燃料流量が限られ、燃焼による温度上昇にも限界を生じる。このように、再熱器の使命として、大きな温度上昇幅ということが新たに付け加わるが、表 7.2 に掲げた要求事項は特に変わりない。

アフタバーナの基本構成は、図 7.11 に示すとおり、次のようなものから成り立つ。
(1)ディフューザ diffuser
(2)**燃料噴射管ないし環 fuel spray tubes or rings**
(3)**保炎器 flame holders**
(4)**ライナ liner**（冷却壁の役割、また**スクリーチ**と呼ばれる離散周波数燃焼音の防止）
(5)出口ノズル（可変面積型ラバールノズル）
(6)燃料ポンプと制御装置など

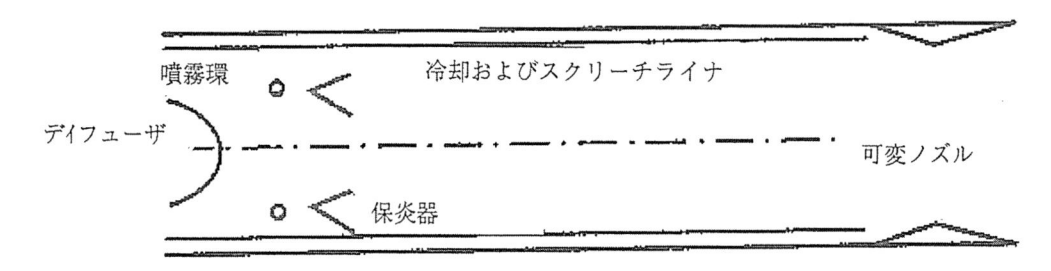

図 7.11 アフタバーナ基本構成図

タービンからの旋回を除かれた後に、流れはアフタバーナに流入し、ディフューザにより燃焼に適した速度まで減速する。航空用では、エンジン前面面積の制約から、アフタバーナ断面の最大寸法が決まるので、マッハ数の最小値もそれに見合うものとなることが多い。長さは流れの剥離など著しい悪影響が発生しない限り、短く軽量なほど良いわけである。また、ターボファンなら、バイパス流れとコア流れの混合器との接続を考慮する必要も生じる。

燃料は、環状に巻かれた円管の側壁小孔列から流れに垂直に噴射され、すぐに気流と混合してミクロンサイズの液滴となり、暖められ気化する。この燃料噴射リングは、着火や保炎など燃焼火炎が生じる位置で最適な量論比が達成されるように配置される。着火には点火器が使われるが、一度火炎を生じると保炎器のすべてに安定な燃焼が観察される。ファンからのバイパス空気で燃焼させるような場合は、先ず、コア流れ中でバイパス空気との接触面あたりに燃料噴射を行い、着火しやすいコア流れから火炎がバイパス空気に広がるように予燃焼的な設計例も見受けられる。低温度空気中の着火の困難さを克服し、温度上昇を最大限活かす工夫と言える。

保炎器には **V ガッタ Vee-gutter** と呼ばれる単純形状が良く使われる。図 7.11 に示すとおり、後流の V 字で挟まれた領域には再循環流が生じ、そこは、ゆっくりとした反応により、流れてくる混合ガスの当量比に対する断熱火炎温度にほぼ保たれる。一方、再循環領域のすぐ外側の流れとの強いせん断による乱れは混合拡散による燃焼を促進する。安定な燃焼に大事な要因は、着火に要する反応時間 τ_i と流れの特性時間(いまの場合、再循環領域の長さ L と混合領域の流速 V_m の比、L/V_m)の比であり、**ダムケラ数 Damkohler number** ($Da = (L/V_m)/\tau_i$)と呼ばれる。$Da < 1$ の状況では、反応する前に流され、吹き消えてしまうことになる。

着火の特性時間 τ_i は当量比 ϕ に大きく依存する。すなわち、理論当量比 $\phi = 1$ の付近で最小値(例えば、炭化水素系分子量 100 の燃料で $\tau_i = 0.3$ msec 程度)をとり、そこから希薄ないし過濃のいずれかに外れても、急激に τ_i は増加する($\tau_i \propto 1/\phi$、ただし、$\phi < 1$)。また、ジェット燃料の場合、温度と圧力にも、

$\tau_i \propto \dfrac{1}{pT^{2.5}}$ の関係があることが知られている。

ライナは冷却孔を備え、冷却空気で壁内面を膜状に覆うことで高温燃焼ガスから保護する役割を担い、また、スクリーチなど熱音響現象を抑えるなど、燃焼の安定性にも寄与する。

アフタバーナにおける全圧損失は、主に、ディフューザ損失、加熱に伴う損失、そして保炎器空力抵抗の合計と考えられる。後者については、Vガッタのブロッケージ（ダクト幅との比）、広がり角など幾何形状との経験則もある。

7.4 再生器（熱交換器）

ガスタービンエンジンの高温排気を圧縮機出口空気予熱に利用する(再生)ことで熱効率は大きく改善され、また、圧縮途中の空気を冷却する(中間冷却)ことで出力増加が達成できる(3.2 節)。その実現の決め手は熱交換器にある。ガスタービンエンジンに用いられる再生器や中間冷却器も一般の熱交換器とさしたる違いはないが、エンジンシステムに組み込まれるからには、圧力損失や温度効率の仕様基準は厳しく、またサイズ的にも小型化が要求される。蒸気タービンとの複合サイクル(11.1 節参照)を行う際の（ドライ）ボイラは外燃式再熱器であるが、その性能向上には排熱回収の役割が重要であり再生器ともいえよう。しかし、ここでは、炉の性格を考慮し、熱交換器から外して触れない。

熱交換器は、大別すると、表 7.3 のとおり、**伝熱式 recuperator**(固定壁を介在させる)および**蓄熱式 regenerator**(熱容量のあるものを高温排気と空気に交互接触させる。再生式ともいうので混乱せぬこと)の 2 種類に分類される。その他、ヒートパイプ式（少量の作動流体を封じ込めたパイプの構造で、内面にウイックなど毛細管作用を促進させる簡単な工夫をしたもの。パイプ両端で蒸発と凝縮の相変化をそれぞれ発生させ、パイプ中央部の蒸気流と壁に沿う液流の循環による潜熱輸送を利用する）もあるが、詳細を省く。

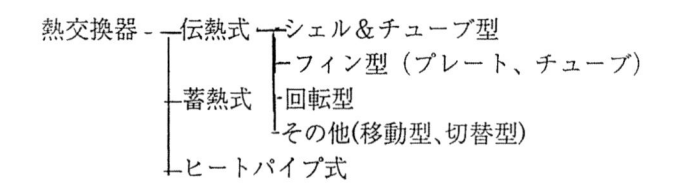

```
熱交換器 ┬ 伝熱式 ┬ シェル＆チューブ型
         │        └ フィン型（プレート、チューブ）
         ├ 蓄熱式 ┬ 回転型
         │        └ その他（移動型、切替型）
         └ ヒートパイプ式
```

表 7.3 熱交換器分類

伝熱式の代表例として、**シェル＆チューブ型**があげられる。その構造は、図 7.12 に示すとおり、束ねたチューブをシェル内部に収め、それぞれを通過する流体間に熱交換をさせるもので、流路随所にバッフルという邪魔板を置いて熱交換距離を稼ぎチューブ周囲に流れが廻るように配慮してある。この型は、容量的な大小、真空から高圧まで、極低温から高温まで、さらに様々な作動流体というように、実に多様な用途に使われる。欠点は、表面積密度（単位体積あたりの伝熱面積、m^2/m^3）が小さいため、小型化が困難なことで、余りガスタービンエンジン向きとは言い難い。

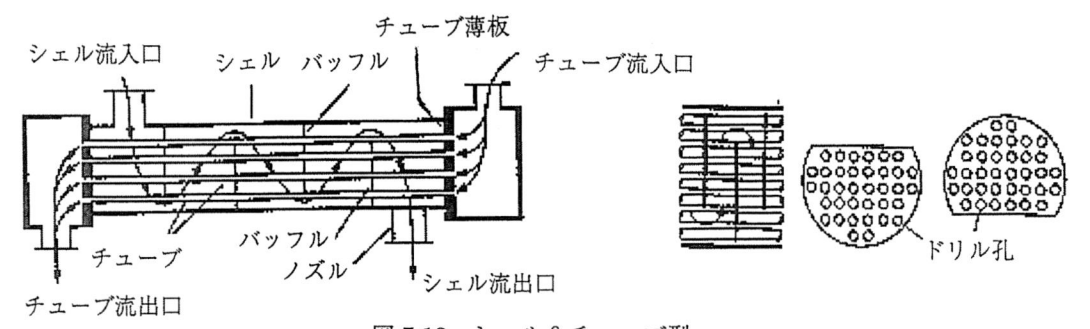

図 7.12 シェル＆チューブ型

7. 燃焼器と再熱器および再生器

　伝熱面積の割合を大きく取るには、流路断面積を狭めてフィン構造にすれば良い。**チューブフィン型**は、図7.13に示すように、通常、チューブ外周にフィンを巻付けたものを指し、両者は圧入、接着、溶接などで密着組付ける。一方、**プレートフィン型**は、図7.14のとおり、熱交換させる流体の隔板プレート間の流路中に折れ畳んだ薄板フィン(0.05—0.25mm厚)を差込んだサンドウイッチ構造を多層化している。プレートとフィンは、通常、ロウ付け、接着、溶接される。フィンは、いったん組込まれると、分解清掃できないので、燃焼ガスによる汚損や目詰まりが生じると機能停止に陥る欠点がある。

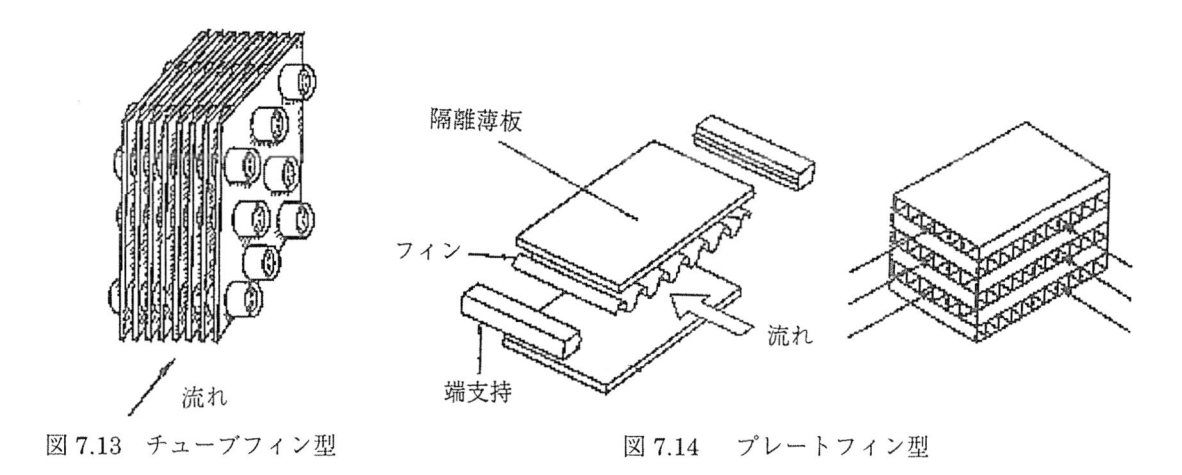

図7.13　チューブフィン型　　図7.14　プレートフィン型

　図7.15bはオイルクーラのものを携帯用ガスタービンに応用した例であり、SUS特殊材料をプレート厚100μm、フィン厚40μmにプレス加工しロウ付け構成している。小型化の指標となる表面積密度をみると、シェル&チューブ型は、数百程度となるが、フィン型でコンパクトと呼ばれるものは数千の密度値となり、1mあたりのフィン数も数千に及ぶものがある。

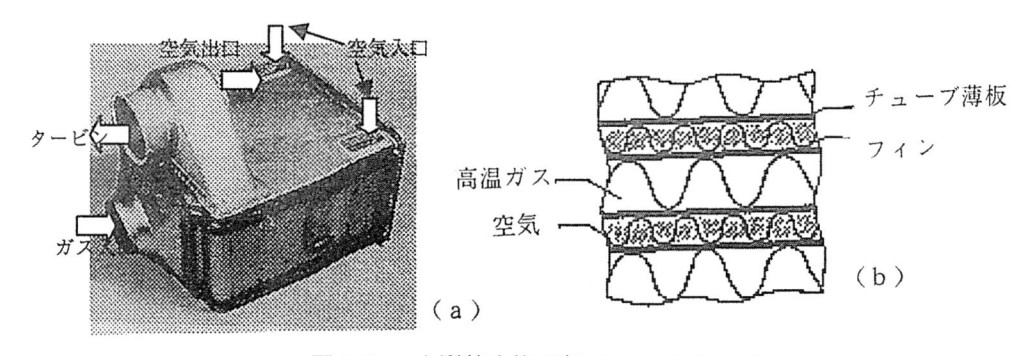

図7.15　小型熱交換器(文献17、携帯用ガスタービン)

　一方、蓄熱式の代表例として、回転円盤ないしドラム型の構造を図7.16に示す。これは、100kW自動車用セラミックガスタービンのため開発されたものであり、蓄熱ハニカムコア（セラミック材）はリングギアにより駆動し、高温側と低温側にそれぞれインナーシールとアウターシールを設けて高圧低温空気の漏れを防いでいる。コア部を高温排気と低温空気が交互に通過するので、伝熱面自体が自己洗浄され、汚れが堆積しにくい点は良いが、やはりコアと摺動するシール（特に、高温側のインナーシールは熱変形しやすい）での空気漏れが欠点となる。潤滑は、通常の油潤滑が熱的に無理なため固体潤滑材をプラズマ溶射により被覆してある。

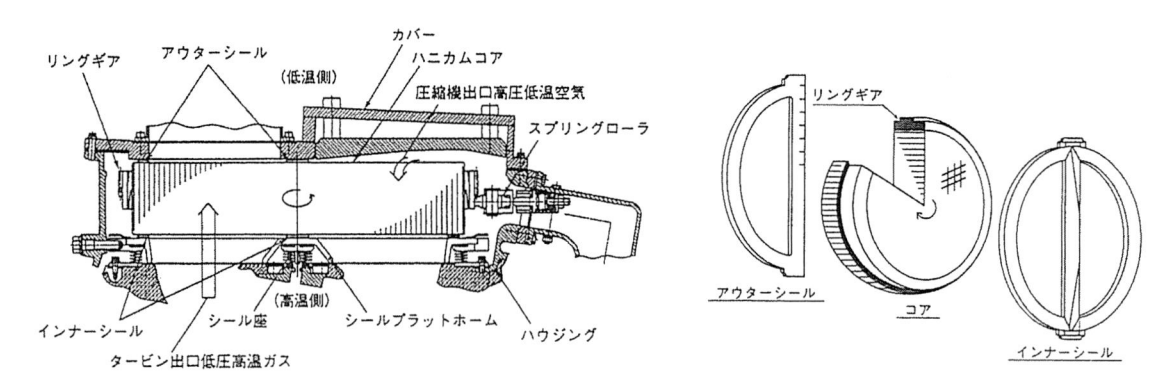

図 7.16　回転式熱交換器（文献 17、100kW 自動車用セラミックガスタービン）

8. 不安定現象

　軸流圧縮機において、流量が低下すると翼列の失速によってサージと呼ばれる不安定現象が生ずることは既に述べた(4.4 節参照)。このような現象は、流れと翼列の間でエネルギの授受によって生ずるものであるが、それによって翼などが強制振動を受けて、致命的な損害をもたらす恐れがあるので注意しなければならない。そこで、いろいろな不安定現象について考えてみよう。

8.1 サージ

　サージ surge（サージング surging ともいう）は、軸流圧縮機やポンプのような流体機械における最も典型的な流力的不安定現象で、古くから研究されてきた（文献 11）。サージは、なんらかの原因で流量が変動したとき、それによって圧縮機が流れにエネルギを供給するように働いて、流量変動が増幅・発散する自励振動現象である。

　圧縮機が図 8.1 のような管路系に使われるとして、その圧力・流量特性(一定回転数で作動)は、図 8.2 のようであるとする。

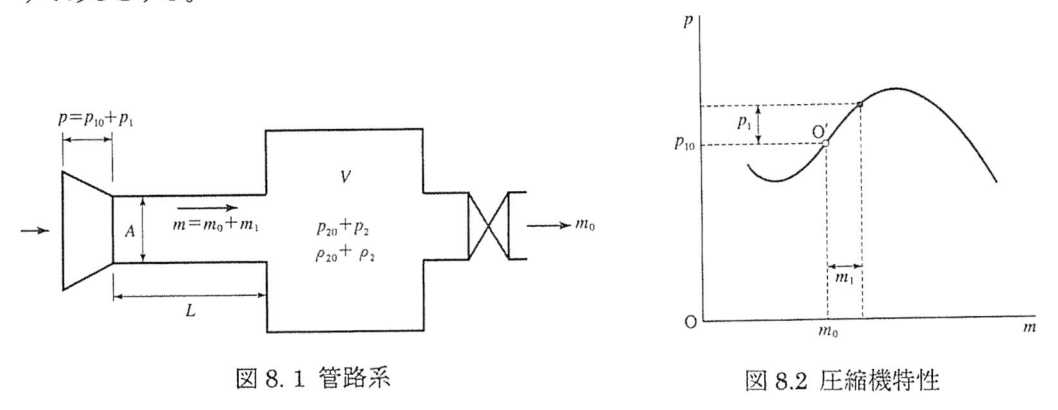

図 8.1　管路系　　　　　　図 8.2　圧縮機特性

　ここで、　m:質量流量、m_0:同定常分、m_1:同変動分、p:圧縮機圧力上昇、p_{10}:同定常分、p_1:同変動分　p_{20}, ρ_{20}:タンク内圧力および密度の定常分、p_2、ρ_2:同変動分

簡単のために、以下を仮定する。
　1) タンクから流出する質量流量は一定で、m_0（チョーク状態）。
　2) 管路(断面積 A, 長さ L) 内の空気は慣性として働き、タンク(容積 V)内の空気は容量として働く。
　3) 摩擦損失等は無視する。

　サージは比較的低周波数の現象であるので、圧縮機は常に準定常的に作動していると考えてよい。そこで、サージが発生しているときも、圧縮機の瞬間特性は静特性と同じであるとする。そうすると、図 8.2 において、圧縮機が O'点で作動しているとき、流量が m_1 だけ変動すると、圧縮機の圧力上昇は静特性曲線にそって p_1 だけ変化する。このとき、p_1 は m_1 の関数として与えられる。すなわち、

$$p_1 = p_1(m_1) \tag{8.1}$$

管路内を質量 ρAL の空気が速度 v で流れているとすると、空気のもつ運動量は ρALv であるから、運動方程式: $d(\rho ALv)/dt = (p_1 - p_2)A$ および、$\rho Av = m (= m_0 + m_1)$ より、

$$\frac{L}{A}\frac{dm_1}{dt} = p_1 - p_2 \tag{8.2}$$

タンクから流出する質量流量は一定であるとするから、

$$m_1 = V\frac{d\rho_2}{dt} \quad (\text{タンクの流入流量の増加}=\text{タンク内質量の増加})$$

タンク内では変化は断熱的かつ微小であるとすると、$p_2/\rho_2 = a_2^2$；音速 $a_2 = \sqrt{\gamma p_{20}/\rho_{20}}$ なる故、上式に代入すると、次式が得られる。

$$m_1 = \frac{V}{a_2^2}\frac{dp_2}{dt} \tag{8.3}$$

式(8.2)、(8.3)より p_2 を消去すると、次式が得られる。

$$\frac{L}{A}\frac{d^2m_1}{dt^2} - \frac{dp_1(m_1)}{dm_1}\frac{dm_1}{dt} + \frac{a_2^2}{V}m_1 = 0 \tag{8.4}$$

式(8.4)は質点・バネ系の振動方程式と同形であるから、

$$\frac{dp_1(m_1)}{dm_1} > 0 \tag{8.5}$$

のとき、この系は不安定となり、変動は発散する。すなわち、図 8.2 の流量・圧力特性曲線上において、O'点におけるような右上がり特性の領域で作動は不安定となる。

さらに、式(8.2)、(8.3)より位相平面(m_1、p)に関する次式が得られる。

$$\frac{dp_2}{dm_1} = \frac{La_2^2}{VA}\frac{m_1}{p_1 - p_2} \tag{8.6}$$

O'点に原点を移して考えると(図8.3)、任意の(m_1、p_2)点における dp_2/dm_1（変動の軌跡の接線方向）は式(8.6)から求まるから、これより変動 p_2 の軌跡を求めることができる。

圧縮機が O'点で作動しているとき、僅かな変動が与えられると、$dp_1/dm_1 > 0$ の範囲では変動は反時計まわりに次第に増幅してゆくが(図 8.3 中、破線)、遂には流量変動域に $dp_1/dm_1 < 0$ の部分も含むようになり、変動の増幅が押えられて一つの閉曲線 limit cycle に収斂する。これがサージである(注 8.1 参照)。サージは、圧縮機やポンプを含むダクト系に生ずる流体力学的共振現象で、サージが発生すると流れ全体がピストン的に比較的低い振動数で振動する。したがって、サージが発生すると、流れが順流から逆流まで周期的に繰返すために、圧縮機などは強く励振され、破損の原因となる。

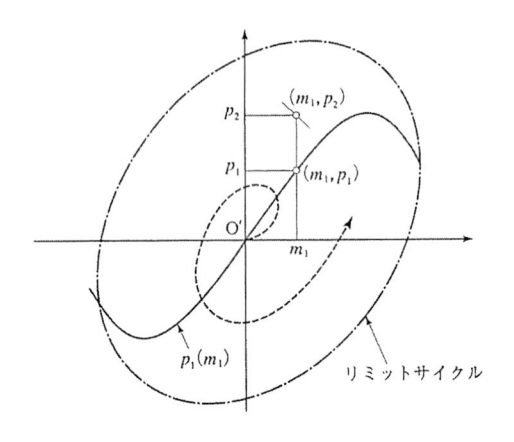

図 8.3 リミットサイクル

(注 8.1) サージのいろいろ：

多段の高圧圧縮機の場合、圧縮機内でも流体の慣性と容量を考える必要があり、また低圧段と高圧段とで特性が異なる(4.5 節参照)。その結果、低回転数では低圧段の失速により特性曲線の最高圧力点付近でサージに入るが、高回転数では高圧段の失速により特性曲線の右下がりの領域でサージが生ずる(図 4.16 参照)(文献 16)。

また、サージングの変動波形は位相平面で limit cycle として求められるが、系の慣性と容量の比 $La_2^2/(VA)$ によって大きく変化する。容量に比し慣性が十分大きい場合、変動は正弦波的であるが、慣性が十分小さい場合には、流量は矩形波的変化をする(文献 12 および 16)。

8.2 旋回失速

軸流圧縮機が一定回転数で運転されているとき、流量を絞ってゆくと、翼列が失速してサージが発生することは前述したとおりであるが、その他に旋回失速という流れの自励振動現象が生じて、その強制振動により翼が破損する原因となるので注意しなければならない。

翼列の迎え角を増してゆくと、全ての翼が同時に失速に入ってゆくように思われる。しかし、実際は図8.4に示すように、何等かの原因で一部の翼が先に失速すると、その部分(**失速セル stall cell** と呼ぶ)が流れをせき止める働きをするために、流入する流れは偏りをうけて、それらの翼の背面側にある翼は迎え角が増して失速に入り、腹面側の翼は迎え角が減少して失速から回復する状態になり、結局ある大きさに成長した失速セルが翼列方向(翼の腹面側から背面側へ)に伝播する現象が生ずる。これを**旋回失速 rotating stall** または**伝播失速 propagating stall** と呼ぶ。

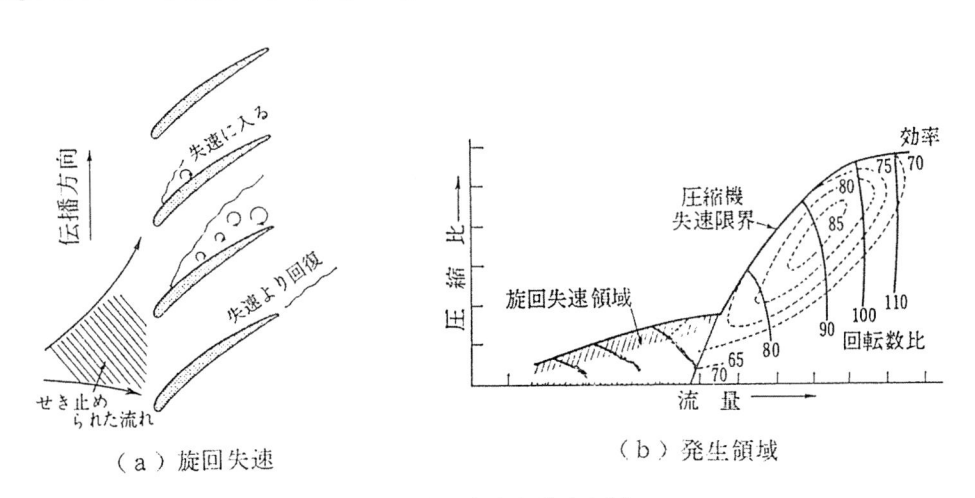

（a）旋回失速　　　　（b）発生領域

図8.4　旋回失速と発生領域

実機におけるような環状翼列の場合には、図8.5に示すように翼列の周りに熱線流速計や圧力センサを入れておけば、旋回失速が生じたときには翼列周方向に失速セルが伝播している様子を知ることができる。

失速セルは静止空間に対して動翼と同じ方向に、動翼(回転角速度 Ω)よりも遅い角速度(ω_s)で伝播する。すなわち、失速セルは、動翼に対しても静翼に対しても、翼の腹面側から背面側に伝播する。失速セルの数を N_S(複数個のとき、失速セルは周上に等間隔に並ぶ)とすると、動翼と静翼には、それぞれ、

$$f_r = \frac{N_s}{2\pi}(\Omega - \omega_s) \quad , \quad f_s = \frac{N_s}{2\pi}\omega_s$$

の基本周波数をもつ変動が生ずる。経験によると、

$N_S = 1 \sim N/3$ 　(N:翼枚数)、　　$\omega_s/\Omega = 0.3 \sim 0.8$

旋回失速が生ずると、流れが周期的に変動するので、翼に周期的負荷変動が生じ、それが翼の固有振動数と一致すると共振により翼が破損する場合があるので、注意しなければならない。

いま、起動時に旋回失速が発生したとすると、変動の基本周波数はほぼ回転数に比例するから(上述)、図8.6に示すように、回転数の増加にともなって翼は励振力の高次の高調波成分から共振してゆく。低回転数では、翼の負荷変動(回転数の2乗にほぼ比例)は小さいので、共振しても余り問題にならないが、回転数が大きくなると、翼に生ずる応力振幅も著しく大きくなる。回転数をさらにあげて旋回失速が消滅すると、振動応力も急激に減少する。

旋回失速は回転軸系の振動の原因になることもある。旋回失速が発生しているとき、失速セル内にある翼列での圧力上昇はその外側よりも小さい。そのため、翼列に働く軸方向の力は周方向に均一でなくなるから、1セルの場合、回転軸に垂直方向に偶力が生ずる(図8.5の偶力ベクトル**A**)。また、失速セル内と外

側の圧力は異なるので、圧力の周方向分布の不均一によって、回転軸に垂直な力も生ずる(図8.5の力ベクトル **B**)。これらの力は、回転軸まわりに ω_s の角速度で回転するので、回転軸系を励振することになり、ω_s が軸系の固有振動数と一致すると共振が生ずる。

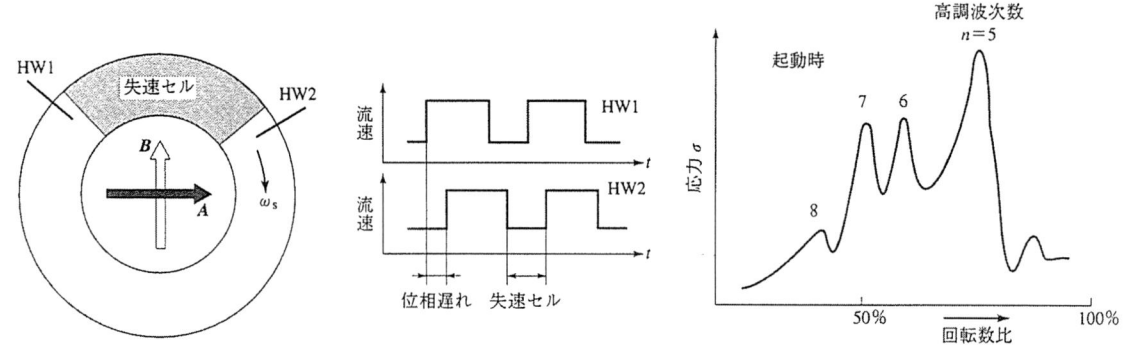

図 8.5 失速セルと変動

図 8.6 運転起動と旋回失速(文献 11)

8.3 フラッタ

a. フラッタとは

　流れが一様で時間的に変動していなくても、翼が振動して破損にいたる場合がある。これが**フラッタ flutter** で、最初航空機の翼で注目された現象である。

　流速が低い場合には、翼が何等かの原因で振動したとしても、翼の振動によって誘起された流体力は翼の振動を減衰するように働くが、流速がある限度(**フラッタ速度**)を越えると、流体力は翼の振動を増幅するように働き、流れより翼にエネルギが供給されて振動が発散し、フラッタが生ずる。フラッタは、流体系と機械系とが結合した**空力弾性的自励振動 aeroelastic self-excited oscillation** である。

　いま、一様な流れの中におかれた2次元の単独翼の場合で考えよう(図 8.7)。

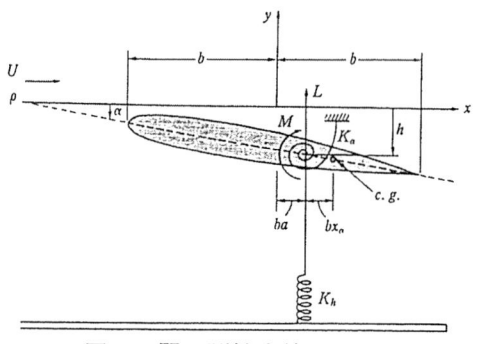

図 8.7 翼の弾性支持モデル

翼が曲げと捩りの微小振動(角振動数 ω、それぞれの振幅 h_0、α_0、また両者の位相差 φ)するとき、

$$h = h_0 \exp(i\omega t), \qquad \alpha = \alpha_0 \exp(i[\omega t - \varphi]) \tag{8.7}$$

翼に働く揚力およびモーメント(頭上げを正とする)は、次式で与えられる。

$$L = \pi \rho b U^2 \left(L_h \frac{h}{b} + L_\alpha \alpha\right), \qquad M = \pi \rho b^2 U^2 \left(M_h \frac{h}{b} + M_\alpha \alpha\right) \tag{8.8}$$

ここで、L_h、L_α、M_h、M_α は、曲げおよび捩り振動により誘起される変動揚力の係数と弾性軸まわりの変動モーメントの係数であり、現象の非定常性の大きさを示す無次元振動数($k=\omega b/U$)の関数である。

8. 不安定現象

翼の振動の1サイクル中に流体が翼になす仕事は

$$W = \oint (-L_R \frac{dh_R}{dt} + M_R \frac{d\alpha_R}{dt}) dt$$
$$= \pi^2 \rho b^2 U^2 \left[-L_{h_I}(\frac{h_0}{b})^2 + \{(L_{\alpha_R} + M_{h_R})\sin\varphi - (L_{\alpha_I} - M_{h_I})\cos\varphi\}\frac{\alpha_0 h_0}{b} + M_{\alpha_I}\alpha_0^2 \right] \quad (8.9)$$

ここで、添字 R, I は実数部、虚数部を示す。右辺第2項は曲げ(または振り)振動により生じたモーメント(揚力)と振り(曲げ)振動とが連成することによってなされる仕事で、曲げ振動と振り振動の位相差 φ に強く依存している。$W>0$ のとき、流体力は翼の振動を増幅するように働き、翼の振動が発散、すなわちフラッタが生ずる。このように、単独翼の場合、1自由度(曲げ)フラッタは発生せず、一般に、曲げ振動と振り振動とが連成した2自由度フラッタが問題となる。

b. 翼列フラッタ

航空機の翼とガスタービンの翼を比較してみると、翼の大きさ(半弦長 b)と振動数(ω)には大きな違いがあるが、非定常性の大きさを示す無次元振動数($k=\omega b/U$)は両者とも同程度の大きさである。しかし、航空機の翼が中空の軽いものであるのに対して、ガスタービンの翼は中実の金属翼のものが多く、空気力に比し翼の慣性力が格段に大きい。したがって、単独翼の考察の結果から、ガスタービンの作動範囲ではフラッタは生じにくいと考えられよう。しかし、それは誤りで、翼列特有の隣接する翼との干渉により、作動範囲内でもフラッタは起こりうる。また、翼列では、単独翼では生じない1自由度フラッタも生ずる。

N 枚の同じ翼が等間隔に配列された環状翼列を考えよう。(図8.8) 翼列は単独翼の N 倍の自由度をもつ多自由度振動系と考えられる。翼と翼との間には流体力学的連成があるだけで、機械的結びつきはないものとすると、翼が円周上に配列されていることに起因する循環性から、翼列フラッタは各翼が一定の翼間位相差をもって、同一の振幅および振動形で生ずる。翼間位相差は、

$$\beta = \frac{2\pi}{N}(m-1) \quad ; m = 1, 2, \cdots, N$$

で与えられるから、とりうる翼間の位相差は N 個あり、その各々に対してフラッタ速度が得られるが、その中で最低のものによってフラッタ限界がきまる。

図8.10に軸流圧縮機の作動特性とフラッタの発生領域を示す。翼列フラッタに関しては、非圧縮性流れにおける非失速フラッタから始まって、亜音速フラッタ、遷音速フラッタ、超音速フラッタ、さらに失速フラッタ等々、多くの研究がなされているが、最近旋回失速との干渉等も話題になっている。

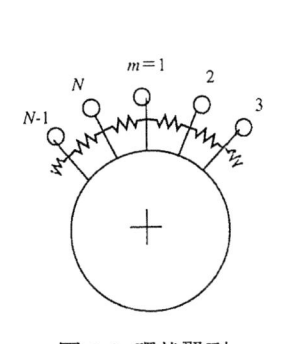

図8.8 環状翼列

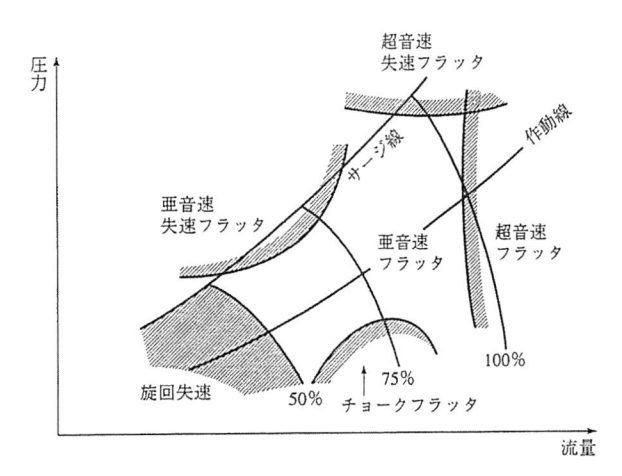

図8.9 翼列フラッタ限界

9. 非設計点性能とエンジンシステム

本章では、非設計点におけるエンジン各要素の特性に触れ、性能の予測方法を紹介する。回転機械要素の圧縮機とタービンの間には、互いに、流量、回転数およびパワの適合条件が存在するが、それを適用してエンジンシステムの非設計点性能を簡単に概観する。また、制御や二次空気システムなどエンジン全体の円滑な作動に関連した事項も補足して説明する。

9.1 非設計点性能

図9.1はガスタービンエンジン設計の流れの一例を概説したものである。設計点を外れた作動の場合、熱効率や出力以外にも、負荷特性と関係して、圧縮機サージやタービン過熱、ロータ過回転などのエンジンの安全性が重視されねばならない。

エンジン負荷には、大別して次の3種類がある。
- 回転数 N 一定：発電機、プロペラ（ピッチ制御）
- パワ $W \propto N^3$：ファン、ポンプなど
- パワ $W (=NT)$ 一定：車両(低速でトルク T 大)

最適なエンジン形式の選択には、各エンジン要素に対する関連パラメータごとのデータベースが用意され、設計点から非設計点に及ぶ広い範囲の検討ルーチンが形成されている必要がある。

エンジンシステムを解析する際に、エンジン流入状態に左右されずにエンジン特性を整理できる無次元ないし修正量に着目すると都合良い。関連するパラメータとしては、次のようなものがあげられる。
- エンジン特性値：推力 F ないし出力 W, 圧力比 π、最高温度 T_{max}、燃料消費率 SFC、回転数 N、空気流量 m_a、燃料流量 m_f
- エンジン代表寸法： 直径 D
- 作動ガス特性値：比熱 c_p, 比熱比 γ、粘性係数 μ
- 流入大気状態： 全圧 p_0、全温 T_0
- 航空用にあっては、さらに、飛行速度：マッハ数 M_0

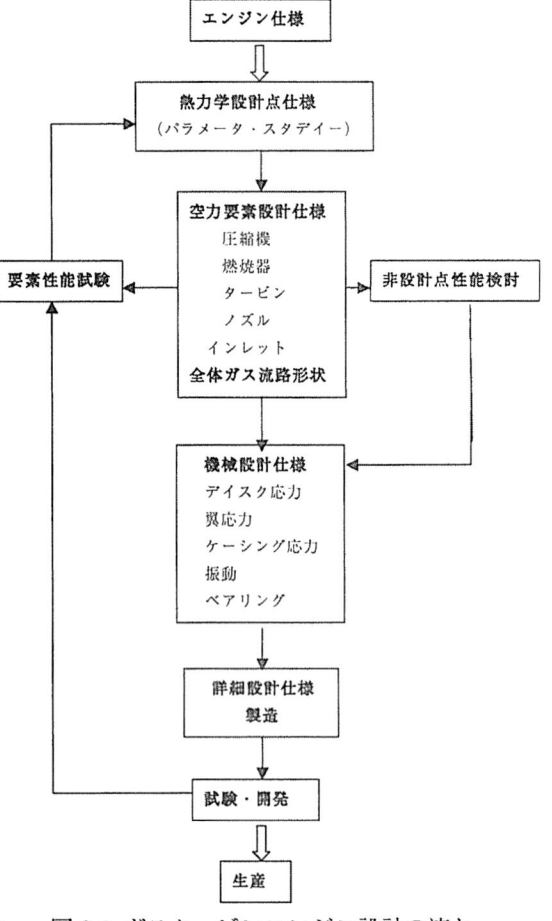

図9.1 ガスタービンエンジン設計の流れ

エンジン性能評価パラメータとしては、燃費、比推力や比出力が代表的である。

推力基準：

$$SFC = \frac{m_f}{F} \quad \left[\frac{\text{kg}}{\text{s} \cdot \text{kN}}\right] \left[\frac{1}{\text{m/s}}\right] \quad \text{単位推力あたりの燃料質量流量}$$

$$\text{比推力 } Isp = \frac{1}{g\,SFC} \quad \text{ここで、} g\ \left[\frac{\text{m}^2}{\text{s}}\right] \text{は重力加速度}$$

パワ基準：

$$SFC = \frac{m_f}{W} \quad \left[\frac{\text{g}}{\text{s}\,\text{kW}}\right] \left[\frac{\text{mg}}{\text{J}}\right] \text{、単位出力あたりの燃料質量流量}$$

9. 非設計点性能とエンジンシステム

比出力 $w = \dfrac{W}{m}\;\left[\dfrac{\text{kW}}{\text{kg/s}}\right]$ 、単位流量あたりの出力

a. 要素特性と修正量

ガスタービンエンジンの主要素である圧縮機、タービン、燃焼器については第4-7章で触れたが、ここでは簡単に、設計点を外れた少し広い作動範囲まで、要素特性の要点を順にまとめておく。その際に重要なことは、無次元パラメータによる特性表示である。これにより、熱流体力学的相似則にもとづきスケールを変えることで、多くの特性値や設計パラメータの実用的な次元量を得ることが可能となる。

圧縮機特性：

圧縮機特性は、回転数をパラメータとして、横軸に流量、また、縦軸に圧力比および効率をとり表示する。密度一定な作動ガスを仮定した軸流圧縮機の場合、翼列を通過する際の軸流速度 V_a はほぼ変化せず、翼列速度三角形（図9.2b）から、圧縮仕事は次の関係式に従う。(4.4節参照、動・静翼列の単段、添字は入口2、出口3、動翼出口23)

$$\Delta h_t = c_p(T_{t3} - T_{t2}) = U\Delta V_\theta ;\; \Delta V_\theta = V_a(\tan\alpha_{23} - \tan\alpha_2)$$

また、

$$V_a(\tan\alpha_{23} + \tan\beta_{23}) = U$$

上記より、段負荷係数 $\psi = \dfrac{\Delta h_t}{U^2}$、流量係数 $\varphi = \dfrac{V_a}{U}$ を用いて、

$$\psi = 1 - \varphi(\tan\alpha_2 + \tan\beta_{23}) \tag{9.1}$$

通常、括弧内は正であり、翼列流出角 β_{23} と α_3 ($=\alpha_2$ を仮定) もほぼ一定と考えて良いので、ψ–φ 特性は右下がりの直線となる。なお、等エントロピ変化を仮定して、

$$Tds = dh - \frac{dp}{\rho} = 0 \;\text{から、}\; \frac{\Delta p_t}{\rho U^2} = \frac{\Delta h_t}{U^2} = \psi\;(段負荷係数)$$

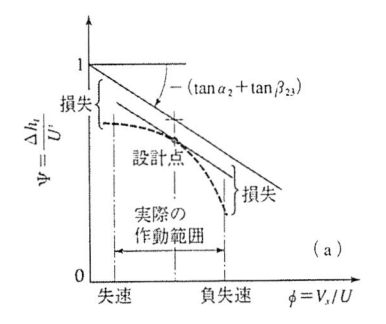

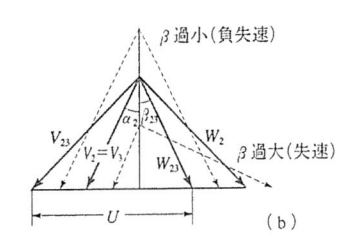

図9.2 圧縮機特性（流量－圧力比）

の関係が導かれる。損失を考慮すると、ψ 値は下がり、また、設計点の流量から離れるにつれ、特に大きく下がるため、図9.2a に示すとおり、上に凸の曲線となる。

この ψ–φ 関係式を圧力比と流量の関係に書き直したものが圧縮機特性にほかならない。圧縮機効率 η_c を導入すれば、

$$\Delta h_t = c_{pc}(T_{t3} - T_{t2}) = \frac{1}{\eta_c} c_{pc} T_{t2}\left\{\left(\frac{p_{t3}}{p_{t2}}\right)^{\frac{\gamma_c-1}{\gamma_c}} - 1\right\}$$

上式を圧力比 $\pi_c = \dfrac{p_{t3}}{p_{t2}}$ に対して書換えると、

$$\pi_c = \left(1 + \eta_c \psi \frac{U_2^2}{c_{pc} T_{t2}}\right)^{\frac{\gamma_c}{\gamma_c-1}} \tag{9.2}$$

回転マッハ数 $M_{u2} = \dfrac{U_2}{\sqrt{\gamma_c R_c T_{t2}}}$ を導入し、圧力比 $\pi_c = \dfrac{p_{t2} + \Delta p_t}{p_{t2}}$
とおいて、式(9.2)を M_{u2} で展開すると、

$$\frac{\Delta p_t}{p_{t2}} = \eta_c \gamma_c M_{u2}^2 \psi \tag{9.3}$$

つまり、圧力比の増分は M_{u2} の2乗に比例する。

一方、流量 $m_2 = \dfrac{\pi D_2^2}{4}(\rho V_a)_2 = \dfrac{\pi D_2^2}{4}\varphi \rho_2 U_2$ より、

$$\text{流量パラメータ}\quad m_2 \frac{\sqrt{T_{t2}}}{p_{t2}} \propto M_{u2} \tag{9.4}$$

つまり、流量は M_{u2} に比例する。以上から、圧縮機特性(縦軸圧力比、横軸流量パラメータ)を描くと、図9.3のようになる。ただし、通常、M_{u2} に代えて回転数 $N/\sqrt{T_{t2}}$ をパラメータに選ぶ。

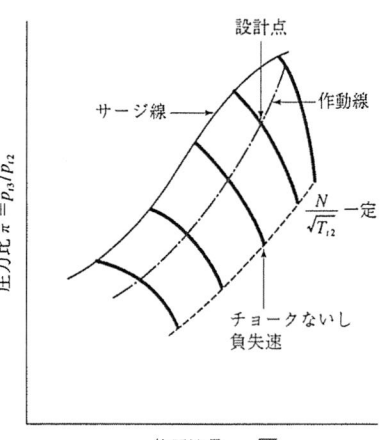

図 9.3 軸流圧縮機回転数特性

低流量側では、剥離を伴うサージ現象に入り、定常作動は不能に陥る。一方、回転数が上がり、圧縮性(マッハ数)が効くようになると、流れのチョーク現象のため、横軸は限界値に達するので、特性は次第に縦軸と平行となる。軸流圧縮機は、このサージからチョークに挟まれた狭い流量範囲で作動する。

タービン特性：

タービン特性は、回転数をパラメータに選び、流量に対する膨張比および効率の関係を示す図 9.4 のように表わされるが、流れのチョークのため、回転数の違いにかかわらず、特性曲線は重なる傾向となる。

このようなタービンでの回転数への依存性は、やはり、段負荷係数ψと流量係数φとの関係に由来する。すなわち、ψ–φの関係(5.2節参照、ノズルとロータの単段、添字はタービン入口4、出口5、ノズル出口45、R：反動度)は、次式となる。

$$\psi = \varphi(\tan\alpha_{45} + \tan\beta_5) - 1 = 2(\varphi\tan\alpha_{45} - 1 + R) \tag{9.5}$$

例えば、R=50%、α_{45}=β_5=60°、軸流速度一定の場合、(9.5)式は $\psi = 2\sqrt{3}\varphi - 1$ の右上がり直線の関係になり、図9.5aに示すとお

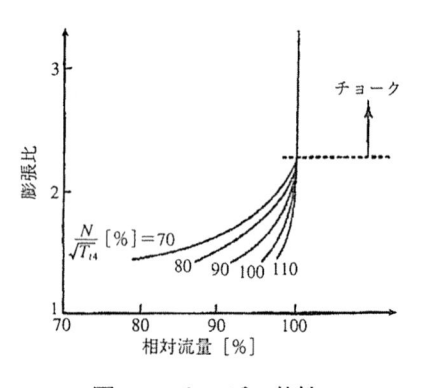

図 9.4 タービン特性

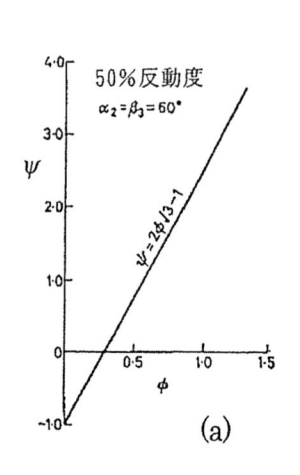

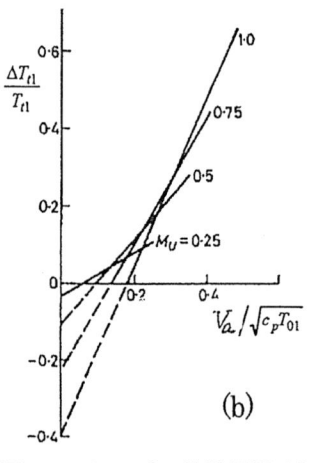

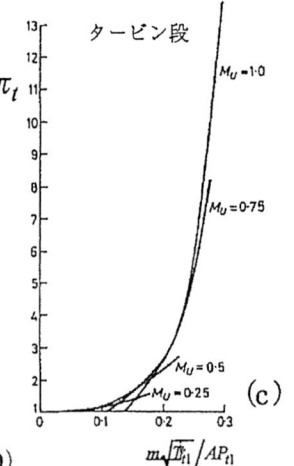

図 9.5 タービン特性展開（文献29）

り、圧縮機と逆になる。これを、回転マッハ数 $M_u = \dfrac{U}{\sqrt{\gamma R T_t}}$ をパラメータとする全温変化と軸流速度の関係に直すと図 9.5b のようになり、その特性線の勾配が M_u の増加につれ急峻となり、互いに重なる傾向となるから、圧縮機の場合と際立つ対比を与え、M_u 一定の直線群が重なる傾向が得られる。さらに、段効率 $\eta_t = 90\%$ 一定として、特性図(流量—膨張比)を求めれば、最終的に図 9.5c となり、回転数一定の曲線群の勾配が M_u 値の増加につれて増える特徴が明らかになる（文献29）。

このようなタービン特性を見やすくするためには、縦軸の圧力比(膨張比)π_t に対して、横軸は流量 $\dfrac{m_4\sqrt{T_{t4}}}{p_{t4}}$ に回転数 $\dfrac{N}{\sqrt{T_{t4}}}$ を乗じて、新たなスケールをとると良い。

そうすると、特性曲線は横方向に広がり重ならず、図 9.6 に示すように、タービン効率の等高線を書き加えて一つですべて間に合うように表せて便利である。

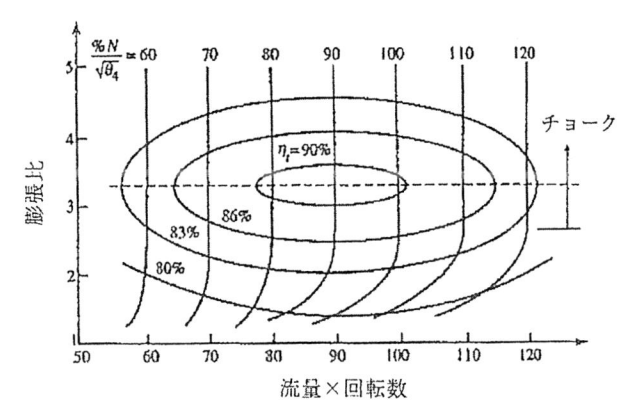

図 9.6 修正タービン特性図

燃焼器特性：

燃焼器では、燃料の発熱エンタルピがすべて有効に作動ガスの温度上昇 ΔT_t になった状態を理想とする。現実にはそうならず、実際の温度上昇との比が燃焼効率 η_b と定義される。燃料の低位発熱量 lower heating value を LHV [kJ/kg]と書けば、燃焼器(入口 3、出口 4)に流入流出する作動ガスのエンタルピ釣合いは、

$$\eta_b m_f LHV = (m_2 + m_f)c_{pt}T_{t4} - m_2 c_{pc}T_{t3}$$

これより、温度比 T_{t4}/T_{t3} は、次式となる。

$$\frac{T_{t4}}{T_{t3}} = \frac{1 + \eta_b \dfrac{m_f LHV}{m_2 c_{pc} T_{t3}}}{(1+f)\dfrac{c_{pt}}{c_{pc}}}$$

ここで、無次元量 $m_f \dfrac{LHV}{m_2 c_{pc} T_{t3}}$ は噴射燃料が持ち込む発熱量を表す重要なパラメータである。

空気流量 m_2 は、

$$m_2 = \frac{MFP_2 \cdot p_{t2} \cdot A_2}{\sqrt{c_{pc} T_{t2}}} \qquad \text{ただし、} MFP(\gamma, M) = \frac{m\sqrt{c_p T_t}}{A \cdot p_t} = \frac{\gamma}{\sqrt{\gamma-1}} M\left(1+\frac{\gamma-1}{2}M^2\right)^{-\frac{\gamma+1}{2(\gamma-1)}}$$

と表せる（MFP 質量流束パラメータ：式(2.27)）から、結局、

$$\frac{m_f LHV}{m_2 \cdot c_{pc} \cdot T_{t3}} = \frac{m_f}{p_{t2}\sqrt{T_{t2}}} LHV \frac{1}{MFP_2 \cdot A_2 \cdot \sqrt{c_{pc}\dfrac{T_{t3}}{T_{t2}}}} \tag{9.6}$$

ここで、右辺 LHV 以下の係数は、圧縮機のみ(入口マッハ数 M_2、断面積 A_2、温度上昇)に依存する。従って、燃料噴射量パラメータを噴射燃料がもたらす発熱量の無次元化という本来の意味から定義すれば、そ

れは燃空比 $f = \dfrac{m_f}{m_2}$ でなくて、$\dfrac{m_f}{p_{t2}\sqrt{T_{t2}}}$ である。

　非設計点の作動においても、燃焼効率η_bと圧力損失Δp_tが熱サイクル性能を決める重要なパラメータであることに変わりはない。ここでは、簡単に、設計点での燃焼効率η_bと圧力損失Δp_tをそのままに非設計点の作動に適用できるとする。すなわち、η_b, Δp_{t3}, を一定として、温度比 T_{t4}/T_{t3} および圧力比π_bは、

$$\frac{T_{t4}}{T_{t3}} = \frac{1 + \eta_b \dfrac{m_f}{p_{t2}\sqrt{c_{pc}T_{t2}}} \dfrac{LHV}{\dfrac{m_2\sqrt{T_{t2}}}{p_{t2}} c_{pc} \dfrac{T_{t3}}{T_{t2}}}}{(1+f)\dfrac{c_{pt}}{c_{pc}}}, \qquad \pi_b = \frac{p_{t4}}{p_{t3}} = 1 - \frac{\Delta p_{t3}}{p_{t3}}$$

修正量 corrected values：
　非設計点における要素特性を見た過程で、無次元パラメータ：

圧力比 π_c, π_t, π_b、温度比 $\dfrac{T_{t4}}{T_{t2}}$, 効率 η_c, η_t, η_b、燃空比 f、比熱比 γ_c, γ_t、マッハ数 M

などのほか、次に列挙するようなパラメータが特性上、重要に関与することが明らかとなった。

圧縮機：$\dfrac{m_2\sqrt{T_{t2}}}{p_{t2}}$、$\dfrac{U_2^2}{T_{t2}} = \left(\dfrac{N \cdot D_2}{\sqrt{T_{t2}}}\right)^2$、　タービン：$\dfrac{m_4\sqrt{T_{t4}}}{p_{t4}}$、$\dfrac{U_4^2}{T_{t4}} = \left(\dfrac{N \cdot D_4}{\sqrt{T_{t4}}}\right)^2$、　燃焼器：$\dfrac{m_f}{p_{t2}\sqrt{T_{t2}}}$

これらは無次元量ではないため、より便利な方法として、圧力と温度を標準状態の大気、すなわち、**海面上 sea level standard(SLS)** の静圧 $p_{SLS}=1.013\times10^5$ [Pa], 温度 $T_{SLS}=288.2$ [K] に換算して評価することが慣用的である。すなわち、圧力 p と温度 T を、それぞれ、無次元パラメータ：

$$\delta = \frac{p}{p_{SLS}} \quad \text{および} \quad \theta = \frac{T}{T_{SLS}} \tag{9.7}$$

で置き換えてやれば、新しく**修正量 corrected value** と呼ばれる数値が定義される。

修正燃料流量： $m_{f\text{cor}} = \dfrac{m_f}{\delta_2\sqrt{\theta_2}}$、

圧縮機修正流量： $m_{2\text{cor}} = \dfrac{m_2\sqrt{\theta_2}}{\delta_2}$、　圧縮機修正回転数： $N_{c\text{cor}} = \dfrac{N_c}{\sqrt{\theta_2}}$

タービン修正流量： $m_{4\text{cor}} = \dfrac{m_4\sqrt{\theta_4}}{\delta_4}$、タービン修正回転数： $N_{t\text{cor}} = \dfrac{N_t}{\sqrt{\theta_4}}$ （9.8）

　ここで、圧縮機やタービンの修正流量と修正燃料流量との表現の違いに再度注意されたい。
　修正量は標準大気状態に換算した物理量だから、要素特性をこれらで表示しておけば、標準状態を外れた運転状況でも、いつでもスケールを変えることで特性を再現できる。さらに、修正量は元通りの物理次元をもつから、その点からも利用するのに便利といえる。特に、航空エンジンにとり、海面上の推力と燃費を高空巡航時と比べるとき、欠かせない量といえる。（注 **9.2** 参照）　修正量としては、ほかに、性能評価と関連して次のものがある。

修正推力： $\dfrac{F}{\delta_2}$、　修正燃料消費率： $\dfrac{SFC}{\sqrt{\theta_2}}$ （9.9）

(注 9.1) 排気ノズル特性

ノズル形状は、大別して、**先細型** convergent および**末広型** convergent-divergent の 2 種類がある。後者は**ラバール Laval ノズル**とも呼ばれ、超音速飛行用に欠かせない。ノズル最小断面積を A_8 と固定し、出口面積を A_9 とする。先細ノズルなら $A_9 = A_8$ である。A_8 位置まで等エントロピ流れを仮定する。ノズルが大気圧 p_0 に解放されていても、出口静圧 p_9 は一般に p_0 とは異なる。膨張比 $\pi_n = \dfrac{p_{t8}}{p_0}$ に対するノズル特性を推定しよう。

流量: $m = \dfrac{A_8 p_{t8}}{\sqrt{c_p T_{t8}}} MFP_8 = \dfrac{A_9 p_{t9}}{\sqrt{c_p T_{t9}}} MFP_9$、 面積比 $\dfrac{A_9}{A_8} = \dfrac{\dfrac{MFP_8}{MFP_9}}{\dfrac{p_{t9}}{p_{t8}}}$

全温: $T_{t8} = T_{t9}$ (断熱条件)、全圧: $P_{t8} = P_{t9} + \Delta P_{t9}$ (圧力損失 ΔP_{t9})

ノズルチョークしない(亜音速作動)とき、

$$p_9 = p_0, \quad V_j = V_9 = \dfrac{M_9 \sqrt{\gamma R T_{t9}}}{\sqrt{1 + \dfrac{\gamma-1}{2} M_9^2}}$$

出口マッハ数: $M_9 = \sqrt{\dfrac{2}{\gamma-1}\left\{\left(\pi_n \dfrac{p_{t9}}{p_{t8}}\right)^{\frac{\gamma-1}{\gamma}} - 1\right\}}$

ノズルチョークすると、下流の影響は及ばなくなり、

$$M_8 = 1, \quad \dfrac{p_{t8}}{p_8} = \left(\dfrac{\gamma+1}{2}\right)^{\frac{\gamma}{\gamma-1}}$$

先細型: $p_9 = p_8 \geq p_0$ (不足ないし適正膨張)
末広型: $p_9 = p_0 < p_8$ (適正膨張)
  $p_9 > p_0$ (不足膨張 under-expansion)
  $p_9 < p_0$ (過膨張 over-expansion)

出口マッハ数 $M_9 = \sqrt{\dfrac{2}{\gamma-1}\left\{\pi_n \dfrac{\dfrac{p_{t9}}{p_{t8}}}{\dfrac{p_9}{p_0}}\right\}^{\frac{\gamma-1}{\gamma}} - 1\right\}}$

$$V_9 = \dfrac{M_9 \sqrt{\gamma R T_{t9}}}{\sqrt{1 + \dfrac{\gamma-1}{2} M_9^2}}, \quad V_j = V_9 + \dfrac{\sqrt{c_p T_{t9}}}{MFP_9 \dfrac{p_{t9}}{p_{t8}} \pi_n}\left(\dfrac{p_9}{p_0} - 1\right)$$

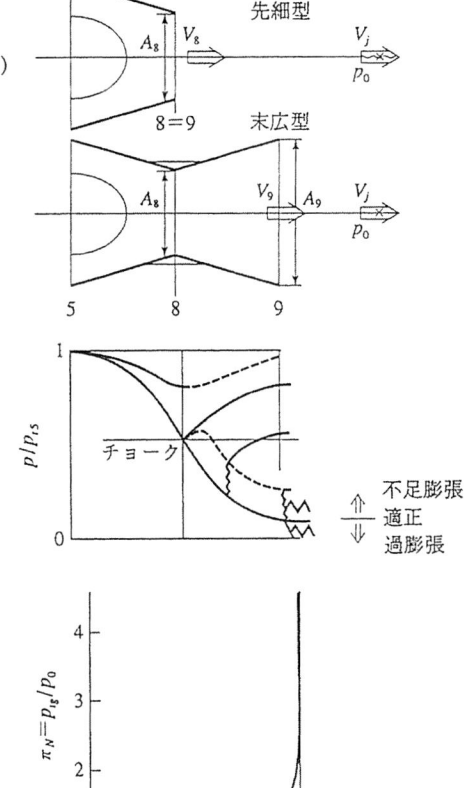

先細ノズルと末広ノズル(等エントロピ的に適正膨張すると仮定)の特性を、縦軸 V_j と横軸 π_n の関係から比較すると、π_n が 3 程度までなら、両者にあまり違いはない。しかし、π_n が大きくなると末広ノズルの有利さが顕著となる。通常、ノズル長に対し重量は 3 乗で増加するので、適当な長さに止める。

[例題 9.1] チョークしたタービンの特性

図のようにチョークしたタービンから排気ノズルにつながる流路に対し、

(1) 排気ノズルも共にチョークする断面積比 A_8/A_4 を求めよ。
 ただし、$T_{t8}/T_{t4} = 0.8$, $\eta_t = 0.9$, $\gamma = 1.33$ とする。

(2) 上記面積比を固定して、排気ノズルでのマッハ数 M_8 ($M_8 < 1$) がチョークから外れてゆく場合、膨張比 $\pi_t = p_{t4}/p_{t8}$ および温度比 $\tau_t = T_{t8}/T_{t4}$ の変化の様子を調べよ。

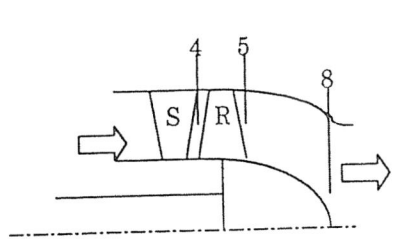

(3)排気ノズルはチョーク状態に保ち、面積比 A_8/A_4 を 20%まで拡大する $(A_8+\Delta A_8)/A_4$ ときの膨張比 $\pi_t=p_{t4}/p_{t8}$ および温度比 $\tau_t=T_{t8}/T_{t4}$ の変化の様子を調べよ。

<u>ヒントと解答：</u>

$$MFP=\frac{m\sqrt{c_pT_t}}{A\cdot P_t}=\frac{\gamma}{\sqrt{\gamma-1}}M\left(1+\frac{\gamma-1}{2}M^2\right)^{-\frac{\gamma+1}{2(\gamma-1)}}$$

において、$m_4=m_8$ より、$\dfrac{\sqrt{\dfrac{T_{t8}}{T_{t4}}}}{\dfrac{p_{t8}}{p_{t4}}}=\dfrac{A_8}{A_4}\dfrac{MFP(M_8)}{MFP(M_4)}$ 、

また、η_t を用いて、 $\dfrac{T_{t8}}{T_{t4}}=1-\eta_t\left[1-\left(\dfrac{p_{t4}}{p_{t8}}\right)^{\frac{\gamma-1}{\gamma}}\right]$ の2式が成立する。

これらより、チョーク状態のタービン($M_4=1$)また $\eta_t,\ \gamma_t,\ c_{pt}$ などを一定とすれば、$\tau_t(=\dfrac{T_{t8}}{T_{t4}})$ および $\pi_t(=\dfrac{p_{t4}}{p_{t8}})$ は、排気ノズルマッハ数 M_8 と面積比 A_8/A_4 比の関数となる。

なお、通常の航空エンジンでは、タービンとノズルのチョーク条件は満足されると考えて良い。

(1) $M_8=1$ として、与えられた数値を代入すれば、温度比 $\tau_t=T_{t8}/T_{t4}=0.8$、$\pi_t=p_{t4}/p_{t8}=2.75$、$A_8/A_4=2.46$.

(2),(3)計算結果を図にすると、以下のとおり。

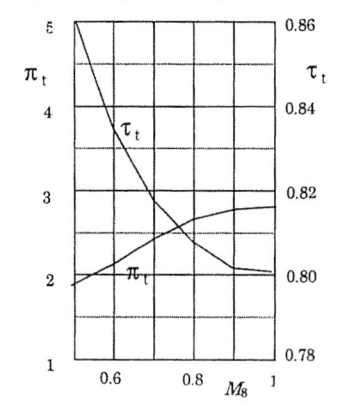

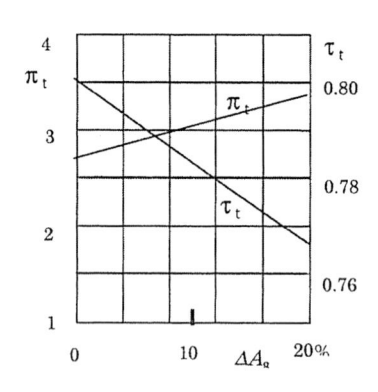

b. 適合条件

図 9.7 に示す圧縮機とそれを駆動するタービンが一本の軸で直結された基本系（ガスジェネレータ）を検討する。考慮されるべき適合バランス条件は、次の3個である。

流量： $m_2+m_f=m_2(1+f)=m_4$ (9.10)

パワ： $m_2 c_{pc}(T_{t3}-T_{t2})=\eta_m m_2(1+f)c_{pt}(T_{t4}-T_{t5})$ (9.11)

回転数： $N_c=N_t=N$ (9.12)

図 9.7 ガスジェネレータ適合条件

式(9.10)より、

$$m_2=\frac{1}{1+f}\frac{p_{t4}A_4}{\sqrt{c_{p4}T_{t4}}}MFP(M_4,\gamma_T) \quad ただし、質量流束パラメータ MFP(M_4,\gamma_T)=m_4\frac{\sqrt{c_{p4}T_{t4}}}{A_4 p_{t4}}$$

また、

$$\frac{p_{t4}}{p_{SIS}}=\frac{p_{t4}}{p_{t3}}\frac{p_{t3}}{p_{t2}}\frac{p_{t2}}{p_{SIS}}=\pi_b\pi_c\delta_2 、 \qquad \frac{T_{t4}}{T_{SIS}}=\frac{T_{t4}}{T_{t3}}\frac{T_{t3}}{T_{t2}}\frac{T_{t2}}{T_{SIS}}=\frac{T_{t4}}{T_{t2}}\theta_2$$

よって、

9. 非設計点性能とエンジンシステム

$$m_2 \frac{\sqrt{\theta_2}}{\delta_2} = \text{const} \frac{\pi_c}{\sqrt{\frac{T_{t4}}{T_{t2}}}} \qquad \text{ここで、const} = \pi_b \frac{A_4}{1+f} \frac{p_{SIS}}{\sqrt{c_{pSLS} T_{SIS}}} \sqrt{\frac{c_{pSLS}}{c_{p4}}} MFP(M_4, \gamma_T) \qquad (9.13)$$

すなわち、温度比 T_{t4}/T_{t2} をパラメータとして、修正流量と圧力比 π_c は比例関係にあり、図 9.8 に示される直線群を与える。ただし、圧力比 π_c が小さい(約 2 以下)場合には、タービンチョークの条件(例題 9.1 参照、$M_4=1$、温度比 T_{t5}/T_{t4} 一定)が成立せず、直線から外れて、$\pi_c=1, m_2=0$ へと向かう曲線になる。

式(9.11)より、

$$\frac{T_{t3}}{T_{t2}} - 1 = \text{const} \frac{T_{t4}}{T_{t2}} \qquad (9.14)$$

ここで、$\text{const} = \frac{c_{pT}}{c_{pc}} \eta_m (1+f)(1 - \frac{T_{t5}}{T_{t4}})$

なお、π_c との関係は、

$$\frac{T_{t3}}{T_{t2}} - 1 = \frac{\pi_c^{\frac{\gamma_c-1}{\gamma_c}} - 1}{\eta_c} \qquad (9.15)$$

式(9.13)の直線群において、温度比 T_{t4}/T_{t2} 一定となるそれぞれの線上で、式(9.14)を満足する点が1個あるので、それら点を結ぶ曲線を描けば、図 9.8 中の作動線となる。

作動線に沿っての回転数 N の変化を知るには、式(9.12)より、

$$\frac{N}{\sqrt{\theta_2}} = \frac{N}{\sqrt{\theta_4}} \frac{\sqrt{\frac{T_{t4}}{\theta_2}}}{T_{SIS}} \qquad (9.16)$$

一方、圧縮仕事の関係は

$$T_{t3} - T_{t2} = \text{const } N^2$$

式(9.14)と併せて、$(\frac{N}{\sqrt{T_{t2}}})^2 = \text{const} \frac{T_{t4}}{T_{t2}}$,

すなわち、

$$\frac{N}{\sqrt{\theta_2}} = \frac{\text{const}}{\sqrt{T_{SIS}}} \sqrt{\frac{T_{t4}}{\theta_2}} \qquad (9.17)$$

両式(9.16),(9.17)を満たすには、以下が得られる。

$$\frac{N}{\sqrt{\theta_4}} = \text{const} \qquad (9.18)$$

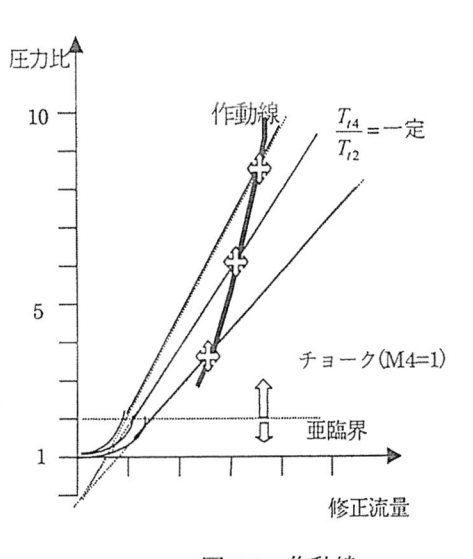

図 9.8 作動線

この結果は、タービンチョークの仮定から、各作動点の回転数が $\sqrt{T_{t4}}$ と比例して変化することと合致する。以上をもとに、ガスジェネレータの特性(入口と出口の状態量の関係ならびに空気流量、回転数特性など)を基本的に温度比 $\frac{T_{t4}}{T_{t2}}$ により、次のとおり評価決定できる(添字 d は設計点の値を示す)。

圧力比：$\dfrac{p_{t5}}{p_{t2}} = \dfrac{p_{t3}}{p_{t2}} \dfrac{p_{t4}}{p_{t3}} \dfrac{p_{t5}}{p_{t4}} = \dfrac{\pi_c \pi_b}{\pi_t}$、　　温度比：$\dfrac{T_{t5}}{T_{t2}} = \dfrac{T_{t4}}{T_{t2}} \dfrac{T_{t5}}{T_{t4}}$、

修正空気流量比：$\dfrac{m_{2\mathrm{cor}}}{(m_{2\mathrm{cor}})_d} = \dfrac{\pi_c / \sqrt{\dfrac{T_{t4}}{T_{t2}}}}{\left(\pi_c / \sqrt{\dfrac{T_{t4}}{T_{t2}}}\right)_d}$　　修正回転数比：$\dfrac{N_{2\mathrm{cor}}}{(N_{2\mathrm{cor}})_d} = \dfrac{\sqrt{\dfrac{T_{t4}}{\theta_2}}}{\left(\sqrt{\dfrac{T_{t4}}{\theta_2}}\right)_d}$　　(9.19)

[例題 9.2] ガスジェネレータ非設計点性能

修正空気流量比、修正燃料流量比を縦軸にとり、横軸にとった修正回転数比が100%設計点から80%程度まで減速する場合の変化の様子を示せ。

ヒントと解答：
先ず、修正燃料流量比の計算式を検討すると、式(9.6)、(9.7)より、

$$\dfrac{m_f}{\delta_2 \sqrt{\theta_2}} = \dfrac{m_2 \sqrt{\theta_2}}{\delta_2} \dfrac{\dfrac{T_{t4}}{T_{t2}} - \dfrac{c_{pc}}{c_{pt}} \dfrac{T_{t3}}{T_{t2}}}{\dfrac{\eta_b LHV}{c_{pt} T_{SLS}} - \dfrac{T_{t4}}{T_{SLS}}}, \text{これより、設計点との比を作ると、} \dfrac{\dfrac{m_f}{\delta_2 \sqrt{\theta_2}}}{\left(\dfrac{m_f}{\delta_2 \sqrt{\theta_2}}\right)_d} = \dfrac{\dfrac{m_2 \sqrt{\theta_2}}{\delta_2}}{\left(\dfrac{m_2 \sqrt{\theta_2}}{\delta_2}\right)_d} \dfrac{\dfrac{T_{t4}}{T_{t2}} - \dfrac{c_{pc}}{c_{pt}} \dfrac{T_{t3}}{T_{t2}}}{\left(\dfrac{T_{t4}}{T_{t2}} - \dfrac{c_{pc}}{c_{pt}} \dfrac{T_{t3}}{T_{t2}}\right)_d} \dfrac{\left(\dfrac{\eta_b LHV}{c_{pt} T_{SIS}} - \dfrac{T_{t4}}{T_{SIS}}\right)_d}{\dfrac{\eta_b LHV}{c_{pt} T_{SIS}} - \dfrac{T_{t4}}{T_{SIS}}}$$

上式の右辺最後の項に現れる $\dfrac{T_{t4}}{T_{SIS}}$ のため、この流量比は $\dfrac{T_{t4}}{T_{t2}}$ のみで表せない。しかし、$\dfrac{T_{t4}}{T_{SIS}}$ の値は、通常、$\dfrac{LHV}{c_{pt} T_{SIS}}$ に比べ無視できるので、より簡単に、

修正燃料流量比：
$$\dfrac{\dfrac{m_f}{\delta_2 \sqrt{\theta_2}}}{\left(\dfrac{m_f}{\delta_2 \sqrt{\theta_2}}\right)_d} = \dfrac{\dfrac{m_2 \sqrt{\theta_2}}{\delta_2}}{\left(\dfrac{m_2 \sqrt{\theta_2}}{\delta_2}\right)_d} \dfrac{\dfrac{T_{t4}}{T_{t2}} - \dfrac{c_{pc}}{c_{pt}} \dfrac{T_{t3}}{T_{t2}}}{\left(\dfrac{T_{t4}}{T_{t2}} - \dfrac{c_{pc}}{c_{pt}} \dfrac{T_{t3}}{T_{t2}}\right)_d}$$

ここで、$\dfrac{T_{t3}}{T_{t2}}$ の項は、$\dfrac{T_{t3}}{T_{t2}} - 1 = \dfrac{T_{t4}}{T_{t2}} \dfrac{c_{pt}}{c_{pc}} \eta_c \eta_m (1+f)\left(1 - \dfrac{T_{t5}}{T_{t4}}\right)$ より、

$\dfrac{\dfrac{T_{t3}}{T_{t2}} - 1}{\left(\dfrac{T_{t3}}{T_{t2}} - 1\right)_d} = \dfrac{\dfrac{T_{t4}}{T_{t2}}}{\left(\dfrac{T_{t4}}{T_{t2}}\right)_d}$ を用いれば、最終的に、温度比 $\dfrac{T_{t4}}{T_{t2}}$ だけの関数として設計点と関係づけることが出来る。

以下、同様にガスジェネレータの状態は、温度比 $\dfrac{T_{t4}}{T_{t2}}$ で決まることを適用する。

式 (9.17) より、$\dfrac{\dfrac{N}{\sqrt{\theta_2}}}{\left(\dfrac{N}{\sqrt{\theta_2}}\right)_d} = \dfrac{\sqrt{\dfrac{T_{t4}}{\theta_2}}}{\left(\sqrt{\dfrac{T_{t4}}{\theta_2}}\right)_d}$、

式 (9.14) より、$\dfrac{\dfrac{T_{t3}}{T_{t2}} - 1}{\left(\dfrac{T_{t3}}{T_{t2}} - 1\right)_d} = \dfrac{\dfrac{T_{t4}}{T_{t2}}}{\left(\dfrac{T_{t4}}{T_{t2}}\right)_d}$、

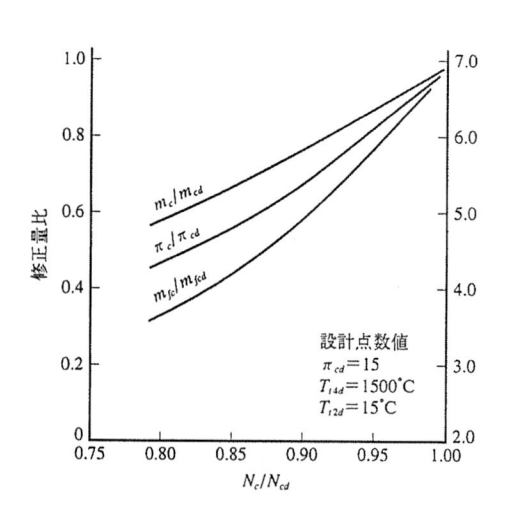

設計点数値
$\pi_{cd} = 15$
$T_{t4d} = 1500°C$
$T_{t2d} = 15°C$

例題 9.2 非設計点性能

式 (9.15) より、 $\dfrac{\pi_c^{\frac{\gamma_c-1}{\gamma_c}} - 1}{\left(\pi_c^{\frac{\gamma_c-1}{\gamma_c}} - 1\right)_d} = \dfrac{\frac{T_{t4}}{T_{t2}}}{\left(\frac{T_{t4}}{T_{t2}}\right)_d}$、

式 (9.19) より、 $\dfrac{p_{t5}}{p_{t2}} = \pi_c \left(\dfrac{\pi_b}{\pi_T}\right)_d$、 $\quad \dfrac{T_{t5}}{T_{t2}} = \left(\dfrac{T_{t4}}{T_{t2}}\right)\left(\dfrac{T_{t5}}{T_{t4}}\right)_d$、 $\quad \dfrac{m_{2\text{cor}}}{(m_{2\text{cor}})_d} = \dfrac{\pi_c \sqrt{\frac{T_{t4}}{T_{t2}}}}{\left(\pi_c / \sqrt{\frac{T_{t4}}{T_{t2}}}\right)_d}$

(注9.2) ターボジェット飛行性能

航空用の場合、エンジン入口状態が飛行条件で大きく変化する点に特別な注意が要る。付図 a は **flight envelope** と呼ばれる**飛行範囲**の一例を示す。すなわち、マッハ数と高度に最大制限があり、また、**動圧一定線 equivalent aerodynamic state (EAS)** の最大と最小、さらに、高度 10,000ft(3048m) 以下は静止までという条件に囲まれた領域である。同図には、そうした飛行条件(高度とマッハ数 M_0)から決まるガスジェネレータ入口の無次元温度 θ_2 一定の曲線群も記入してある。

$$\theta_2 = \dfrac{T_{t2}}{T_{SLS}} = \dfrac{T_0}{T_{SLS}}\left(1 + \dfrac{(\gamma_c-1)M_0^2}{2}\right)$$

ターボジェットシステムの構成は、ガスジェネレータをコアとして、その入口と出口部分にインテークと排気ノズルをそれぞれ装着した最も単純な形式である。ここでは、ガスジェネレータのタービン入口温度 T_{t4} および圧縮機圧力比 π_c を、それぞれの許容値 $T_{t4\max}$ と $\pi_{c\max}$ に抑える制御を行うものとする。従って、エンジン性能の指標である最大推力と SFC は、$\theta_0 = TR$ (ここで、$TR = \dfrac{T_{t4,\max}}{T_{t4SLS}}$、$T_{t4SLS}$ は地上静止運転時の T_{t4}) を境界に、$\pi_{c,\max}$ ないし $T_{t4,\max}$ のいずれかが制限となるため、特性が変わる。しかし、付図 b、c に示すとおり、許容温度 $T_{t4,\max}$ で作動する $\theta_0 > TR$ の範囲では、修正量として評価されたターボジェットの最大推力 $\dfrac{F}{\delta_0}$ および、そのときの燃費 $\dfrac{SFC}{\sqrt{\theta_0}}$ は、飛行高度によらず、ほぼ1本の曲線で代表されることが分かる。

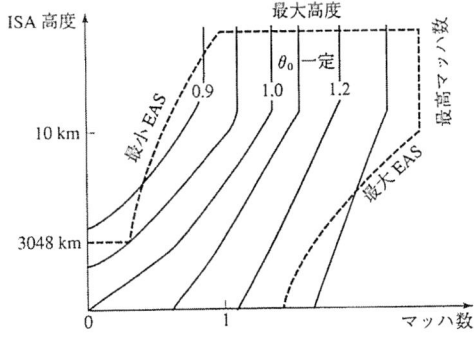

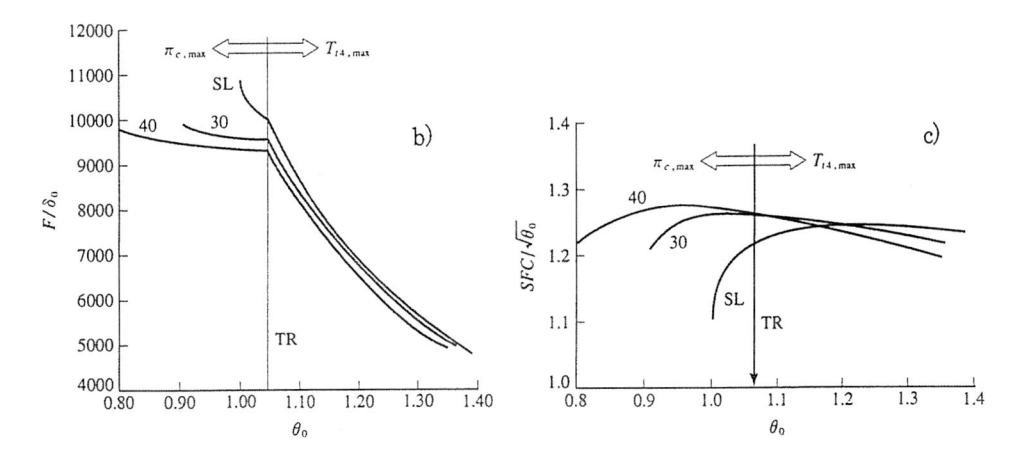

a) 飛行範囲

注9.2 ターボジェット高空性能 b)最大推力 c)燃費

この結果を用いて、SLS 状態での運転データから高空性能を推定できる点は重要である。すなわち、修正量をもとに、ガスタービンエンジンの地上運転データを任意の入口状態(航空用なら高度や飛行マッハ数に依存)に換算したり、非設計点(回転数や流量が設計値と異なる作動)の性能を求めることができる。

TR はエンジン用途と仕様(耐熱材料、冷却など含む)に応じて決め、この制限値を超えないように燃料流量を制限する。この例のように、非設計点性能が問われる多くの場合、燃焼器やタービンなどを材料の耐熱性や圧力レベルの許容値に抑えたり、回転数を回転体の応力破壊限界以下にするなど、何らかの制約条件が抱き合わされる点に注意が要る。

c. 非設計点性能

サイクル性能を予測する計算方法は、現在、**エラーマトリックス error matrix 法**と**繰返しループ nested loop 法**の2種類に代表され、市販のPCソフトも利用できる状況にある。注9.2の最も単純なターボジェットを例にとり、これらを説明する。

エラーマトリックス法:

独立変数 Z_j に対する誤差 E_i を評価する手法であり、初期値 Z_{j0} から出発して、生じる誤差 E_{i0} に基づき、Newton-Raphson 法などを用いた繰返し補正計算:

$$Z_j = Z_{j0} - [J_{ij}]^{-1} E_{i0}$$

ただし、Jacobian マトリックス $J_{ij} = \dfrac{\partial E_i}{\partial Z_j}$

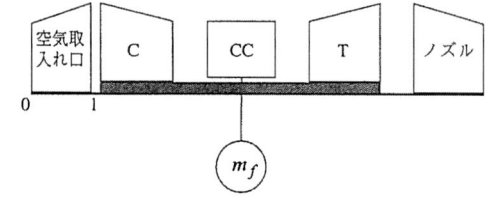

図9.9 1軸ターボジェットエンジン構成図

を行い求解する。未知数 j と誤差 i の数は同じにとられる。

例えば、回転数 N が与えられたとき、次の3個の Z_j ($j=1$-3) を選び、

$$Z_1 = \pi_c,\ Z_2 = T_{t4},\ Z_3 = \pi_t$$

それぞれ初期値 Z_{j0} から出発して、サイクル計算を以下のとおり進める。

(1) 飛行マッハ数 M_0、高度、インテーク性能、T_{t2}, p_{t2}
(2) $Z_1 = \pi_c,\ T_{t2}, p_{t2}$ より 圧縮機特性 $(\dfrac{N}{\sqrt{\theta_2}}, \pi_c)$ を用いて $m_2 \dfrac{\sqrt{\theta_2}}{\delta_2}, \eta_c$
(3) 圧縮機仕事 $\Delta h_{tc} = c_{pc}(T_{t3} - T_{t2}) = \dfrac{c_{pc} T_{t2}}{\eta_c} \left(\pi_c^{\frac{\gamma_c - 1}{\gamma_c}} - 1 \right)$
(4) $Z_2 = T_{t4}$ より $f = \dfrac{\dfrac{C_{pT}}{C_{pc}} \dfrac{T_{t4}}{T_{t2}} - \dfrac{T_{t3}}{T_{t2}}}{\dfrac{\eta_b LHV}{C_{pc} T_{t2}} - \dfrac{C_{pt}}{C_{pc}} \dfrac{T_{t4}}{T_{t2}}}$
(5) $p_{t4} = \pi_b p_{t3}$ より $(1+f) \dfrac{m_2 \sqrt{T_{t4}}}{p_{t4}}$
(6) $Z_3 = \pi_t$ より タービン特性 $(\dfrac{N}{\sqrt{\theta_4}}, \pi_t)$ を用いて $\dfrac{m_4 \sqrt{\theta_4}}{\delta_4}, \eta_t$
(7) タービン仕事 $\Delta h_{tt} = c_{pt}(T_{t4} - T_{t5}) = c_{pt} T_{t4} (1 - \pi_t^{\frac{\gamma_T - 1}{\gamma_T}}) \eta_t$
(8) T_{t5}, m_4、面積比 A_5 よりノズル特性 $\dfrac{m_4 \sqrt{T_{t5}}}{p_{t5} A_5}$ を用いて $\dfrac{p_{t5}}{p_0}$

評価される誤差 E_i ($i=1$–3) は次のとおり。

E_1 = タービン流量エラー: (4)ないし(6)で算出した $m_4 \sqrt{T_{t4}}/p_{t4}$ の差

E_2＝パワバランスエラー：(3)(7)で算出した圧縮機とタービン仕事の差　$\eta_m(1+f)\Delta h_{tt} - \Delta h_{tc}$

E_3＝ノズル入口全圧エラー：(6)ないし(8)で算出した p_{t5}/p_0 の差

以上で、3個の初期値に対し、誤差を0にするように補正を繰り返し、最終解に至る。
なお、多軸系の場合は、未知数 Z_j の数は軸あたり3個と考えて良い。

繰返しループ法：

ある1個の初期推定値から出発する繰り返し計算ループを多重にして、最終的に適合条件を満足する解を求める手法である。

例えば、回転数 N が与えられると、

(1) 大ループ

> 圧縮機特性図の $\dfrac{N}{\sqrt{\theta_2}}$ 一定線上に初期推定点を選択する → $m_2, \pi_c, \eta_c, \Delta h_{tc}, T_{t3}, p_{t3}$

(2) 小ループ

> T_{t4} を仮定 → $f, p_{t4} = p_{t3}\pi_b$
>
> パワバランス　$\eta_m(1+f)\Delta h_{tT} = \Delta h_{tc}$ → タービン特性　$\left(\dfrac{N}{\sqrt{\theta_4}}, \pi_T\right)$ → $\dfrac{m_4\sqrt{\theta_4}}{\delta_4}$
>
> この m_4 が $(1+f)m_2$ と等しくなるように T_{t4} の仮定値を変え、計算を繰り返す。

(3) 収束

> 小ループ収束後、タービン出口状態 T_{t5}, p_{t5} を算出。
>
> 排気ノズル（面積固定）の背圧 p_0 との圧力比 $\dfrac{p_{t5}}{p_0}$ に応じチョーク条件を判断。ノズル流量 m_5 を算出。
>
> m_4（収束済み）と、この m_5 とが等しくなるように大ループの初期推定点を動かして繰返し計算する。

以上が、この方法の概要であり、多軸系ほどループの数が増える。

(注9.3) 2軸ターボファン特性

ターボファンの形式として、図aに示すとおり、コアとバイパスの流れを分離したままのジェットとするか、もしくは、ミキサで混合させたジェットとするかの選択がある。民間亜音速機用エンジンは、SFC 優先のため、BPR を可能な限り大きくとり分離型となる。一方、超音速機用エンジンのように、アフタバーナと可変ノズルを組み合わせ、大きな比推力を狙う場合、分離型ではコアとバイパスの両流路に配備せねばならず構造上不利である。ミキサ（mixer混合器）を用いれば、そうした点が解消され、バイパス空気をアフタバーナのダクト冷却に利用したり、ドライ（アフタバーナ非燃焼）のとき、混合による性能向上が若干期待される場合も生じる。（図b）いずれにせよ、混合ノズル型は、低バイパス比エンジンを対象とする。(3.4節参照)

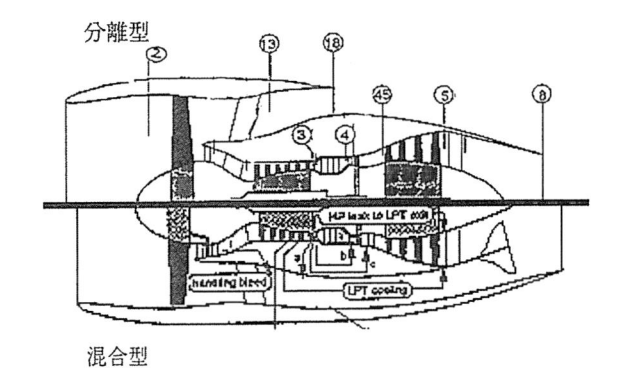

a) 2軸ターボファン形式

ここで、BPRの大きな分離型ターボファンの非設計点性能を見積る際の第一次近似的な手法に触れておく。以下に仮定するような制約範囲で簡単な適用が可能なため、エラーマトリックス法などの数値的方法に頼らず便利である。

仮定しておくことは、
1) エンジン各要素の効率が設計点と変わらない
2) 高圧と低圧の両タービンおよびコアとバイパスのノズルがすべてチョーク作動の状況にあるとする。(エンジン設計

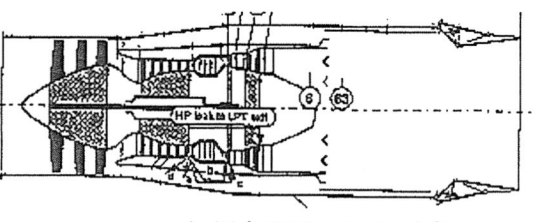

b) 混合型アフタバーナ付

点近くで巡航する場合はほぼ適切な仮定といえよう。)以下、熱力学的状態量の添字(数字)は図a上部の分離型の各観測位置に対応させる。

先ず、チョーク状態の仮定から、例題9.1と全く同様にして、高圧タービンの膨張比$\pi_{tHP}(=p_{t4}/p_{t45})$と温度比$\tau_{tHP}$ ($=T_{t45}/T_{t4}$)が面積比A_4/A_{45}で固定され定数として取扱える点に注意する。すなわち、

$$\pi_{tHP}\sqrt{\tau_{tHP}} = A_{45}/A_4 \text{ および } (1-\tau_{tHP})/(1-\pi_{tHP}^{-(\gamma_t-1)/\gamma_t}) = \eta_{tHP}$$

低圧タービンについても同様に、

$$\pi_{tLP}\sqrt{\tau_{tLP}} = A_8/A_{45} \text{ および } (1-\tau_{tLP})/(1-\pi_{tLP}^{-(\gamma_t-1)/\gamma_t}) = \eta_{tLP}. \text{ ただし、} \pi_{tLP}(=p_{t45}/p_{t8})、\tau_{tLP}=(T_{t8}/T_{t45})$$

コアとバイパスの流量は、それぞれ、

$$m_c = \frac{A_4 p_{t4}}{\sqrt{c_{pt} T_{t4}}} MFP_4 \;,\; m_b = \frac{A_{18} p_{t13}}{\sqrt{c_{pc} T_{t13}}} MFP_{13}\;,\; \text{従って、} BPR\sqrt{\frac{c_{pc}}{c_{pt}}}\sqrt{\frac{T_{t13}/T_{t2}}{T_{t4}/T_{t2}}}\frac{A_4}{A_8}\frac{A_8}{A_{18}}\frac{p_{t4}}{p_{t13}} = \frac{MFP_{13}}{MFP_4} \quad (1)$$

高圧および低圧軸系のパワバランスは、それぞれ、

$$c_{pt}(T_{t4}-T_{t45}) = c_{pc}(T_{t3}-T_{t13})\;,\; \text{よって、} \quad \frac{c_{pt}}{c_{pc}}\frac{T_{t4}}{T_{t2}}(1-\tau_{tHP}) = \frac{T_{t13}}{T_{t2}}\left(\frac{T_{t3}}{T_{t13}}-1\right) \quad (2)$$

$$m_c c_{pt}(T_{t45}-T_{t5}) = m_b c_{pc}(T_{t13}-T_{t2}) + m_c c_{pc}(T_{t13}-T_{t2})\;,\; \text{よって、} \frac{c_{pt}}{c_{pc}}\frac{T_{t4}}{T_{t2}}\frac{T_{t45}}{T_{t4}}(1-\tau_{tLP}) = (BPR+1)\left(\frac{T_{t13}}{T_{t2}}-1\right) \quad (3)$$

式(1)〜(3)より、温度比$\frac{T_{t4}}{T_{t2}}$を用いて、基本的なパラメータである$\frac{T_{t13}}{T_{t2}}$、$\frac{T_{t3}}{T_{t13}}$ (π_{LP}とπ_{HP}に換算)そしてBPRが求まる。例えば、設計点(添字*)におけるファンと圧縮機の温度比や圧力比を、それぞれ、$\tau_f(=T_{t13}/T_{t2})=\tau_f^*$、$\tau_c(=T_{t3}/T_{t13})=\tau_c^*$、$\pi_f(=p_{t13}/p_{t2})=\pi_f^*$、$\pi_c(=p_{t3}/p_{t13})=\pi_c^*$とおき、これらをもとに、式(1)〜(3)を書き直せば、次式を得る。

$$BPR = BPR^* \cdot \frac{\pi_c^*}{\pi_c}\sqrt{\frac{\tau_f^*}{\tau_f}}\sqrt{\frac{T_{t4}/T_{t2}}{(T_{t4}/T_{t2})^*}}\;,\; \tau_c = 1 + \frac{T_{t4}/T_{t2}}{(T_{t4}/T_{t2})^*}\frac{\tau_f^*}{\tau_f}(\tau_c^*-1)\;,\; \tau_f = 1 + \frac{BPR^*+1}{BPR+1}\frac{T_{t4}/T_{t2}}{(T_{t4}/T_{t2})^*}(\tau_f^*-1) \quad (4)$$

従って、T_{t4}/T_{t2}を与えて、τ_fを仮定し、上式2番目からτ_c、よってπ_cを算出し、1番目からBPRを求め、次に、3番目からτ_fを計算して、最初に仮定したτ_fと比較するといった繰返し手順を通じて収束させることができる。最後に、求まったBPR、τ_f、τ_c、π_f、π_cを用いて、エンジン吸込み流量m、推力FやSFCといった全体性能(3.4節参照)を計算することで、2軸ターボファン非設計点特性(温度比T_{t4}/T_{t2}に対する依存性)が予測できる。

付図は、縦軸に設計点を基準にとるときのπ_f、π_c、BPRなどの相対値をとり、横軸のT_{t4}/T_{t2}に対する傾向を示す。図に見るとおり、コアとバイパス流れの両チョーク条件より、T_{t4}/T_{t2}の減少に伴い、全体圧力比とコア流量が減るためにBPRは増加する。このときコアのジェット速度は減少するから、比推力が減る一方、推進効率は改善され、熱効率が悪化するにもかかわらず、全体効率が上がりSFCは低下する。例題5.2の直列タービン段特性で述べたように、ファンは低圧タービンで駆動されるので、π_fの方がπ_cに比べて変化が大きい。T_{t4}/T_{t2}が増加する場合は、逆に、圧力比が上昇し比推力は増加するが、BPRは減少し、SFCは悪化する。チョーク条件が成立しないときは、繰返し計算が非常に複雑となる。

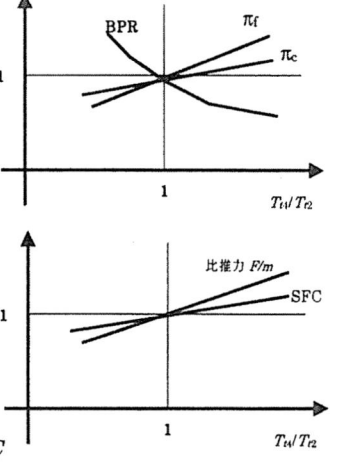

付図

9.2 制御

a. 制御目的

ガスタービンエンジンの作動特性を理解した上で、最終的に重要となる課題は制御であろう。さまざまな使用環境に対して、常に安全に、かつ効率良いエンジン作動を実現させるためのハードおよびソフトウエアの仕組みを工夫せねばならない。制御目的を大別すると、

　　出力・推力の保持と変更
　　最適作動（SFC）
　　安全性マージンの確保（起動、加減速、停止）

となる。航空用エンジンを例にとり、制御要求の内容を表 9.1 に示すが、その達成には、燃料流量を基本として、表 9.2 に示すような制御変数が作用する。

b. エンジン動特性

これまでの適合条件で基本的に欠けている点は、ロータつまり回転軸の慣性効果である。燃料流量の制御により生じるパワ変化に軸系の回転数が瞬時に追随するわけでなく、従って、パワバランス式に、この加速パワ PW に相当する項

$$PW = \frac{d}{dt}\left(\frac{1}{2}I\Omega^2\right)$$

ただし、I はロータ慣性モーメント、$\Omega = \dfrac{2\pi N}{60}$

を組み入れる必要がある。その修正量評価は、修正燃料流量に換算して表示される。

修正加速パワ：　$PW_{cor} = \dfrac{PW}{\delta_2\sqrt{\theta_2}} = \dfrac{I\Omega}{\delta_2\sqrt{\theta_2}}\dfrac{d\Omega}{dt}$

エンジン保護	・タービン入口温度制限 ・実・修正回転速度制限 ・燃焼器圧力制限 ・圧縮機サージ制限（可変静翼、抽気） ・安定燃焼制限（燃料・燃料変化率）
エンジン安定性	・推力変動巾（例：±1%以下） ・ファン・圧縮機サージ余裕（例：0.15 以下）
定常性能	・推力調整 ・公称推力・燃料消費率の保証 ・エンジン性能劣化、搭載法、入口条件変化に対する制御感度 ・再現性 ・微調整機能
過渡性能	・スロットルレバに対する推力応答 ・加減速（例：アイドル→98%最大推力＝5秒以下） ・燃焼安定性
効率向上	・ティップクリアランス制御
起動・停止	・スロットルレバによる起動停止

表9.1　ジェットエンジンの制御要求（文献17）

燃料制御弁	主燃料弁、アフタバーナ燃料弁等
可変静翼	圧縮機静翼、ファン静翼、タービン静翼等
可変ノズル	CDノズル、逆推力装置等
抽気弁	圧縮機抽気弁、キャビンエア抽気弁等
各種調整弁	（バリアブル・サイクルエンジンで多用）
各種リレー	点火装置、スタータ装置、防氷装置等

表9.2　制御変数（文献17）

ロータのパワバランス式において、タービン出力と圧縮機入力を、厳密には、各瞬間の流量と回転数に依存して変化する非定常な要素特性に基づき与えるべきである。しかし、流体力学的な特性時間（作動ガスのエンジン通過時間）は、それがもたらすロータ加速時間に比べて1／100程度と見積もれ、かつ、その加速時間に比べて飛行条件（高度とマッハ数）の変化する時間はさらに十分長いと考えられる。従って、各要素特性は、先に導いた非設計点性能にのっとり静的に算出される。他に、動的要因として、各要素をつなぐ部分の体積が組み入れられるが、同様理由から、無視しても大きな誤りを生じない。

(注 9.4) ターボジェットステップ応答

数学的には、制御対象のエンジンの動的挙動は、一般に、x, v, y をそれぞれ状態変数、制御変数、観測変数と呼ばれるベクトルとして、

　　$dx/dt = f(x, v)$　　　$y = g(x, v)$

と記述される。変数を次のように、定常部分と変動部分 $\varDelta$ とに分離して

　　$x = X + \varDelta x,$　　$v = V + \varDelta v,$　　$y = Y + \varDelta y$

上式に代入し線形展開すれば、変動部分に対する次式を得る。

$$d\varDelta x/dt = A\varDelta x + B\varDelta v \qquad \varDelta y = C\varDelta x + D\varDelta v$$

ここで、Jacobian 行列 $A=\partial f/\partial x, B=\partial f/\partial v, C=\partial g/\partial x, D=\partial g/\partial v$ をまとめてシステム行列と呼ぶ。
これより、ラプラス変換に従って、入力 v に対する出力 y の伝達関数 $G(s)$ を求めれば、

$$G(s) = C(sI-A)^{-1}B + D \qquad ただし、I は単位行列$$

システムのダイナミックスを支配するのは行列 A であり、その固有値の逆数は時定数を与える。例えば、ターボジェットとターボファンの伝達関数を次表にまとめる。

	x:	y:	伝達関数 G:
1軸ターボジェット	$[N]$	$[p, T$ など$]$	$\dfrac{a\tau s+1}{\tau s+1}$ ここで、$\tau, a\tau$:一次遅れ、進み時定数
2軸ターボファン	$[N_H, N_L]$	$[p, T$ など$]$	$\dfrac{K(\tau_3 s+1)(\tau_4 s+1)}{(\tau_1 s+1)(\tau_2 s+1)}$ 二次進み遅れ系:

(ただし、N_H, N_L は、それぞれ圧縮機およびファン軸回転数)

ターボジェットを対象とする場合、$x=[N]$、$v=[m_f]$ であり、観測変数として、例えば、$y=[$回転数 N, 推力 $F]$ と選べば、ロータの運動方程式:

$$I\frac{2\pi}{60}\frac{dN}{dt} = Q$$

ただし、加速トルク $Q = \dfrac{\eta_m m_t(h_4-h_5) - m_c(h_3-h_2)}{\dfrac{2\pi N}{60}}$

をもとに、

$$A = \frac{60}{2\pi I}\frac{\partial Q}{\partial N},\quad B = \frac{60}{2\pi I}\frac{\partial Q}{\partial m_f},\quad C = [1,\ \frac{\partial F}{\partial N}],\quad D = [0,\ \frac{\partial F}{\partial m_f}]$$

これらより、伝達関数が以下のとおり求まる。

$$[G_N(s), G_F(s)] = [1,\ \frac{\partial F}{\partial N}]\frac{\frac{60}{2\pi I}\frac{\partial Q}{\partial m_f}}{s-\frac{60}{2\pi I}\frac{\partial Q}{\partial N}} + [0,\ \frac{\partial F}{\partial m_f}]$$

$G_N(s)$、$G_F(s)$ は、それぞれ、燃料流量に対するロータ回転速度とエンジン推力の伝達関数であり、付図に結果の代表例を示すが、燃料のステップ増加に対して、ロータの加速と圧縮機流量の増加が伴わないため、タービン入口温度は、先ず上昇し、次に、ロータ回転数と空気流量の増加につれ、徐々に温度が下がるオーバーシュート応答をする。一方、チョークしたタービンの温度上昇のため、初めガス流量は減少し、従って、圧縮機圧力比が上昇し、空気流量も減少するが、ロータの加速が順調なら、圧縮機空気流量が回復し、最終値へ漸近する応答となる。

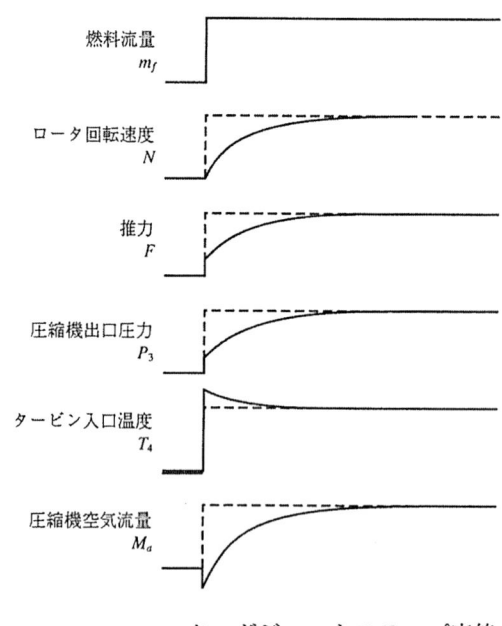

ターボジェットステップ応答

(燃料流量 m_f、ロータ回転速度 N、推力 F、圧縮機出口圧力 P_3、タービン入口温度 T_4、圧縮機空気流量 M_a)

c. 制御機能

正常なエンジン作動のため要求される制御のうち、基本は燃料制御であり、これには、推力を指定値に保持する定常制御、推力を速やかに変更する加減速制御、また、起動停止制御がある。一方、エンジンの安定作動範囲を拡大させるため、可変静翼 VSV や抽気制御なども重要である（4.5節参照）。

定常制御 rating control：
操縦のためには、安定推力がスロットルレバー位置に応じて確保されねばならない。飛行時に推力の直接測定は無理なので、通常、回転速度ないしエンジン圧力比（*EPR*＝排気ノズル出口全圧／エンジン入口全圧）により、間接制御する。回転制御方式の場合、9.1b 項で見た通り、回転速度と推力は比例しないので、レバー位置と推力が直線的な関係となるようなスケジュールが組込まれる。定常制御系の性能

は、図 9.10 に示すように、定常変動巾、応答時間、オーバーシュート量、ダンピングファクタなどで評価される。

加減速制御 acceleration/deceleration control：

エンジン動特性で調べたとおり、燃料のステップ増加に対する応答(注 9.4 参照)は、圧縮機特性(図 9.11)上で見ると、定常作動点 a ないし d から出発して、a→b→c または d→e→f と軌跡を描く。燃料増加が過大の場合、b を超えて、b'のサージ領域に突入したり、e のようなタービン入口温度の限界を超えてエンジン寿命を縮める危険が生じる。逆に、減速のため、燃料を急減すると、定常作動点 a から出発して、a→g→h と移り、過度の減少は g での吹き消え領域突入によるエンジン停止の危険を生む。加減速制御系は、燃焼器圧力制限 p_{3max}、タービン入口温度制限 T_{t4max}、回転速度制限 N_{max} をクリアーするように、それぞれの位置の観測値をもとに燃料制限を行う。それとともに、サージ制限と吹き消え制限に対して、圧縮機入口温度 T_{t2} と出口圧力 p_{t3} そして回転数 N の観測値から、最大加速燃料 m_{facc} と最小減速燃料 m_{fdec} を加減速スケジュールで定め、燃料指令 m_f を、常に、$m_{fdec} < m_f < m_{facc}$ に制限している。

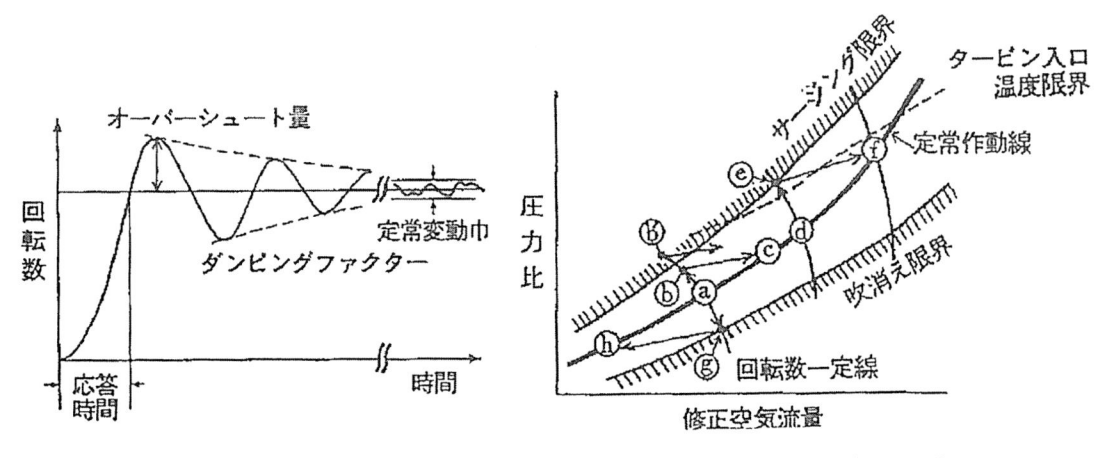

図 9.10　定常制御系の性能（文献 17）　　図 9.11　加減速経路（文献 17）

起動停止制御 start/stop control：

エンジンの始動後、漸く自力で運転維持可能となった状況をアイドリングと呼ぶ。そこまでに至る起動過程は、図 9.12 に示すとおり、

　　始動機(スタータ)→ロータの回転開始
　　点火装置入
　　燃料噴射入と着火
　　燃料スケジュール→増速と自立回転
　　　　　　　　　　　速度到達
　　始動機および点火装置切
　　アイドル回転数到達

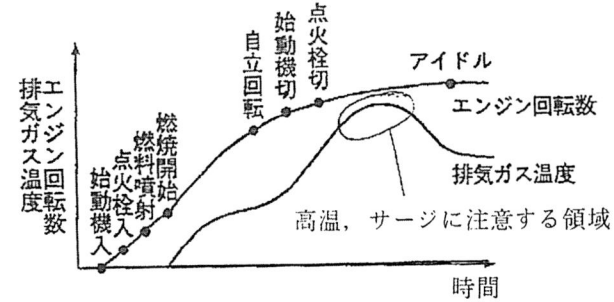

図 9.12　起動時のパラメータ時間変化(文献 17)

という一連の操作から成り立つ。図中、縦軸には、回転数と排気ガス温度がとられているが、回転数を検知しフィードバックするため、加速制御で見たのと同様に、排気ガス温度が一度ピークを示すあたりで高温化と圧縮機サージの危険がある。そうした状況に対処し、操作手順を自動的に行うためには、起動制御が必要不可欠である。また、空中でエンジン停止の事態が生じた場合、再起動させる機能も受け持つことになる。

可変静翼制御 variable stator vane(VSV) control および抽気制御 bleed control：

圧縮機が設計点から外れた作動領域では、8 章で述べた旋回失速やサージなどの不安定現象が生じ危険である。これを回避する方法として、圧縮機前段に可変静翼VSV機構が採用され、修正回転数 $N/\sqrt{\theta_2}$、流入マッハ数 M_2 ないし圧力比 π_c を検知して、失速しないように静翼角度をスケジュールすることが行われる。

抽気制御は、同様な趣旨で、圧縮機中段以降に設けた抽気弁から抽気することで失速を防ぐスケジュールを工夫する。(4.5節参照)

d. 制御器

これまで述べた種々の制御を統合してまとめたエンジン制御システムの例をブロック図 9.13 に示す。多数のエンジン変数を計測し、制御のための演算と判断を行い、アクチュエータやリレー、ソレノイドなど作業機に指令信号を出力する。パイロットは単にスロットルレバーのみでエンジン操作が可能である。このような制御システムとしては、大別して、油圧式か全ディジタル電子式かの方式がある。

油圧機械方式 hydro-mechanical system：

油圧回路、リンク、カム、バネ、ベローなどの機械要素を組み合わせて制御演算を行う。この方式は初期エンジンにおいて高い信頼性が実証されてきたが、エンジン発展に応じた複雑な制御要求への対応が困難であった。

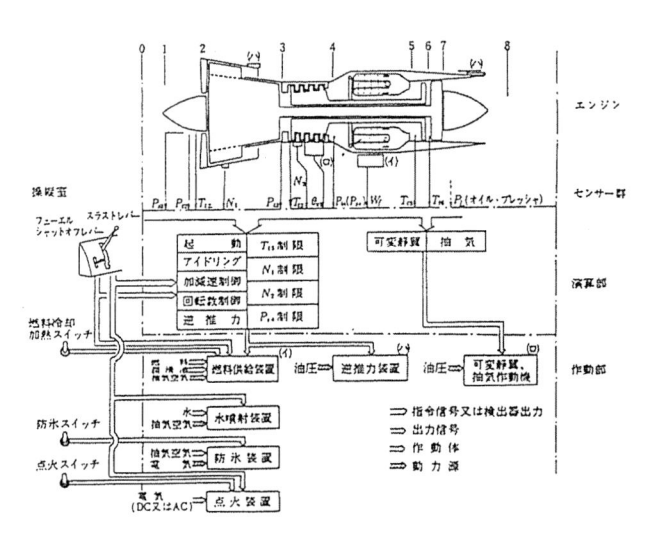

図 9.13 航空エンジン制御装置の全体構成(文献17)

全ディジタル電子式 full authority digital electric control (FADEC)：

エンジン始動から停止まで全ての操作を電子式で行う方式として登場した。最初の民間機用は、1984 年の B757 用 PW2037 エンジンに搭載され、それ以降の開発エンジンは FADEC が主流を占める。

構成図 9.14 に示すとおり、入力信号、演算、出力信号を受け持つ3個の処理部に別れており、電子回路で実現される。エンジンパラメータは種々の検出器で電気信号に変換され、A/D 変換後、ディジタルインターフェースを通して演算プロセッサに送り込まれる。そこで、燃料制御など制御則に従う演算が行われ、D/A 変換器、ディジタルインターフェースを通して出力され、燃料弁や可変部分を駆動する制御信号となる。駆動装置は油圧サーボなどパワの出る機械式の採用が多い。突発故障などに備えた信頼性確保のためには、FADEC の電気系統などを多重系にして冗長度を増す方法がとられる。近年、エンジン性能向上とミッション多様化に伴い、制御変数の数は 10 を超えて増加の傾向にある。さらに、FADEC は、単なる制御機能にとどまらず、エンジンの健康状況を監視・診断する**モニタリング monitoring** 機能や機体制御システムと統合化されている。

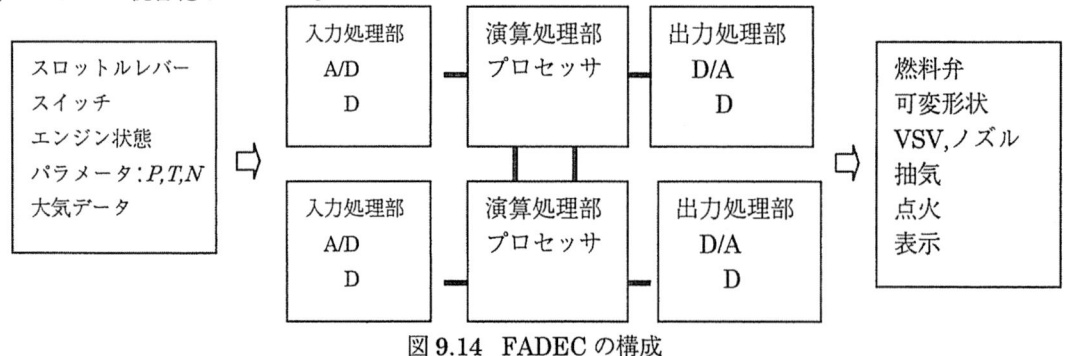

図 9.14 FADEC の構成

9.3 二次空気システム

圧縮機により加圧された作動ガス（通常、空気）は、本来、燃焼器で加熱後、すべてタービン出力やジェット推力を生むため使われるはずだが、現実には、その一部を以下の目的のため割く必要がある。

エンジン構造の冷却（タービン翼や高温部ケーシングとディスクなどの材料保護、図9.15）
ベアリングのオイルシール加圧（ラビリンスでのシール加圧）
エアシール加圧（軸方向ベアリング負荷の低減、図9.16）
抽気(圧縮機失速防止や機体側の要求、さらには翼端間隙の能動制御、図9.17)
防氷(入口における吸込大気中の水分氷結対策)

こうした二次空気システムは、エンジンの円滑かつ安全な運転に必要欠くべからざるもので、優れたエンジンの設計を見ると、オリフィスにより適切な圧力レベルを設定する導管をはじめとして、ベアリング周辺部や回転する部位に対するラビリンス、ブラシそしてカーボンシールなどが巧妙適所に配列されているのを観察できる。

図 9.15 は冷却空気の流れを示す例であるが、圧縮機からの空気は外径側を通り、ノズルやケーシングを冷却し、一方、内径側を通り、ロータ、ディスク、ケーシングを冷却する。第一段ノズルは、燃焼ホットスポットをはじめ最高温度にさらされるが、後方段に至るにつれ、希釈空気も増え、徐々に温度が下がってゆく。

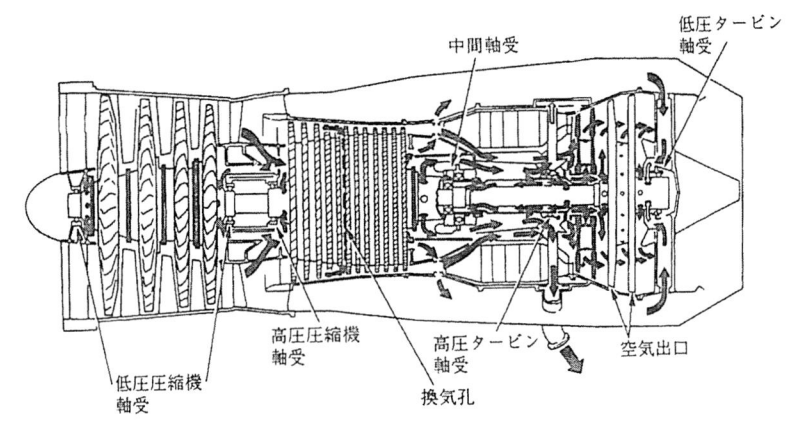

図 9.15　冷却空気の流れ

図 9.16 は、圧力バランス（エア）シールにより、ベアリングにかかる軸推力を低減する仕組みを模式した図である。タービン翼のティップ隙間は要素効率に大きな影響を与えるため、高圧と低圧タービンのケーシング形状を抽気により変化させる翼端間隙の能動制御（**アクティブクリアランスコントロール ACC**）を行う例を図9.17に示す。その際、動翼先端がケーシング内面に接触しても良いように特殊セラミックシールが使用されたりする。

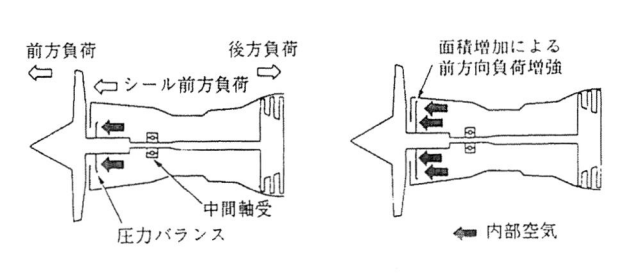

図 9.16　エアシールによるベアリング軸推力低減

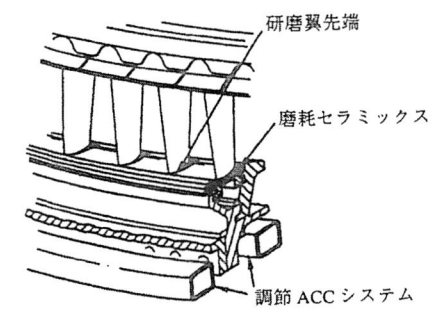

図 9.17　ACC(IAE V2500)

10. 環境適合

10.1 航空機騒音

　ジェットエンジンの全出力のうち音響的エネルギは 0.1%程度にしか過ぎないが、空港周辺の住民にとって耐えられないほどの騒音をもたらすなど、社会問題になっており、**ICAO(国際民間航空機機構)**による国際的な空港騒音規制値をクリアすることが義務づけられている。しかし、このエネルギの比が極めて小さいことは、また騒音を制御することがきわめて難しいことを示している。

　航空機騒音は、主なものとして、
　　　エンジン入口からでる騒音：圧縮機騒音、ファン（入口）騒音
　　　エンジン出口からでる騒音：ファン（出口）騒音、タービン騒音、ジェット騒音

があり、その分布は、図 10.1 に示すような指向性をもっている。(騒音については 2.8 節を参照されたい.)

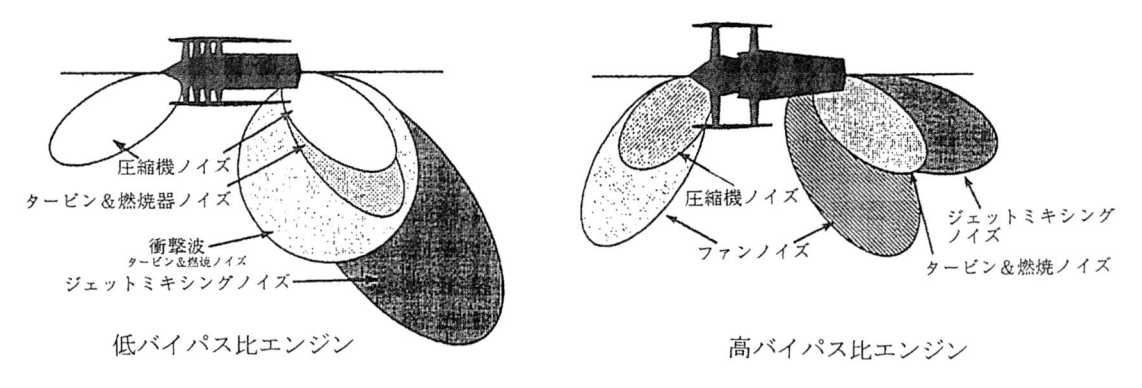

図 10.1　ファンエンジン騒音分布（文献 15）

a. ジェット騒音

　初期のターボジェットの時代では、航空機の騒音としては**ジェット騒音 jet noise** が最も注目された。ジェット騒音は、高速のジェットと周囲の流れとの間に強い剪断層が生じ、それに強い乱れが誘起されることによって発生する。M.J.Lighthill は、亜音速ジェットの場合、ジェット中の乱れは四極子型音源（2.8 節参照）であって、

　　　ジェット騒音の全音響エネルギ $\propto V_j^8$　　（V_j：ジェット速度）

なる関係があることを最初に示した(図 10.2)。

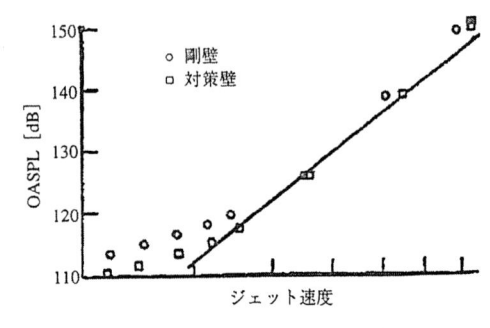

図 10.2　ジェット速度と騒音の関係 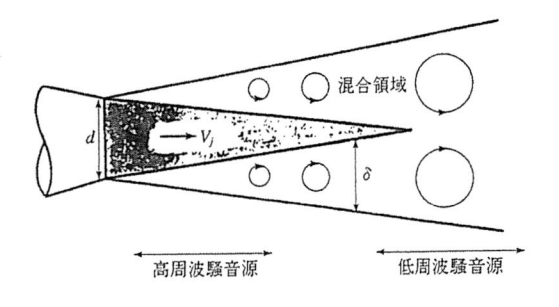　　　　　図 10.3　ジェット騒音発生メカニズム

図10.3に示すように、ジェットと周囲の流れの間に作られる剪断層は下流にゆくにしたがって粘性拡散により厚さを増してゆくが、このような剪断層は本質的に不安定で、渦が形成され乱流に移行してゆく。その渦の大きさは剪断層の厚さ δ に比例するから、ノズル出口に近い強い剪断層の領域では小さな渦、下流の弱い剪断層の領域では大きな渦が形成され、全体にわたって連続的に小さな渦から大きな渦まで存在することになる。これらの渦が下流に流されるから(その速度 u はジェットの速度と周囲流体の速度のほぼ平均値と考えてよい)、渦の大きさに逆比例する周波数($\sim u/\delta$)の圧力変動が生じ、それが騒音となって放射される。このことからわかるように、ジェット騒音は、低周波数成分から高周波数成分まで含む**広帯域騒音 broadband noise** である。

ジェット騒音低減策：
図10.4に示すような対策がとられるが、基本原則は次の2点である。
(1)ジェットの速度を下げる。
(2)ジェットをできるだけ早く減衰させる：

ジェット騒音の強さは $V_j^8 d^2$ に比例し、推力は $V_j^2 d^2$ に比例する(d : ジェットの直径)。したがって、V_j を下げたとき、推力を一定に保つには d を大きくしなければならないが、ジェット騒音の強さは大きく低下する。したがって、この方法は極めて有効である。ファンジェットは、燃料経済性を高めるためにジェットの直径を大きくし平均速度を低くしたものであって、結果的にジェット騒音を大幅に低減できる点は極めて重要である。図10.4a のエジェクタ方式は、同様に、ノズル後方の急拡大と外部からの流れの導入を有効に作用させる方法である。

一方、図10.4b,c は、ノズルの先にシュートを設けるもの、多くの管をたばねたもの、あるいは花弁（ローブ lobe）状のものをつけて、ジェットを多数の小さなジェットにおきかえ、表面積を増して、ジェットの減衰を促進する方法である。このような複数のジェットでは、ジェット同士の干渉により、内側の領域からの音はほとんど遮蔽され、騒音が低減する。多管式や多ローブ式では、ジェットの寸法の減少により小さい渦が相対的に増すので、低周波数帯に比べて高周波数帯で効果が少ない。高周波の音は、人間の嫌いな音であるから、余り騒音が低下した感じにならない。そこで、排気ダクト内壁に吸音ライナを装着するなどして、騒音を減少させる対策もとられる。

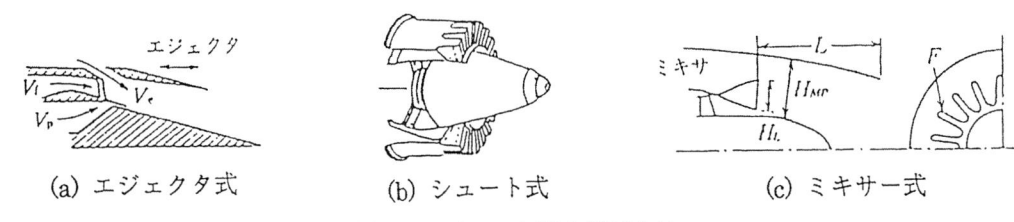

(a) エジェクタ式   (b) シュート式   (c) ミキサー式

図10.4 ジェット騒音低減方法

b. ファン騒音

高バイパス比ターボファンの導入およびジェット騒音の著しい減少の結果、相対的に**ファン騒音 fan noise** が増大し、ファンエンジンの高性能化に際して大きな問題になってきた。

図10.5 は、ターボファンの騒音を周波数分析（1/3オクターブフィルター）した代表例を示す。図中、低速（亜音速）ファンに対応する結果は、ジェット騒音と対比して、数百Ｈｚを超えた高い周波数領域で大きな差を見せ、また、**翼通過周波数**（翼枚数と回転数の積に対応する周波数）に鋭いピークをもつ。一方、高速ファンとは翼先端で

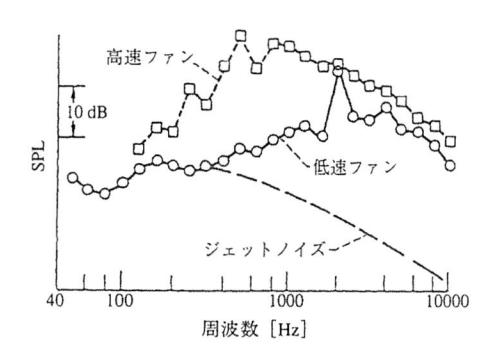

図10.5 ファン騒音の周波数スペクトル例

超音速となるものを指し、その場合、ファン斜め前方に**バズソー**（multiple pure tone とも呼ぶ）**騒音**が放射されるため、翼通過周波数以下の領域で、低速ファンに比べて極めて大きな数値を示す傾向となる。なお、ファン後方位置やエンジン出力が低いときは、このバズソー騒音成分が小さくなり、全体に低速ファンの結果と似た分布となる。

こうしたファン騒音は、主として、翼の揚力変動に起因する双極子型音源によるものであるが(2.8節参照)、概略、以下のように分類される。

　　　　　　　　　　　　　要因
(1) 広帯域騒音：　　　流入乱れ、後流渦層、翼面境界層、流れの剥離など
(2) 特定周波数騒音：　翼列干渉、インレットディストーション、衝撃波など

広帯域騒音：

ジェット騒音のように、広い周波数範囲にわたって連続的にエネルギをもつもので、その発生原因としては次のものがある（図10.6）。

・翼列に流入する流れ自身がもつ乱れにより、翼に不規則な迎え角変化が生じ、そのため翼面に不規則な圧力変動が生じる。
・翼の後流は不安定で、カルマン渦のような渦層を作る。それが翼に揚力変動、すなわち圧力変動をもたらす。
・翼表面上の乱流境界層自身の乱れにより、翼面に不規則な圧力変化が生じる。

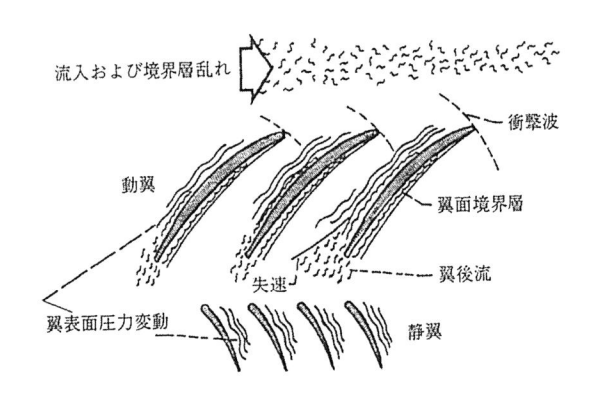

図 10.6 広帯域翼列騒音の発生メカニズム(文献 26)

特定周波数騒音：

翼列まわりの流れは、翼列ピッチの間隔で周期的に変化している。従って、翼枚数 B のファンが毎秒 N 回転で回っているときには、静止した観測点では $B \cdot N$ の基本周波数をもつ変化を感ずることになる。この基本周波数 $B \times N$ を**翼通過周波数 blade passing frequency** (BPF) と呼び、そうした特定の周波数をもつ騒音を**特定周波数騒音 discrete tone noise** という。

プロペラ騒音と異なり、ダクト中で単独回転するファンの場合、ファンの周速が亜音速である限り、伝播音は減衰しやすく、放射されるエネルギが少ない。したがって、ファンや圧縮機の周速が亜音速の場合には、特定周波数騒音は余り顕著でないはずであるが、実際は極めて強い騒音が観測される。その理由は、次に述べるように、動翼と静翼の干渉のためである。(図10.7)

翼列干渉には、大別して次の2種類があり、翼面に周期的な圧力変動が生じ、騒音の原因となる。

・ポテンシャル干渉：循環をもつ翼列が互いにすれ違うときに、周期的な流れ角の変化が生ずる。
・粘性干渉　　　：上流側の翼列よりでる後流の速度欠陥により、下流側の翼に周期的な迎え角変動が生ずる。インレットディストーションが存在する場合も同様である。

翼列干渉騒音——いま、翼列の周長を L、動翼の回転数を N とする。図10.7例に示すように、動翼(翼数 B_r)と静翼(翼数 B_s)の干渉の強さを見ると、翼列周方向に基本波数が $(B_r - B_s)$ の変動ローブが生じており、それが周方向に速度 $NL\frac{B_r}{B_r - B_s}$ で伝播する。ここで、NL は動翼の周速である。一般に、$\frac{B_r}{B_r - B_s} \gg 1$ であるから、ローブの周速度は容易に超音速になる(注10.1参照)。これは丁度、翼数 $(B_r - B_s)$ の超音速ファンが周速 $NL\frac{B_r}{B_r - B_s}$ で回転しているのに相当し、超音速ファン同様(次項参照)、それにより作られた圧力波面がダクト内を減衰することなく上流に伝わり、騒音として放射されることになる。

10. 環境適合

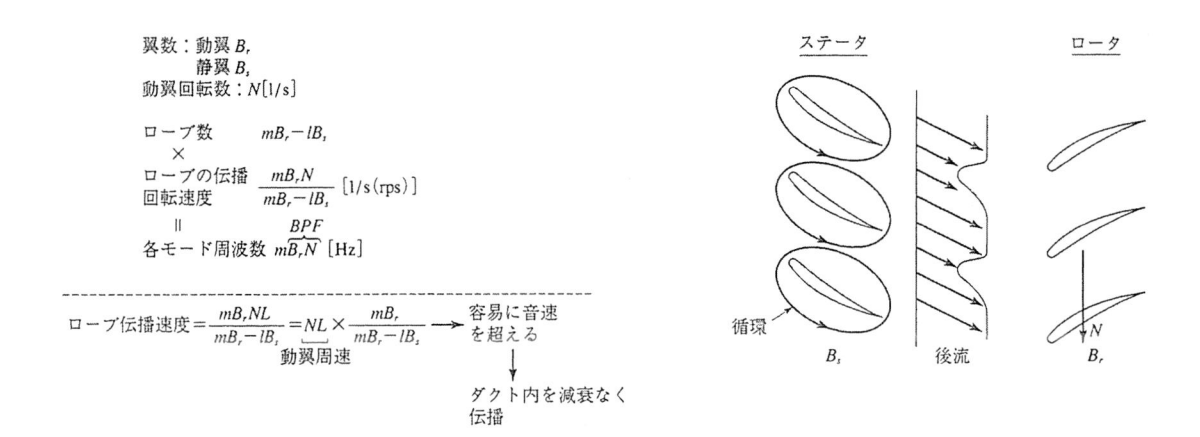

翼数：動翼 B_r
　　　静翼 B_s
動翼回転数：N [1/s]

ローブ数　　$mB_r - lB_s$
　　×
ローブの伝播　　$\dfrac{mB_r N}{mB_r - lB_s}$ [1/s(rps)]
回転速度
　　∥　　　　　BPF
各モード周波数　$m\overline{B_r, N}$ [Hz]

ローブ伝播速度＝$\dfrac{mB_r NL}{mB_r - lB_s} = NL \times \dfrac{mB_r}{mB_r - lB_s}$ → 容易に音速を超える
　　　　　　　　　　　　　動翼周速　　　　　　　→ ダクト内を減衰なく伝播

ステータ　　　　ロータ

循環　　　　後流　　　　N
B_s　　　　　　　　　B_r

例）　　　　　L

$\dfrac{L}{B_s} - \dfrac{L}{B_r}$　　　　　　　　　　　　　　$B_s = 8$
　　　　　　　　　　　　　　　　　　　　　　　　$B_r = 10$
　　　→ NL

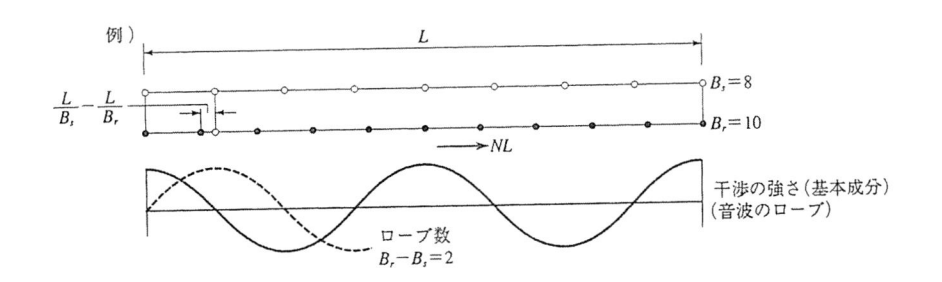

干渉の強さ（基本成分）（音波のローブ）
ローブ数　$B_r - B_s = 2$

ロータが周速 NL で $\left(\dfrac{L}{B_s} - \dfrac{L}{B_r}\right)$ だけ移動したとき $\left(\Delta t = \left(\dfrac{L}{B_s} - \dfrac{L}{B_r}\right)\bigg/NL\right)$
波（ローブ）は L/B_s だけ移動．

∴ ローブの位相速度　$\dfrac{L/B_s}{\left(\dfrac{L}{B_s} - \dfrac{L}{B_r}\right)\bigg/NL} = \dfrac{B_r NL}{B_r - B_s}$

ローブの回転速度　位相速度 $/L = \dfrac{NB_r}{B_r - B_s}$

ローブの周波数　回転速度×ローブ数＝NB_r

図 10.7　翼列干渉騒音

(注 10.1) 翼列干渉を視る：
　製図用の直線縞スクリーンを OHP フィルムにコピーする．縞間隔がやや異なるものを 2 枚用意する．それらを重ねると干渉縞が作られるが，一枚（動翼に相当）を縞に垂直方向にゆっくり動かすと，干渉縞が速い速度で移動するのを見ることができる．

バズソー騒音――現在のファンは，離陸時には勿論，着陸時においても，翼の先端速度は超音速 ($M>1$) となっている．ファンに流入する流れの軸流速度は亜音速 ($M<1$) であるから，図 10.8a に示すように，翼前縁に生じた衝撃波は上流に延びる．衝撃波は翼背面よりでる膨張波により緩和され，十分上流ではマッハ波（非減衰）となり，動翼の回転にともなって周期的な微小圧力変動，すなわち音波として観測される．
　以上は，翼列が完全に均一で，すべての翼で完全に等しい衝撃波が作られた場合であるが，実際の場合は，翼の製作誤差や取り付け誤差等があるために，各翼からでる衝撃波も均一ではない．そのとき，強い衝

撃波は弱い衝撃波より速く伝播し(音速の違いによる)、その結果、強い衝撃波は弱い衝撃波に追い付いて食ってゆくことになる(図10.8b、動翼に相対的に見ると、衝撃波の強弱により衝撃波の傾斜が異なる)。

したがって、周方向に不規則な圧力波が次第に伝播するにつれ、翼列の周長Lを基本波長とし、回転数Nを基本周波数とする**バズソー buzz saw 騒音**(multiple pure tones ともいう)が生ずる。丁度、バズないしミルソー(鋸状)の音に聞こえるところから、そう呼ばれている。

ファン騒音の低減策：
　ファン騒音を低減するには、騒音の発生、伝播、放射、吸音を総合した手法を講じることが肝心であるが、現在考えられている幾つかの対策を示す。

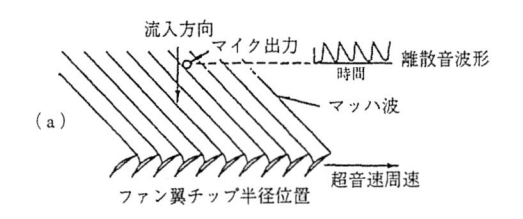

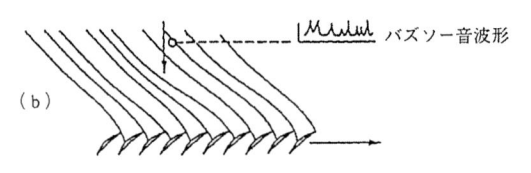

図10.8 バズソー騒音（文献26）

吸音壁 impedance wall—ジェットエンジンの壁面等は普通剛体で、音響インピーダンスが無限大であるが、これをある有限の音響インピーダンスをもつものに代えれば、伝播する音エネルギを吸収し、減衰することができる。図10.9は、あなあき壁とハニカムによる空洞室とを組合せた吸音壁の例である。これは Helmholtz 共鳴器の原理を応用したもので、その減衰率の周波数特性を図10.9bに示す。これに見るように、特定の減衰させたい周波数の騒音に対しては大きな効果(−30dB程度の減衰)があるが、それ以外のものに対しては効果が薄い。空洞室を2段にして複数の周波数の騒音を吸収するようにしたり、あなあき壁によってフェルト材をサンドウィッチ状にすることによって周波数特性を広げたりすることもできる。

空気中では、空気の粘性効果によって周波数の高い音ほど減衰が大きいから、ある程度距離が離れている場合を考えると、1〜5kHzの音が吸音壁の対象になる。

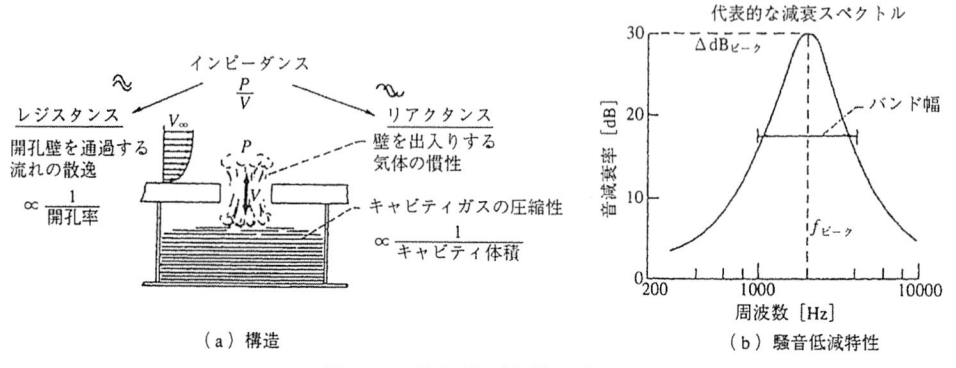

図10.9 吸音壁（文献26）

翼列干渉対策 —翼列干渉騒音は、翼列前後に近接して翼列があって、その干渉を受けることによって生ずる。したがって、図10.10のように、ファン上流の入口案内翼を取り去ったり、翼列間隔を広げたり(軸間距離を動翼コードの2倍以上にとる)、さらに動静翼枚数の組合せを変えたり(静翼枚数を動翼枚数の2倍以上にする)して伝播モードを減らす工夫がなされる。

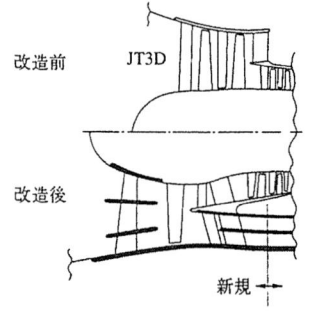

再設計騒音低減ファンの特徴
1. 入口ガイドベーン除去
2. 高バイパス比
3. 単段
4. 流入リング2個装着
5. ファン出口ガイドベーン後退傾斜
6. 翼とベーンの間隔増加
7. 翼とベーンの枚数最適化
8. バイパス用スプリッター装着
9. 音響壁処理

図10.10 翼列干渉対策（文献26）

10.2 大気環境

そのほかの対策 — バズソー騒音を減らすため、**傾斜ロータ swept rotor**(ファン翼先端に後退角をつける)を採用する試みがある。さて、ファンより発生した音は、ダクト内を伝播して、空気取入れ口より放射される。もし、空気取入れ口の喉部で流れがチョーク（マッハ数 $M=1$）しているとすると、音はその上流へは伝播しなくなり、結局ファン騒音は外部に放射されなくなる。こうした工夫をすれば、前述の翼通過周波数（BPF）による音やバズソー騒音がほぼ完全に遮断され、極めて効果的なはずであり、これが**ソニックインレット sonic inlet**の原理である。喉部で必ずしもチョークされていなくても、$M > 0.7$ であれば騒音の放射をかなり押える効果があると考えられる。航空エンジンでは、いろいろな飛行条件に対処するために、インレットを可変形状にすることも考えられているが、まだ実用されていない。

10.2 大気環境

a. 排気と環境汚染

近年、CO_2 による**温暖化**そして成層圏**オゾンホール**の出現などが急ピッチで顕在化している。ガスタービンエンジンも熱機関として、当然、環境適合の対象である。熱効率を向上し、主燃料の天然ガスや石油の消費を減少させることは**二酸化炭素発生の削減**になる。仮に、総発電量 1 兆 kWh(日本)のうち火力の割合を 60%として、ガスタービンによるコンバインドサイクル化を通じて熱効率を 1%向上できれば、60 億 kWh、石油換算 60 万トンの燃料節約効果が得られる勘定である。二酸化炭素にして 190 万トンにもなる。一方、熱効率の向上は、ガスタービンサイクルの最高温度の上昇を意味するので、**NOx（窒素酸化物）**の排出増加につながり、**光化学スモッグ**や**酸性雨**の原因を生む。NOx は、二酸化炭素のような安定な物質と異なり、化学反応連鎖を通じて有害な現象を引き起こすので、影響を被る範囲は、地球規模というよりむしろ、時間と空間のスケールの限られる傾向が強くなる。特に、航空用エンジンの排気をみると、上空という環境は航空機以外に直接近づけないので、重大な社会的関心事となる宿命にある。しかも、成層圏を長距離飛行する超音速輸送機（SST）の実現計画となれば、飛行ルートから外れる住民にとってすら大きなインパクトを与える。つまり、飛行に際してのエンジン排気は、乱れのない（拡散の遅い）空間に本来の大気成分以外の反応物質を導入することにより大気の組成を変えてしまう危険が生じる。特に、NOx や HOx の成分は、フロン中の塩素 Cl と同様、オゾンに対し触媒的な作用（図 10.11）をして、これを効率良く分解する。その結果、**オゾン層の消滅**が強く懸念され、地球環境保全の視点から、1970 年代の米国では、コンコルドに続く本格的な SST 開発は断念された経緯もある。従って、航空エンジンでは、環境問題への世論の高まりを背景として、エンジン熱サイクルの改良および燃料と燃焼技術向上を目標に、大気観測や規制値設定などを通じて一層の環境適合への努力がなされつつある。その内容は、大別して、次の2点である。

(1)環境汚染物質に対する大気並びに気象の応答
(2)環境汚染物質そのものを減少させる工学技術

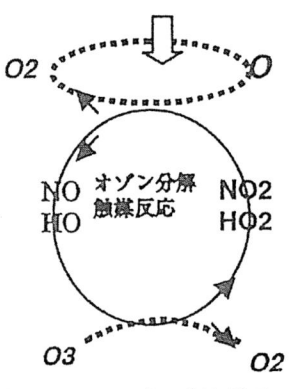

図 10.11 オゾン破壊因子

前者には、大気中の化学反応連鎖、大気に関する輸送現象や総合モデル化、対流圏と成層圏の境界干渉、過密飛行経路における排気の影響、そして空港周辺の排気レベルなどの課題を挙げられるであろう。最近は、酸性雨、成層圏オゾン破壊や対流圏上層オゾン増加などの原因との関連から、巡航時の NOx 排出影響が調査されている。

一方、後者は、できる限り少ない燃料で済ませる技術(燃費向上)および汚染物質を化学反応メカニズムから発生抑制ないし回収を図る技術（**燃焼制御**）である。その中心課題は、高温化と低 NOx 化を両立させる革新燃焼器の設計につながる。第 7 章でも述べたように、燃焼器は、ガスタービンエンジンの開発技術レベルをうかがう鍵となる要素であるから、項を改めて、その基本概念と実例に触れることにする。

b. 評価指数と排気規制

ガスタービンで実際に生成される環境汚染物質は、次のように大別できる。

- **不完全燃焼成分**：一酸化炭素(CO)、炭化水素(未燃の燃料 HC)、煙(未燃の炭素粒 C)
- **窒素酸化物（NOx）**：燃料 NOx、サーマル NOx、プロンプト NOx
- **硫黄酸化物（SOx）**：燃料 SOx

不完全燃焼成分はアイドルなど低負荷時に多くなる。この運転状況では、燃焼器流入空気の圧力が未だ低く低温なため急速な燃焼反応の完結は望めない。また、燃料が少量で噴射圧も小さく、微粒径は粗大かつ燃焼器ライナ内壁は低温で気化が不十分といった条件が重なると、**燃料(HC)** が未燃で残ったり、燃料過濃領域の不完全燃焼で発生した**一酸化炭素（CO）** が希釈され、反応凍結のまま排出される。HC やCO はフルパワ運転に立ち上げるにつれ消えるが、煙のもとになる遊離炭素(煤)は、当量比 1.5～2 以上の過濃また高圧力の条件で形成されやすく反応も遅いので、噴射弁近傍の領域では、やはり、生成排出される。排煙の測定には排気サンプルをろ紙に通す方法があり、規定光量をろ紙に照射するときの反射割合(%)から**スモーク数 smoke number（排煙濃度）** が定義される。真白なろ紙なら、100%反射なのでスモーク数は 0 である。最近では、燃料噴射技術の進歩につれ、燃料の微粒化特性が向上し、煙が問題になることはほとんどない。

窒素酸化物（ NO,NO_2 など NOx ） の発生はもっと厄介である。そのうち、**燃料 NOx** は文字どおり燃料中の N 成分に起因するもので、航空燃料のように N 成分を含まなければ良くなる。問題は**サーマル thermal NO** であり、これは燃焼ガス中で大気に含まれる N_2 が酸化されることで発生する。(7.1b 項参照)

硫黄酸化物（SOx） に関しては、**燃料 SOx** は燃料中の S 成分の反応に伴い発生するもので、通常、脱硫処理の設備を附置するか処理済み燃料を使い回避することになる。

炭化水素**燃料のクリーンな程度**は、単位発熱量あたりの CO_2 生成量ではかる。例えば、天然ガス（メタン）を基準として、石油 1.5 倍、石炭 2.4 倍の重量比になる。一方、NOx の排出量を総量規制しようとする場合、輸送機関の種類(航空機、自動車、船など)や同じガスタービンの中でも産業用か航空用かなどによって状況は異なる。例えば、自動車なら単位走行距離あたりの排出量(g/km)、航空用ガスタービンなら単位推力あたりの排出量(g/kN)、また産業用ガスタービンの場合は残存酸素濃度換算の体積濃度 ppm といった具合に規制値レベルの相互比較は困難である。これらを換算する共通の尺度として**エミッションインデックス emission index（排出指数 EI）** が適当である。EI は単位燃料消費あたりの排出量で次式に定義される。

$$EI = \frac{排出量\ [g]}{単位燃料\ [1kg]}$$

(注 10.1)産業用エンジン排気規制と EI 換算：
産業用からの NOx 排出に対して、日本の環境庁は 16%残存酸素濃度で 70ppm に規制、欧米は 15%残存酸素濃度で 25ppm 以下の実現を目標としている。これらを EI 値に換算しよう。標準状態空気中の酸素体積割合は 21%なので、例えば 16%残存酸素とすると、空気が完全燃焼に必要な量の 21/(21-16)=4.2 倍となり、当量比は 1/4.2 に相当する。体積濃度 ppm は NOx と空気の分子量の比を乗じて質量比に直せるので、仮に NO_2 の場合、空気 1[kg]中の NO_2 量 [g]=ppm 値 x(46/29)x10^{-3} となる。理論当量比の空気と燃料の質量比は、天然ガス（メタン CH_3）なら、$CH_3+(7/4)(O_2+(79/21)N_2)=CO_2+(3/2)H_2O+(7/4)(79/21)N_2$ → f/a=(12+3)/((7/4)(32+(79/21)28))=0.06241(2.7 節参照)より 16 と算出されるので、これを乗じて、最終的に、70ppm = 70x4.2x16x(46/29) x10^{-3}=7.46 EI(NO_2) となる。このようにすれば、ある程度共通のベースで環境汚染物質の排出量を比較論じることが可能になる。

(注 10.2)航空エンジン排気：
航空機排気に関しては、ICAO 基準があり、推力 26.7kN 以上のターボジェットとファン（超音速機を除く）の LTO サイクル運行（始動→タキシング→アイドル→離陸→上昇 3000ft を終え、下降→着陸→タキシングまでが 1 サイクル）での単位推力[kN]あたりの排出総量 [g] が規制される。その当初値は、CO、UHC(未燃炭化水素)につき、それぞれ、118 [g]、19.6 [g] 以内、また、NOx ≤2xエンジン圧力比(離陸時)+40 [g] である。煤については、スモーク数<83.6 / 離陸推力[kN]$^{0.274}$ とされる。ICAO 規制は空港周辺への配慮のためにあり、図 10.12 に示すとおり、NOx に関して年々規制が厳しくなっており、これに呼応する形で航空エンジンの低 NOx 化は著しい改善を見せている。なお、地球温暖化の観点からは、上空 CO_2 だけでなく H_2O も将来必ず問題となることは必至である。離陸、上昇、巡航、下降、着陸、それぞれの運航ごとの NOx および

CO_2 と H_2O の和を、図 10.13 の短距離フライトサイクルについてみると、離陸上昇に NOx 発生が格段に多いこと、また、上空 1500ft での排気割合がやはり 80%を超えることなどが観察される。

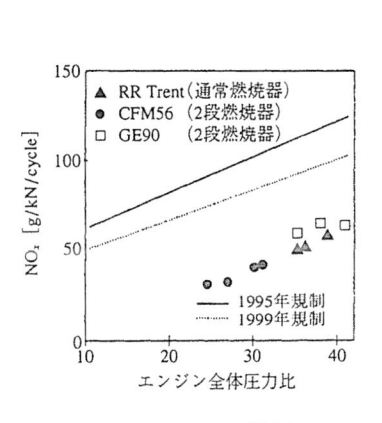

図 10.12 NOx 規制

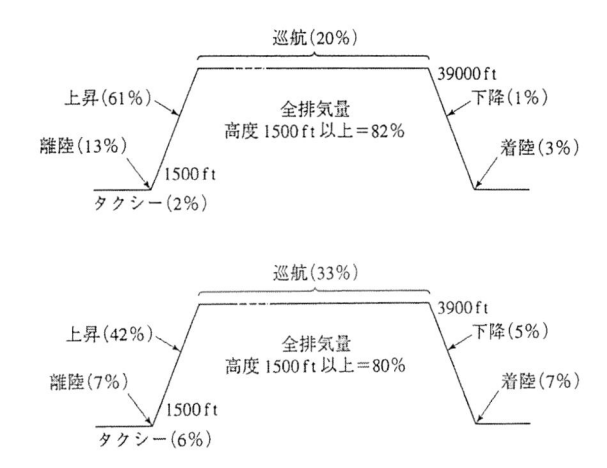

図 10.13 排ガス割合(短距離フライトサイクル)

c. 低エミッション技術

航空エンジン：

NOx 生成には、主として Zeldovich 機構が係わっている。(7.1b 項参照) 噴射燃料が 1 次領域で燃焼する時間は 4ms 程度と短いため、その生成量は火炎温度が高いほど多く、また滞在時間に比例して増加する。もう一つ重要な影響因子は燃料濃度を表わす当量比である。図 10.14 は理論燃空比の場合の生成量を基準として、この当量比への依存性を示している。当量比 1 付近をピークに希薄側は 0.6 あたりまで、他方、過濃側は 1.4 あたりまでの間に NOx 生成は集中している。図 10.15 は航空エンジン用燃焼器(流入空気状態 15atm、700K)での NOx 発生の予測を示した例である。横軸 4ms までの燃料過濃 1 次領域(当量比 1.2 程度)において時間に比例して増加したあと、希釈空気が流入し当量比が 1 を過ぎ 0.7 あたりに至るまで更に急増加し、その後は希釈効果で徐々に減少するという濃度分布が示される。従って、低 NOx 化の技術にとっては、次の 3 点を実現することが鍵となる。

(1) 燃焼温度を下げる
(2) 滞在時間を減らす
(3) 燃料希薄ないし過濃な状態で燃焼させる。

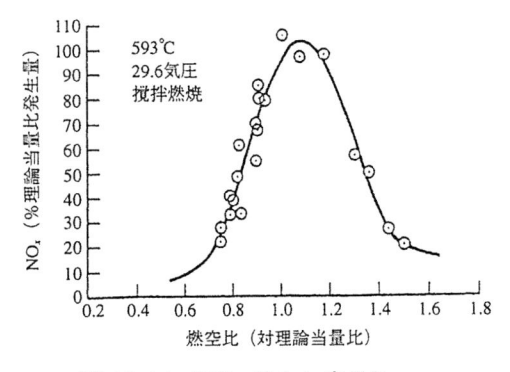

図 10.14 NOx 発生と当量比

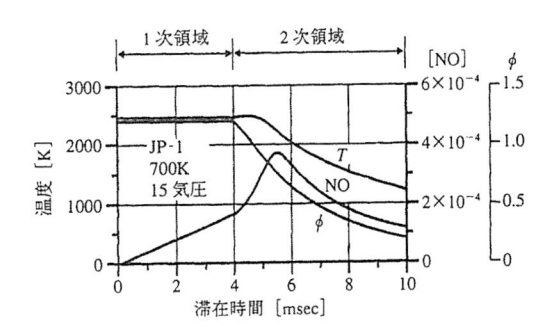

図 10.15 燃焼器内 NOx 発生

低エミッション燃焼方式—これまでに検討され、開発もしくは実用された方法を以下に列挙する(図 10.16)。

- 選択的燃料噴射
- 2段(多段)燃焼 staged combustor
- 希薄予混合予蒸発 lean premix prevaporize(LPP)
- 過濃急希釈希薄 rich-burn quick-quench lean-burn(RQL)
- 触媒 catalytic
- 可変形状 variable geometry

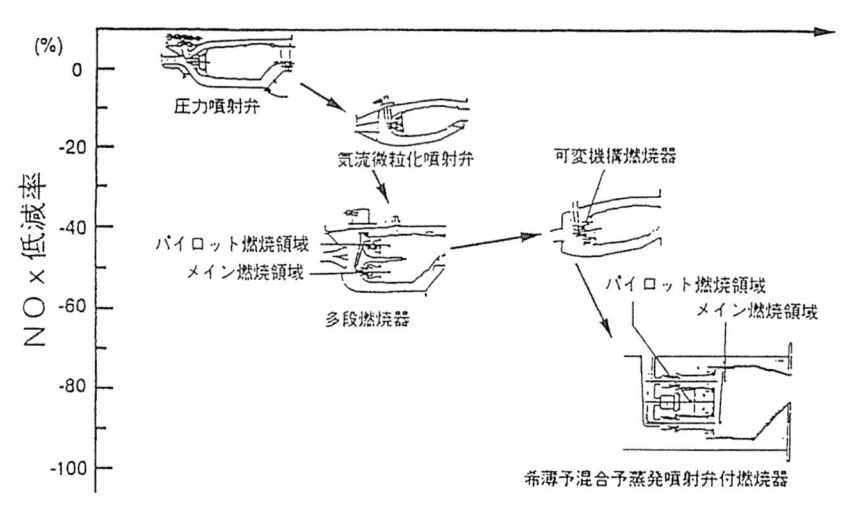

図 10.16 低 NOx 化傾向（文献 17）

選択的燃料噴射方式— 全周に配置された噴射ノズルのうち、運転状態に応じて適切な組み合わせを選び使用する。例えば、希薄側にエンジン運転範囲を広げるには、燃料供給を絞っていく時に 1 次領域で吹消えが起こる燃料流量をできるだけ少なくするような選択を探る。

2段(多段)燃焼方式—2ないし複数個の燃焼室を1つに組み合わせたものを指す。基本的には、空気流れを**パイロット燃焼室**と**主燃焼室**とにほぼ 2 分し、低負荷の運転のときは全燃料をパイロット燃焼室に噴射する。そうすると、当量比は通常の 2 倍になり、吹消えの心配はなくなり、CO や HC の排出も減る。やがて、運転出力につれ燃料流量は増加し当量比と温度が増えるが、次に、NOx 生成量が既定値を超えそうになる瞬間に主燃焼室の作動も開始させ、パイロット燃焼室との燃料配分を全体当量比が低くなる方向に再調節する。こうして、低 NOx 化が達成される。

図 10.17 に、GE90 および V2500 で試された構造を示す。GE 方式は、**径方向段 radial staging** ないし **2 重ドーム double dome combustor** と呼ばれ、半径方向に20個ずつ分けて燃料ノズルを配置、パイロット燃焼室を外径側にとることで容積が大きくとれ、アイドルや高空再着火など希薄側の運転条件に対処できる。冷却面積が最大となるが、噴射系統は 1 つにまとめられる。他方、P&W(V2500)方式は、**軸方向段 axial staging** と呼ばれ、内径側がパイロット燃焼室である。流入温度が低く火炎伸長が起きやすい低負荷の条件で十分長い距離がとれ、一方、設計点では、外径側で温度

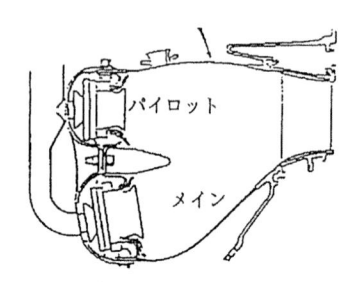

a) 半径方向配列

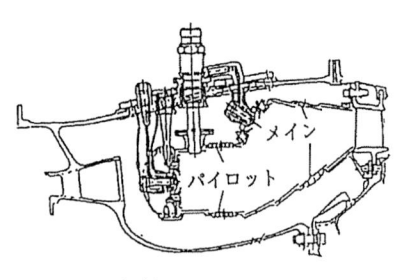

b) 軸方向配列

図 10.17 多段燃焼方式

の高い分布をとりやすいためタービンに都合の良い状態が得られる。軸方向長さを抑えて冷却表面積最小となる長所があるが、燃料噴射が2系統必要である。GEとP&Wの両方式とも、それぞれの燃焼室に通常の燃焼器設計技術を応用できる利点がある。

希薄予混合予蒸発(LPP)方式— 希薄燃焼限界まで、できるだけ当量比を下げた均質な燃料と空気の混合気状態を燃焼室内に実現し低NOx化を達成しようとするもので、液体燃料の場合は十分な混合と蒸発を準備する過程が成功の決め手である。(図10.18) 希薄燃焼限界まで燃焼温度が下がれば、NOxより、むしろ不完全燃焼成分のCO排出が問題になる可能性がある。LPPの問題点は**逆火 flush back** しやすいことで、圧縮機出口圧力と温度が上がる高負荷状態は、予混合気の自己着火の現象と併せて、注意が要る。また、アイドル状態は、当然、失火しやすい欠点がある。

過濃急希釈希薄(RQL)方式— 1次領域を当量比1.2から1.6程度の燃料過濃状態にしてNOx発生を抑え、その出口で大量空気を導入し急速に低温化かつ理論当量比状態を抜け出し、続く領域で希薄燃焼により低NOx排気を実現する。(図10.19) 通常方式の燃焼器でも、似たような設計思想から、1次領域を過濃気味にして2次空気の配分を工夫する例もある。困難な点は1次領域の冷却で膜冷却など高度な方法は設計思想に反する。大量に発生する煤のため 輻射伝熱もライナにとり過酷である。急速な混合により当量比と温度を下げる技術も必要である。そして最後の希薄燃焼領域で、すべての煤や不完全燃焼成分は燃え尽きねばならない。単一の燃料噴射管で、そうした1次領域と下流の希薄燃焼領域との燃焼配分を全運転範囲で行うことは非常に困難といえよう。

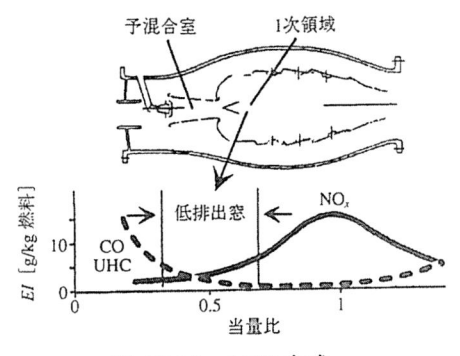

図10.18 LPP方式

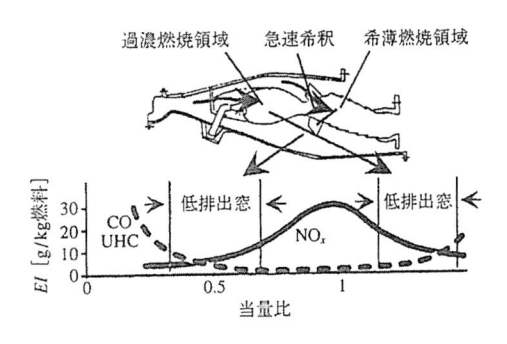

図10.19 RQL方式

触媒方式— 低温での発熱反応を活性化する表面処理をハニカム構造のセラミック材料に施し、これに燃料と空気の混合気体を通すもので、希薄限界以下の当量比での安定かつ低温な燃焼を実現する可能性が広がる。図10.20は結果の一例である。また、それとは逆に、当量比3ないし9の超過濃の燃料ガスを無煤反応させるのに利用する検討もされている。触媒に通せる対象は主として均質な混合気体に限られるので、液体燃料は蒸発させ空気と均質混合しておくことが肝心である。反応は触媒中への混合気体の拡散現象が律速なので、触媒が先ず加熱され気流に伝熱する。従って、触媒が有効に働くため、温度範囲や表面積と熱容量の大きさに注意が必要である。

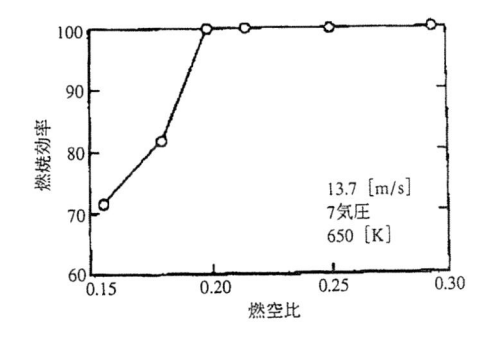

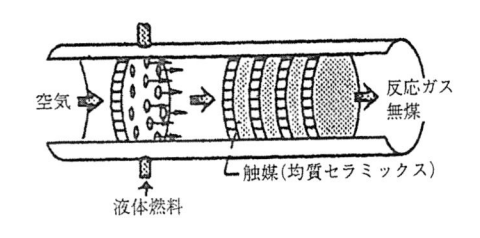

図10.20 触媒方式

可変形状方式— エンジン運転に応じて1次燃焼領域と希釈領域との空気配分を制御できるような可変形状の機構を工夫する。例えば、ライナでの圧力損失を一定に保ちながら流入空気流量を変化させる機構があれば、1次領域の当量比がアイドルからフルパワまで適切にスケジュール可能になる。課題は、当然、エンジン中で最高の温度ならびに温度勾配にさらされる燃焼器に可動部を設ける技術的な信頼性にあり、まだ不十分な現状である。

産業用エンジン：

上記の先進技術は運転範囲の広い航空エンジンを対象に開発されているが、それらの多くの部分は産業用ガスタービンに共通している。産業用ガスタービンの低NOx化に特徴的な点を以下にあげる。
 (1) 燃料が主に天然ガスのため空気との均質な混合が比較的容易で希薄燃焼に都合が良いこと、
 (2) コンバインドサイクルの普及から燃焼器への蒸気ないし水噴射ができること

従って、技術動向として、拡散燃焼から予混合燃焼に移行し、運転立ち上げの際のきめ細かな燃焼制御を通じて(図 10.21)、**超希薄ドライ燃焼器**実現に努力がなされている。また、多量の蒸留水が必要となるものの、**蒸気ないし水噴射**を1次燃焼領域に対し行えば、燃焼温度が下がり、NOx発生量は80%も減少する。(図 10.22) 発電用ガスタービンでは、そうした蒸気注入サイクルが出力増強にも役立っている。(11.1a項参照)

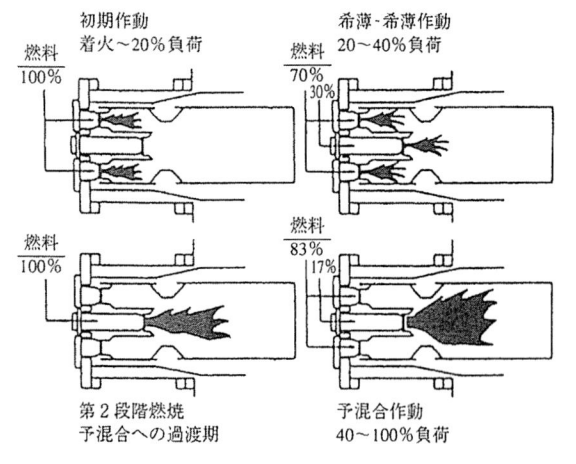

図 10.21 低NOx化作動モード

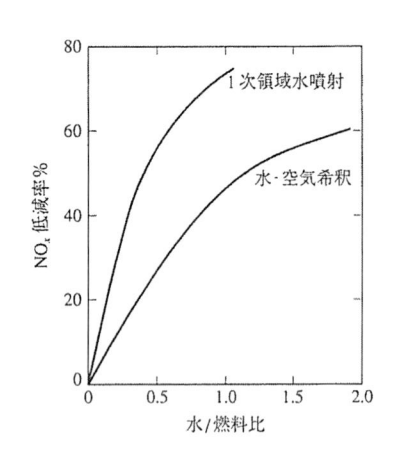

図 10.22 水噴射方式

最後に、これまで述べてきた大気開放型でなく、内部循環型のガスタービンによる環境適合サイクルを紹介して本章を終えることにする。**炭酸ガス回収ガスタービンサイクル**がその一例であり、燃料に天然ガス(CH_4)を選び、酸化剤は純酸素とする。(NOxは発生しない。)そして、内部循環作動ガスにCO_2とH_2Oのモル比1：2の混合気体を使う。すると、燃焼生成ガスと作動ガスの組成は同一なので流量のみ少し増加する勘定になる。そこで、圧縮機入口で増加分を分離抽出し冷却復水すれば、CO_2を直接回収できるわけである。もちろん、酸素製造にかかる動力を差し引いて考える必要があるが、環境適合への要求が厳しさを増すにつれ検討して良い技術であろう。

11. トピックス

　ガスタービンの歴史と発展は高圧高温化を目指す要素技術に支えられてきた。では、将来もその延長軸上をまっしぐらに努力すれば良いかというと、そうでもない。これは環境への適合問題などの例から明らかである。ガスタービンの**サイクル最高温度**は**タービン入口温度 turbine inlet temperature(TIT)**に代表され、その目安は、ジェット(炭化水素)燃料の理論当量比における断熱火炎温度(2.7c 項参照)の 2500K レベルが最大になる。TIT は、現在、航空用で 2000K レベルに達し、今後、材料および冷却への要求はますます過酷となろう。図 11.1 は**燃費 specific fuel consumption(SFC)**の傾向を表す。TIT(図中 T_4)一定の条件の下、横軸の圧縮機出口温度 T_3(サイクル圧力比相当)の増加につれて、SFC は初め減少し極小値に至り、その後、増加してしまう。これは、実機の場合、高温化に伴い冷却空気の割合も増やす必要から損失が増えることが主原因である。(冷却空気といってもかなり高温で、圧力比が高くなるほど、冷却効果は期待できなくなる。) 従って、無冷却化を目指す先進材料の開発もさることながら、冷却技術の一層の向上が高温化の達成には欠かせない。すなわち、ひたすら高温化を目指すだけでなく、他方、熱サイクルやガス(空気)流れ、燃焼、冷却などを総合的に見直し、有機的に統合し、現実的な温度範囲で高効率化するシステム技術が必須となる。ガスタービンは本来そうした統合システム性を特徴としており、これを極めれば、応用範囲も地上から宇宙へと柔軟に広がるはずである。ここでは、関連するトピックスをいくつか紹介し、ガスタービンの今後の発展を占うことにする。

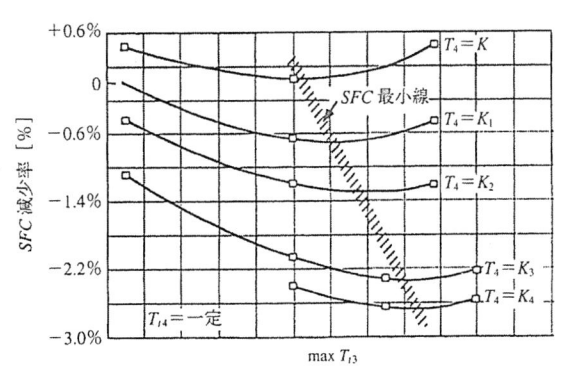

図 11.1 燃費と圧縮機出口温度

11.1 高性能化

a. サイクルの改良

コンバインド化：

　再生や再熱など基本の改良サイクル(2.3 節)を利用すれば、極端な高温化をともなわずにすむ点は注目される。反面、最適圧力比の低下は、大出力のため大型化を意味し、また、システム構成も複雑になるので、航空用にとっては不利な状況も生じる。火力発電用の場合、蒸気タービンとの**コンバインド(複合)サイクル**はとりわけ有効な選択であり、日本では、サンシャインやムーンライト計画と呼ばれる大型国家プロジェクトをはずみに 1980 年代から開発が進み、大手電力会社の 1,000MW 級火力発電システムとして稼働している。ガスタービンを**トッピングサイクル**(高温、圧力比 55、TIT 1300℃ レベル)に据え、その排熱を蒸気タービンの**ボトミングサイクル**(低温、蒸気臨界点 22.1MPa, 374℃ を超えた 600℃ レベル)で回収するとき、コンバインドサイクルとしての総合熱効率は、

$$\eta = \eta_{top} + (1 - \eta_{top}) \eta_{btm}$$ 　　　ただし、η_{top}, η_{btm} はトッピングとボトミングそれぞれの熱効率

と表わされるので、右辺第 2 項の排熱回収の寄与が大きく、50%(LHV)を狙える向上が得られる。

コジェネレーション：

　電力ばかりでなく地域の多様な熱エネルギ(蒸気や温水)を併給するシステムを**コジェネレーション**と呼ぶが、ここでも大量の蒸気を発生するコンバインドサイクルの主役の座に高温ガスタービンが活躍する。一方、蒸気消費量の少ない場合には、蒸気復水量が増加し、凝縮という相変化に伴う熱損失が大きく不利な状況に陥る。そのときには、発生蒸気の一部ないし全てをガスタービン燃焼器に直接噴射できれば好都合であり、NOx 低減にも役立つ。すなわち、空気に比べ大きな密度と比熱を武器に、大幅なガスタービン出力(電力)増加を達成でき、また、なによりも、蒸気タービン本体をシステムから省ける

わけで、これは、**チェーンサイクル**ないし **STIG(steam injected gas turbine)** と呼ばれる。欠点は大量のボイラ補給水が要ることである。その改善も検討されていて、図 11.2 の **HAT(humid air turbine)サイクル**がある。それによると、圧縮機からの吐出空気は再生器入口で注水され飽和蒸気との混合気となり、次に再生器で高温空気と過熱蒸気の混合気として燃焼器に流入する。つまり、中間冷却と再生の両方を STIG システムに組込むことで、消費水量を減少させ、なおかつ熱効率と比出力の向上を達成する。

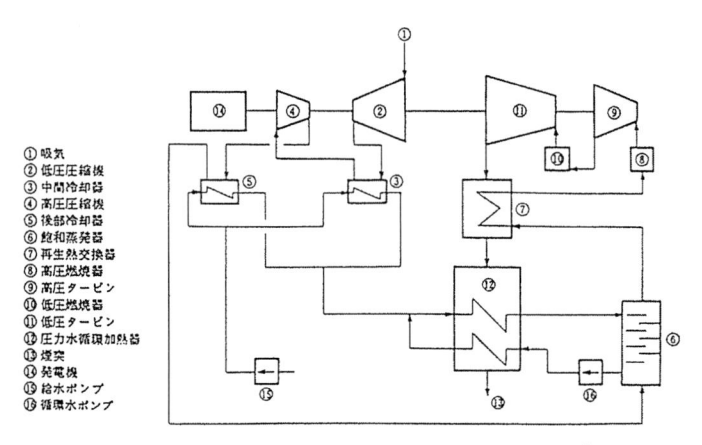

① 吸気
② 低圧圧縮機
③ 中間冷却器
④ 高圧圧縮機
⑤ 後部冷却器
⑥ 飽和蒸発器
⑦ 再生熱交換器
⑧ 高圧燃焼器
⑨ 高圧タービン
⑩ 低圧燃焼器
⑪ 低圧タービン
⑫ 圧力水循環加熱器
⑬ 煙突
⑭ 発電機
⑮ 給水ポンプ
⑯ 循環水ポンプ

図 11.2　HATサイクル（文献 17）

吸気システム：

一方、ガスタービン本来のサイクル性能を向上させる工夫も無論欠かせない。例えば、ガスタービンの出力と効率は大気温度の上昇により大きく低下する。つまり、夏場の電力ピーク時に性能が底をつく不都合が生まれる。これを改善する目的で、**吸気冷却システム**が検討・実用化されている。その方式として、**氷蓄熱、液体空気噴霧**や **LNG 冷熱利用**などがあげられるが、いずれも夜間電力を利用し氷や液体空気の製造貯蔵や LNG プラント稼働を行い、昼間、それぞれ、熱交換器、直接噴霧、あるいは冷熱源などに直接利用して吸気の温度を下げ、出力（電力）増加をはかり需要のピークに応える方策である。

夜間の余剰電力を貯蔵するには、揚水のポテンシャルエネルギに変換する代表的な方法のほかに、**圧縮空気エネルギ貯蔵システム**もある。これは、圧縮機とタービンを分離して、夜間はモータ駆動により圧縮機で高圧空気を地下タンクに貯蔵、発電時は燃焼器で高温ガスにしてタービンを作動させる方法である。こうした出力調整を、1 日単位でなく季節を通じ行うことも考えられる。

b．要素技術の向上

いずれのガスタービンサイクルにとっても、高性能化(効率、比出力)の限界は、最終的には、具体的な要素技術の開発に依存して決まる。

熱制御：

ホットセクションにあたる燃焼器やタービン（翼型と段構造）は、先ず、冷却し易く空力損失の少ない設計を必要とする。航空用エンジン(V2500)の例では、燃焼器ライナをセグメント化しインピンジ冷却(7.2 節参照)するほか、高圧タービンノズルに**熱遮蔽コーティング** thermal barrier coating (TBC、5.4 節参照)を施している。また、高圧と低圧タービンは、**アクティブクリアランス制御** active clearance control (ACC、9.3 節参照) が可能であり、その機構のおかげで全運転範囲の間隙損失を減らし、約 1%の燃費向上が達成されたといわれる。産業用は、ケーシングが厚く、同じ構造を適用するわけにいかないであろうが、工夫が望まれてよい。

コンバインドサイクルの普及は、空気冷却に代わり、ふんだんな蒸気を媒質とする新方式に大きな魅力を与えつつある。例えば、先進タービンシステムとして、動静翼の**クローズド蒸気冷却**の実用化研究が進められている。成功すれば、冷却空気の損失がネックとなっている現状が改善され、将来のシステム構成に大きなインパクトが生まれる。実は、水冷に関する研究の歴史は古く、ガスタービン開発初期のドイツにおいて、また、その後 1960 年代から米国でタービン翼の冷却のため検討が進められてきたが実用に至っていない。

以上のとおり、小型軽量で空冷という稼働性に富む特長ゆえに航空用として君臨するガスタービンが、産業用としては、立地条件に制約される大型システム化や液体冷却という、むしろ逆の方向に活路を見出している。あらためて、ガスタービンを中心とするシステムの柔軟性と多様性が暗示され興味深い。

翼型：

 高性能翼列に関しては、タービンに比べ、減速翼列となる圧縮機やファンの方が難しく研究も盛んである。最近は、数値流体力学により革新的な翼型を工夫し、手間のかかる実験をせずに幾つもの形状の中から良いものを選別可能になり、開発のコストパフォーマンスの向上がめざましい。図 11.3 は高速軸流圧縮機翼型の例で、従来の**二重円弧(DCA)翼**と**拡散制御 controlled diffusion(CD)翼**の比較を示す。CD 翼は、負圧面の速度分布を調整し、境界層の成長と剥離を抑える設計で、優れた高速性能を発揮する。

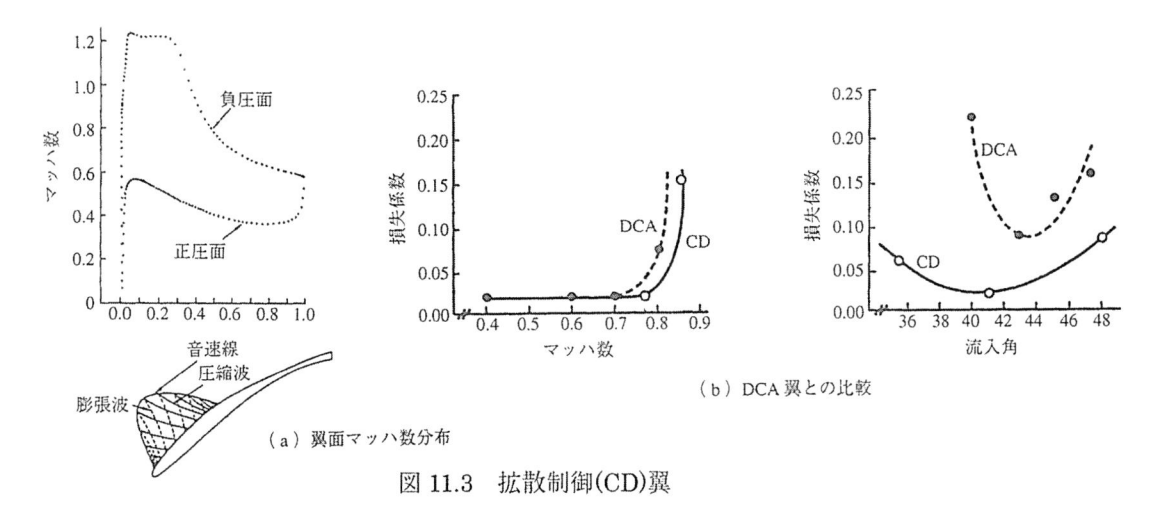

(a) 翼面マッハ数分布

(b) DCA 翼との比較

図 11.3　拡散制御(CD)翼

 ハブやシュラウド壁面の粘性流れと翼間 2 次流れの発生も、また、翼列損失の多くを占める。その対策として、3 次元空力設計は効果的である。図 11.4 は、タービンノズルの例で、翼間 2 次流れを抑えるような湾曲を付けてスパン方向に翼型を積み上げる（**バウスタック**）形状変化の様子を示す。

 圧縮機動翼の例としては、壁面流れが無理なく流入するように、チップ付近のスタガー角度を大きくした**エンドベンド翼**（図 11.5）や、翼上下面の圧力差を減少させ間隙からの漏れ流れを抑えるように、チップに溝を設けた**チップトレンチ翼**(図 11.6、流線型溝例)などがある。3 次元空力設計は、計算機の進歩があってこそ成立するが、絵に描いた餅とならぬため、実験的検証が最終的には必要なことも付記する。

図 11.4　三次元設計タービン

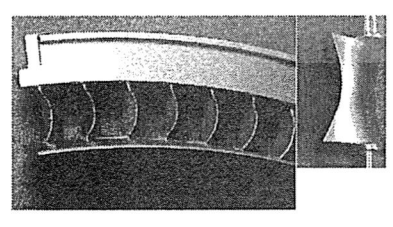

図 11.5　エンドベンド静翼

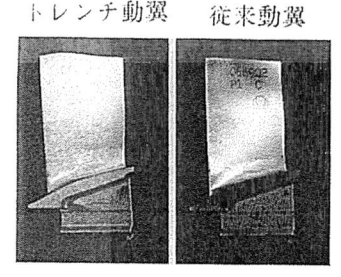

図 11.6　トレンチ動翼

 航空用エンジンは、産業用と比較して、これら要素に係わる先端技術の開発に敏感で一歩リードするが、計算機利用の設計技術 computer aided design (CAD)や製造技術 computer aided manufacturing (CAM)の進歩は、両者の時間遅れを解消するとともに、産業用にとり重要な長寿命化やメインテナンスなどライフサイクルコストの視点からの開発にも役立つ。

11.2 石油代替エネルギ

石炭：

　原子力は安全性の視点から開発に慎重にならざるを得ない世界情勢であり、今のままでは、いずれ石油・天然ガス(LNG)が枯渇する。代替としての石炭が果たす役割は、発電に優れた化石燃料を他に見出せない以上、大きいと言える。第二次世界大戦中、エネルギ資源に悩む日本では、石炭の液化やメタノール転換燃料が戦略化されたと聞くが、古い戦時技術すら平和技術として復活する状況が生まれそうなのは皮肉である。有望かつ環境適合をクリアする石炭利用技術として、現在、**加圧流動床 pressurized fluidized bed(PFB)**燃焼技術の実証研究が進み、ガスタービンとのコンバインドサイクル化が待たれる。また、**石炭ガス化コンバインドサイクル integrated gasification combined cycle (IGCC)** も実証プラントの運転が開始されている。IGCC はガス化をめぐり方式多様だが、ガスタービンから圧縮空気の一部がガス化炉に送られ、途中随所で熱回収と蒸気発生が行われつつ、石炭との低カロリー燃焼ガスとしてガスタービン燃焼器に供給される方式をとる。従って、燃焼器ライナ冷却空気の供給が不足気味となり、また不純物による腐食の対策も必要とされるなど課題も多いが、燃焼器をセラミックス化するなど革新技術の導入と高性能化により解決が図られるものと期待される。

メタノール：

　燃料の多様化に関連して、天然ガスを、LNG でなく、灰や硫黄を含まないクリーンなメタノールに変換する案もある。そうすれば輸送に通常のタンカーが使えて都合が良い。このため、メタノールを利用し排熱回収する**メタノール改質型**と呼ばれるガスタービン発電プラントも提案される。液体メタノールは 300°C 程度の比較的低温で水蒸気と吸熱反応して水素と炭酸ガスに変わる。従って、ガスタービン排熱を利用し反応器でガス化して水素リッチの改質ガスを作れば、燃焼器において発熱量が向上し有効な排熱回収効果を生じる。残余の水蒸気は前述の STIG として利用すれば、やはり効果的である。

水素：

　水素リッチということで、水素が登場したが、この水素は将来、人類が究極的に依存する燃料となろう。現在、スペースシャトルをはじめ主要なロケット用エンジンが、高い比推力を生む液体水素を主推進剤に採用するほか、人工衛星など宇宙機の燃料電池にも使う。極超音速機用エアブリージングエンジンの燃料噴射も水素ガスが開発目標とされる。水素は二酸化炭素を発生しないので環境適合の自動車にも利用が期待される。しかしながら、水素は、液体状態では約 20K の極低温のため、またガス状態では大気中の酸素と容易に爆発的な反応を起こし危険なため、いずれも大量貯蔵など管理が大変である。そして、最大の問題点は製造（主に、電気分解）のために別のエネルギを必要とすることで、太陽光など自然エネルギを含めて長期的に安価な第 1 次エネルギ資源をどのように確保するのか課題は未解決である。従って、発電など産業用ガスタービンに水素を実用する目途は立っていない。しかし、化石燃料の枯渇と地球環境保全を視野に、水素利用技術の開発研究は次世代のため欠かせない。

　水素を化石燃料と混ぜたり、空気と燃焼させると NOx の発生は避けられない。一方、純酸素との反応ならば、生成されるのは水のみであり、極限的にクリーンな排気が達成される。さらに、液体水素であれば、その冷熱を酸素製造に利用でき、全体システム効率の向上につながる。従って、水素燃料の産業用ガスタービンには、**水素酸素燃焼コンバインドサイクル**が本命と考えられる。図 11.7 はその例を示すが、水素燃焼器の最高温度をアルゴン希釈により必要な値に制御するため、クローズドサイクルにして、燃焼生成物の水を凝縮器を通して系外に排出する。このように、純酸素とのクリーンな燃焼ならびに希釈の必要から、クローズドサイクルを採用することが一般的になる。希釈ガスとしては、アルゴンのような不活性非凝縮ガスでなく、水蒸気を用いる方がコンバインドサイクルに好都合といえる。Graz 大学グループ考案のサ

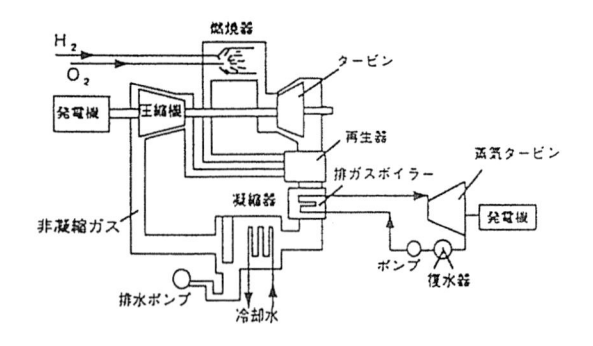

図 11.7 水素・純酸素クローズドサイクル(文献 17)

イクルは、図 11.8 に示す通り、ガスタービンとランキンサイクルのコンバインドだが、再生熱交換器途中からLPタービンに蒸気を分流膨張させ復水した後、一部排出、残りは昇圧し再生熱交換器で気化昇温し、HP タービンに出力させる。計画では、ガスタービン入口圧力 5MPa、最高温度 1200°C の比較的低い値でも、熱効率 57.5%が得られた。また、HT、LP、HP タービンの出力割合は、それぞれ、0.67：0.26：0.07 であった。

原子力：

クローズドサイクルといえば、原子力発電に触れておく。いわゆる原発に対しては、チェルノブイリ事故以来、国際世論も積極的開発に否定的な状況だが、性急な結論は難しいようである。ここでは、石油代替エネルギーのガスタービン技術との関連から、1 例を示しておく。図 11.9 に示すものは、**高温ガス炉にガスタービン**を封じ込めてしまう例で、作動流体は炉心と共通のヘリウムであり、直接発電が可能である。炉心からの最高温度（約 1100K）を利用でき、再生と前置冷却を行う熱効率の高い形式といえる。ヘリウムは化学的に極めて安定かつ冷却用など熱媒体として優れた性質をもっている。いずれにせよ、炉心の放射エネルギを外部から完全に隔離制御できる安全性が究極の課題である。

ごみ発電：

最後に、身近な環境調和のコミュニティの構想に関連して、**スーパーごみ発電**も取り上げよう。ゴミ焼却排ガス中には、最近騒がれる有害物質のほかにも腐食性成分が存在する。従って、ごみ焼却廃熱ボイラを用いて発生させる水蒸気の圧力、温度は、通常、3MPa、300°C 以下に抑えられてしまう。つまり、蒸気タービンの発電効率は低い値とならざるを得ない。これを大幅に向上させる方法は、当然、ガスタービンとのコンバインド化、すなわち、ガスタービン排気を利用して、低温の焼却炉ボイラ蒸気を高温化し蒸気タービンに送ることで出力増加を図れば良い。

高効率システム化の根底にある概念は、高い温度レベルの排熱を、目的に合わせ、低い温度レベルで回収することを繰り返す無駄のないエネルギのカスケード利用ということに尽きる。

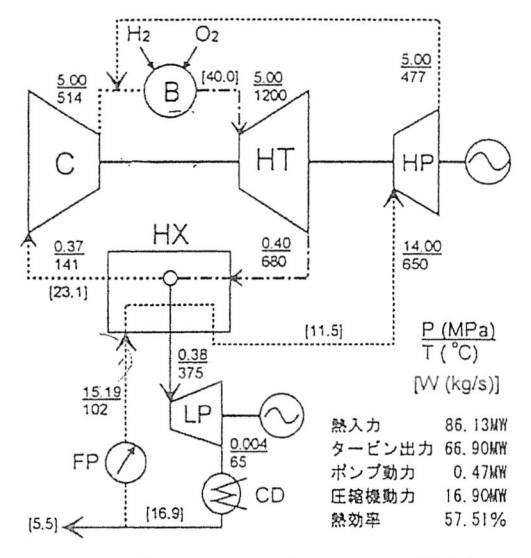

図 11.8 Graz サイクル（文献17）

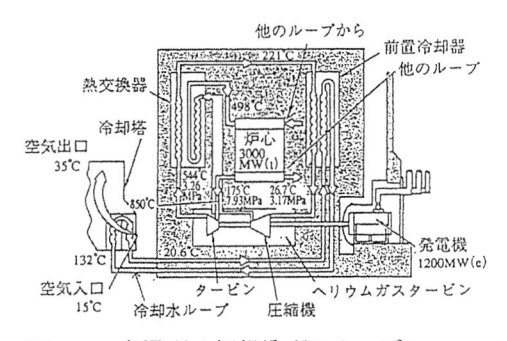

図 11.9 高温ガス炉組込ガスタービン

11.3 超大型亜音速機から極超音速機まで

航空機の経済性は単位燃料あたりどれだけの乗客数を航続距離だけ運べるか(**passenger-miles**)を尺度とする。これを航空用ガスタービンに言い換えると、推力と機速の積を燃料熱入力で除した値であり、ちょうど熱効率 η_{th} と推進効率 η_p の積に相当する。(3.3b 項参照)従って、図 11.10 に示すように、横軸 η_p および縦軸 η_{th} と選び分類すると、原点から離れるほど燃費の良いエンジンを表すことになる。ターボジェットからターボファンへと続く航空用ガスタービンは真にそうした発展の軌跡をたどる。

超高バイパス比：

良い推進効率を得るには高いバイパス比 **BPR** が求められ、そのことはジェット速度の減少すなわち低騒音化にさらに好都合である（3.4 節参照）。こうして最新 B777 機用の高バイパスエンジン(GE90、PW4084 や Trent884)では、*BPR* が 9 近くまで大きくなり、ファン直径も 3m 近くに達する。その実現には、**ワイドコード翼**（コードの長い低アスペクト比の翼形状）の要素技術が不可欠であった。

すなわち、拡散接合製作技術を利用した中空ハニカムサンドイッチ構造の複合材による軽量化、ファン翼周り流れの最適化による高い空力負荷、フラッタの正確な予測と防止など、製造・空力・構造設計に至る広い技術の発展である。

一方、この大きなファンを駆動する仕事はコアエンジンから出力されるから、ますます高温高圧化によるサイクル効率の向上が必要となり、つまり、空冷タービン翼の材料強度や冷却性能の向上が達成されねばならない。こうして、エンジン燃費向上の3つの要因であるサイクル効率、要素効率そして推進効率は、相互に強く関連する。

今後、亜音速機用エンジンの燃費をさらに良くするため、**超高バイパス比 ultra-high bypass（UHB）**ガスタービンエンジンの出現が予想され、それを搭載する機体は1万数千kmの航続距離や800人規模の超大型を売り物にする気配である。UHBは、狭義に、バイパス比10ないし15程度の将来型ターボファンを意味する場合もあるが、ここでは革新的なプロペラ設計によるターボプロップなども含めて広い範囲としてとらえる。BPRに対する巡航時の燃費の傾向をみると、要素技術の更なる進歩によって、燃費はBPR増加につれ減少し続けるが、ファンケーシング寸法の増大に伴いエンジン抵抗と重量がネックとなり、総合的に燃費極小となるBPR(およそ20程度といわれる)に至る。その先は、従って、ダクト無しのプロップファンの採用となるが、騒音の点が気がかりである。プロップファン形態の選択肢は、以下に大別される。

・単一 single rotation(SR)あるいは**二重反転 counter rotation(CR)**ファン
・エンジン前方（**トラクター型**）ないし後方（**プッシャー型**）ファン
・減速ギア付きあるいは無し

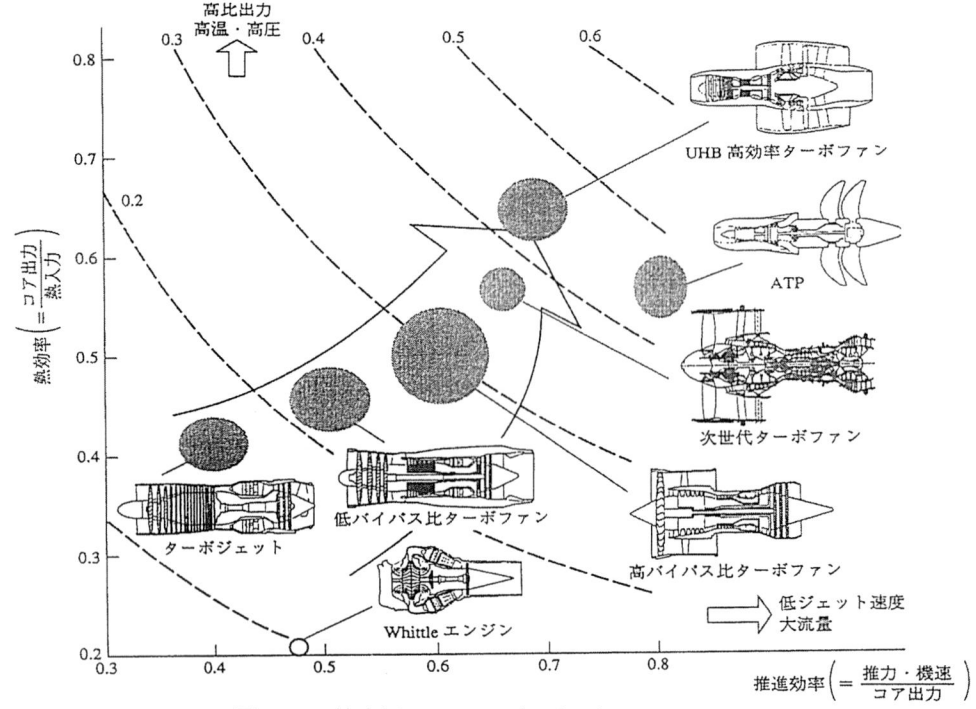

図 11.10 航空用エンジン（亜音速）効率の推移

先進材料・構造：

これら技術動向を受けて、材料分野でも新しい展開が期待される。図 11.11 を参照して、例えば、高温タービン冷却翼を Ni 基合金の**一方向凝固** directionally solidified crystal(DS)ないし**単結晶** single crystal(SC)で**精密鋳造**するほか、**粉末冶金** powder metallurgy(PM)技術により溶融しない酸化物（セラミックス）を母相に分散させ強化する**酸化物分散強化超合金** oxide-dispersion strengthened super-alloy(ODS)で成形することが行われ、同様にディスクもPM材で成形されるようになろう。さらに無冷却化を**溶融成長複合材** melt-growth composite material(MGC)により達成する方向も研究されて

いる。燃焼室など静止部については、1400°Cまでなら**セラミックス** ceramics と**セラミックス基複合材料** ceramic matrix composite(**CMC**、fiber reinforced ceramics(**FRC**)ともいう)を用い、更に高温なら、カーボン・カーボン複合材 carbon/carbon composite(**C/C**)により無冷却化へと向かう。圧縮機や低圧タービン部品は、800°C程度ならNi基合金に代わり**金属間化合物** intermetallic compound のチタンアルミナイド(TiAl)を用いて軽量化が図られる。また、ファン入口、低圧圧縮機、エンジン外周部など、300°C程度の低温部なら樹脂系複合材料 fiber reinforced plastics(**FRP**)が使えるから軽量化に大きく役立つ。FRPは低コストなので、将来、エンジン重量の30%を占めるともいわれる。

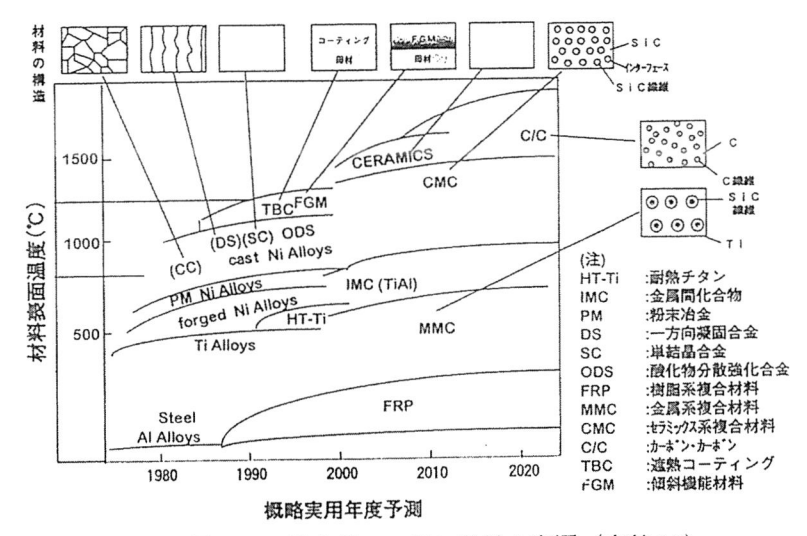

図 11.11 航空用エンジン材料の変遷（文献17）

構造の分野でも新しい概念が生まれている。例えば、ファン翼を直接ディスクと一体接合する**ブリスク**(blisk)の技術を圧縮機動翼まで拡張し、**金属基複合材料** metal matrix composite(**MMC**、カーボンなど繊維を合金のマトリックスに組込むもの)をスペーサや**リングロータ** ring rotor に活用して一体化する**ブリング** bling は、圧縮機段の重量を70%以上軽量化できると見込まれる(図 11.12)。

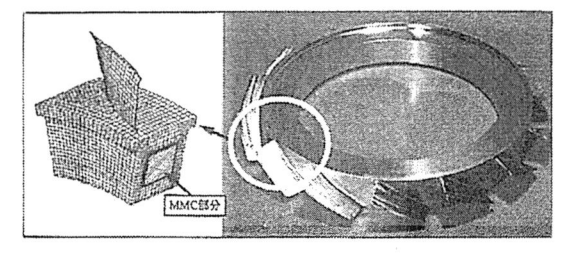

図 11.12 ディスクと翼の新構造例

超音速飛行 SST：

SSTコンコルド用エンジン（オリンパス593ターボジェット、アフタバーナAB付き、図1.11）の場合、推重比は約5で、現在では、民間用高バイパス比ターボファン程度といえる。これをABなしで達成できれば、コンコルドに代わる **HSCT** (high speed civil transport)の巡航計画に十分対応できる。HSCTエンジンとして米国で検討されている例を図11.13に示すが、コアエンジンに比べてインレットとノズルが極めて長い構成になりそうである。また、そうしたエンジンは高い比推力を発生するためTIT=1600~1700°Cのサイクルとなるから、低NOx対策が重要である。さらに、HSCTの巡航高度は地球を囲むオゾン層にほぼ一致すると予想されるので、排気によるオゾン消滅の危険性に十分な注意が払われねばならない。(10.2節参照)

図 11.13 超音速機用エンジン

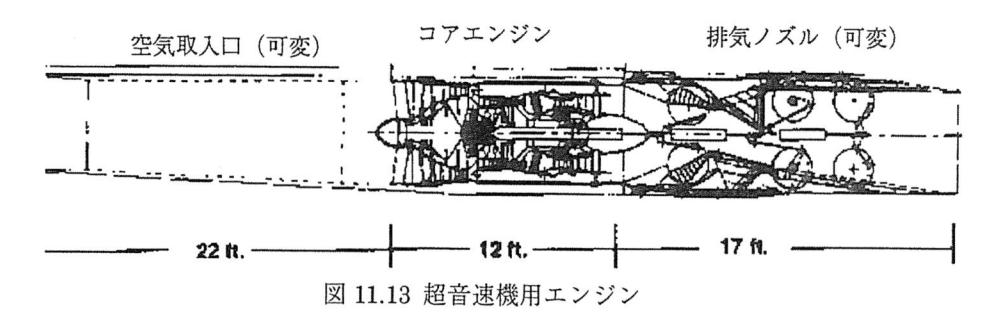

　環境適合上の課題として、ほかに居住地への離着陸の際の騒音が特に深刻なので、HSCT は、比推力の高い巡航用ターボジェットだけでなく、亜音速高バイパス比ターボファンも一緒に搭載すれば良い。その要求を1つのエンジンで達成するには、バイパス比を変えるための可変形状機構が必要で、それを備えたエンジンを**可変サイクルエンジン** variable cycle engine(**VCE**)と言う。もちろん、可変といっても機構的な制約があるから、自由にバイパス比を設定できるわけではなく、低バイパス比ターボファンにならざるを得ない。これまで3形態(ダブルバイパス、バリアブルストリームコントロール、ミドルタンデムファン)ほどが提唱されている。

極超音速飛行ＨＳＴ：
　このような可変形状機構の利用は、ファンエンジンにとどまるものではない。図 11.14 は、横軸マッハ数に対する SFC の傾向をいろいろなエアブリージングエンジン形態を紹介している。マッハ数が3から5とさらに大きくなればラムジェットが有利なので、離陸から極超音速飛行まで狙うには、ターボジェットとラムジェットの両サイクルを兼ね備えたエンジン形態が工夫される。これは**コンバインドサイクルエンジン** combined cycle engine(**CCE**)と呼ばれ、適当なマッハ数で途中切換えするため、やはり可変形状に設計する必要がある。

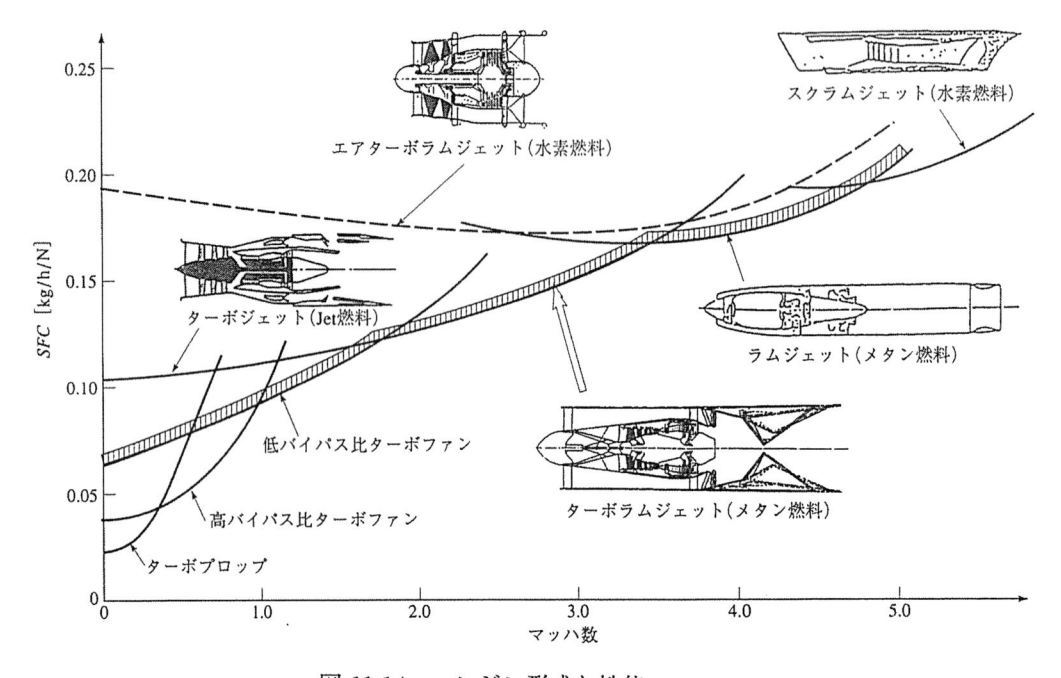

図 11.14　エンジン形式と性能

　図 11.15 に示す例は、日本の国家プロジェクト HYPR として国際共同開発研究が進められたもので、低バイパス比ターボファン(TIT=1700℃)の**軸方向**にラム燃焼器(1900℃)・可変ノズルを**併置**する構成

(coaxial tandem type)になっている。ターボファンの作動でマッハ数 2.5 に至ってから、徐々に入口セレクタバルブを開放し、逆にファン流路を閉じて、ラム燃焼の割合を増やし、マッハ数 3 で完全にラムジェットの作動に移行する。

コンバインドの構成としては、他に、図 11.16 のような**同軸ラップアラウンド coaxial wraparound type** やターボ軸と並列にラムダクトを配置する**オーバアンダ split flow type** も考えられる。その選択は、システム全体の構造重量、エンジン推力、インレットとノズルを含めた空力抵抗、冷却構造システムなどを総合的に考慮して決めることになる。

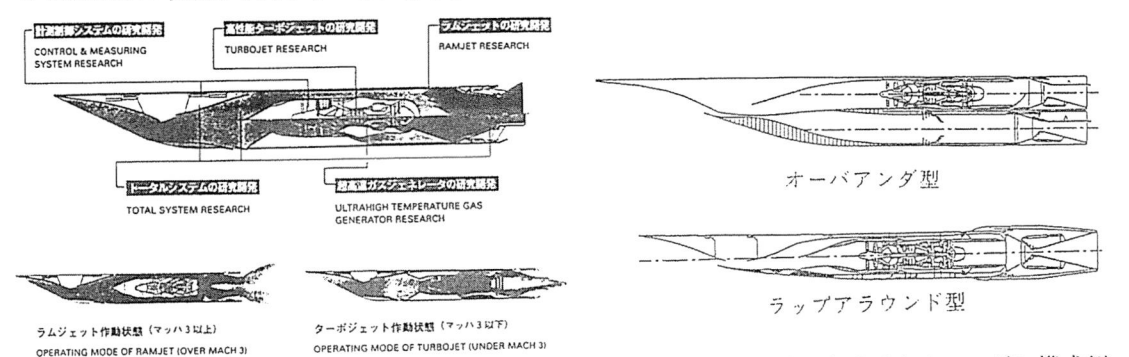

図 11.15 コンバインドサイクルエンジン（文献 18、日本 HYPR）

図 11.16 コンバインドサイクルエンジン構成例

ウェーブロータ：

終わりに 1 つ、ユニークなガスタービンエンジン性能向上の方策として、**ウェーブロータ wave rotor** を紹介する。これは、図 11.17 に示すとおり、回転軸の円周上にセルと呼ばれる細いチューブを束ねた構造をもち、一本毎がちょうど衝撃波管のように作動し内部で気体圧縮が行われるものである。ウェーブロータと燃焼器を組み合わせ、圧縮機とタービンの中間に配置し、ウェーブロータを介して圧縮機出口よりさらに高い圧力と温度の空気を燃焼器へ導けば、ちょうどトッピングサイクルを形成して性能向上を達成できる。同一原理に基づく自動車用のものが ABB 社により開発されディーゼルエンジンのターボチャージャとして利用されているが、航空用は未開発の状態である。将来、ウェーブロータを気体圧縮だけでなく燃焼過程まで拡張した新しい極超音速飛行推進システムに発展させる可能性も考えられ興味深い。

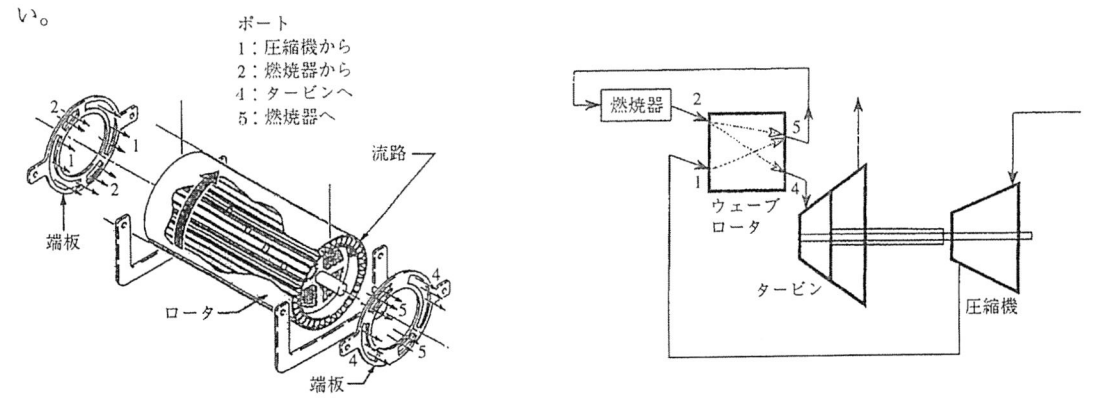

図 11.17 ウェーブロータ

11.4 宇宙往還機（スペースプレーン）

地表から約 200km の低周回軌道に至るには、速度 7.8 [km/s] が必要とされる。スペースシャトルを筆頭にロケット技術はこれを達成し円熟期を迎えつつある。しかし、宇宙へ飛び立つ飛行経路としては、垂直に発射されるロケットだけでなく、航空機のように空気揚力を利用しながら水平離着陸することも

選択肢として存在する。それはエアブリージングエンジンを搭載する**宇宙往還機**（スペースプレーン）である。ちなみに、シャトルは帰還時のみ空気揚力を利用するので、打ち上げ時には、推進剤の液体水素が全重量の約10%なのに対し、酸化剤の液体酸素は約70%を占める。エアブリージングエンジンを採用すれば、後者の分は大気中から取り入れるのでペイロードが大きく増加するはずである。スペースプレーンはロケットと異なり、本来、再使用を前提とするので、システムが複雑化し重量増加のペナルティを払わねばならない。また、希薄大気中の飛行経路はいずれにしてもロケット推進に頼ることになるから、エアブリージングエンジンとロケットエンジンとの適切なシステム化が肝心である。

　エアブリージングエンジンの形態として、現在、図11.18に示すようなものが提唱されている。**ターボラムジェット**についてはCCEの項で既に述べたので省略するが、水素燃料の**スクラムジェット**が今のところ一番有望視されているスペースプレーン用エンジンである。水素は、ロケットエンジン用の液体水素と共通して高温部の冷却に利用し、ガス化の後、燃焼器に噴射する。ほかにエアブリージングエンジンの代表例として、**エアターボラム** air turbo ram(ATR)とLACE(liquified air cycle engine)の2つがあげられる。ATRはラムジェットの上流にファンを配置し静止状態からスタートできるエンジンである。ファンはタービンで駆動するが、タービンを回すためのガス発生器を持ち、その高温高圧ガスを使用する。つまり、ATRタービンは高度や速度など飛行状態に左右されず出力制御可能である。スペースプレーンの場合、ガス発生器はロケットエンジンのエクスパンダーないし予燃焼室に相当し、水素リッチ状態のガスを発生する。このガスでターボポンプを駆動した後に燃焼器内で搭載酸素と反応させればそのままロケット推進になるが、ATRはポンプの代わりにファンを駆動し、その後、ファンにより圧縮された空気と混合燃焼させる。こうして自力発進し加速後、ラム圧が効く機速になるとファンを止め、ラムジェット作動に移る。さらに、ラムジェット作動も終えて燃焼室をそのままロケットと共通にできれば、**エアターボロケット air turbo rocket**になる。現在、日本のISASで開発研究中のものは、高度35km、マッハ数6程度を目標として、これを初段とする**2段式** two stage to orbit (TSTO)スペースプレーンが計画されている。一方、LACEは**単段式** single stage to orbit (SSTO)スペースプレーンを意図したもので、低高度大気中を加速する際は空気を取り込み、搭載液体水素を冷熱源(15K)としてこれを液化(75K)し(さらに、分離器を通し酸素だけ取り出すと良い)、ポンプ昇圧した後に燃焼室に噴射する。一方、昇温された水素の一部はポンプ駆動用タービンに供給されるが、大部分は燃焼室で空気と混合反応し推力を生む。さらに高層希薄大気に至ると通常のロケット推進になる。従って、エアブリージングといいながら、むしろ、液水液酸ロケットエンジンに近いシステムといえる。冷熱利用および液化に伴う圧縮仕事の減少に目をつけた巧みな概念だが、これによる搭載酸素量の減少とシステムの複雑化による重量増加とのトレードオフは微妙である。

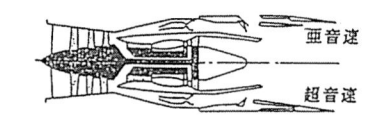

(a) 超音速可変サイクルターボファンエンジン

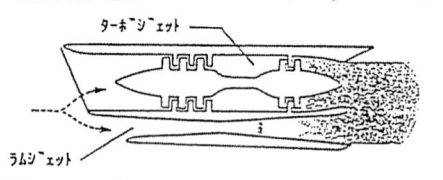

(b) ターボラムジェットエンジン（TRJ）

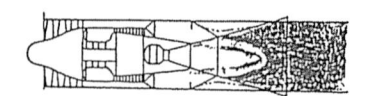

(c) エアターボラムジェット／ロケットエンジン（ATR/ATRR）

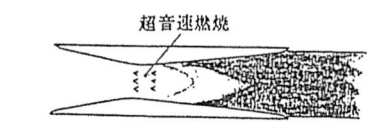

(d) スクラムジェットエンジン（SCRJ）

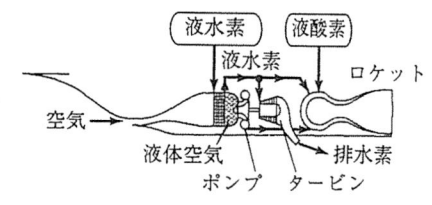

(e) 空気液化サイクルエンジン（LACE）

図11.18　宇宙往還機用エンジン

11.5 宇宙熱発電

　新世紀は人類の宇宙空間での活動が飛躍的に進む時代と期待される。そうした活動に必要な電力も大幅に増加することが見込まれる。しかし、そのためのエネルギ源の種類は地上に比べて限られる。宇宙活動の期間に応じて、短期間なら地上からの燃料を利用する燃料電池なども効率的だが、せいぜいシャトルの滞在時間程度であり、従って、地上と同じく原子炉に対し慎重とならざるを得ない状況では、太陽エネルギ以外に主役を考えにくい。しかも、大出力の光電変換は少し先の技術であるから、やはり熱発電に頼ることになる。こうして、宇宙においても、太陽エネルギを熱源とするガスタービンエンジンが活躍する下地は十分存在する。ガスタービン熱発電のメリットとして、交流利用、ガス作動のため重力の影響を余り受けず地上試験データをそのまま宇宙に適用できる点などがあげられる。図 11.19 は NASA において検討実用化されつつある 10kW 発電システムで、ガスタービン本体、集光受熱器、排熱器、再生器（熱交換器）から成るクローズドループである。タービンの代表径は約 150mm、TIT と回転数は、それぞれ 1144K、36000rpm で、熱効率 29%を達成した。開発のポイントは受熱器で溶融熱の大きな LiF（融点 1121K)の相変化を利用し蓄熱する。クローズドループのため回転数一定で出力可変である点を初め、出力／集光面積比は太陽電池によるシステム（反射鏡による集光器）の 4 倍との見積りもあり、多くの有利さが指摘される。こうしたガスタービン技術は太陽を熱源とするばかりでなく宇宙用原子炉にも応用が容易である。

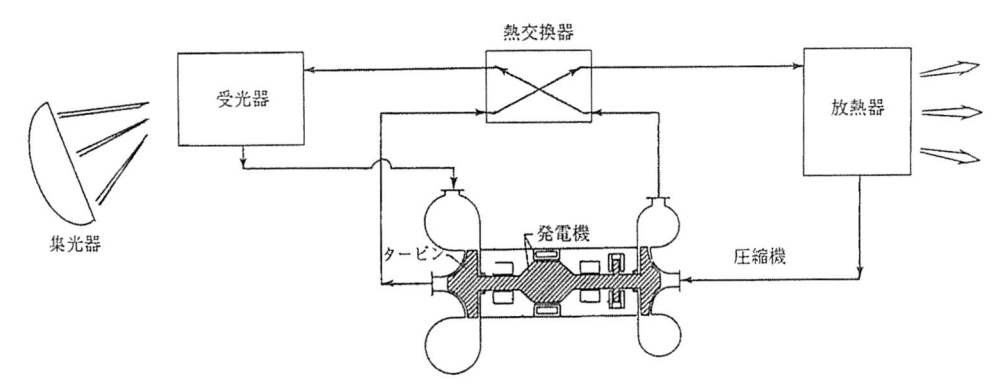

図 11.19　宇宙用 10kW ガスタービンエンジン

　さらに最近、米国 MIT 大学グループにより、マイクロ熱エンジン、ガスタービン、ロケットエンジンの構想が発表された。これは、出力 10-20 [W]ないし推力 0.05-0.1 [N]の極小デバイスとして、多分、宇宙用に使われる可能性があろう。図 11.20 に示すとおり、セラミック SiC と Si/SiC 材料をリソグラフ成型して、外形 12mm、厚み 3mm の構造に収め、その中で外径 3mm のラジアルロータが毎分 240 万回転する。得られる圧力比は 4、最高温度は 1600K であり、重さ 1g とまさに製造技術的な挑戦課題でもある。

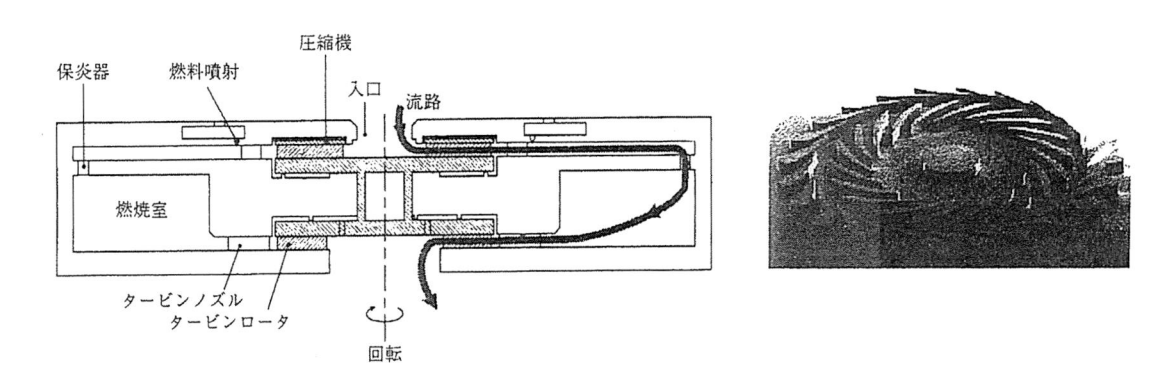

図 11.20　超マイクロ 16W ガスタービンエンジン(文献 17)

参考文献

本書を作成するに当って、次の文献を参照した。また、一部から図の引用等を行った。引用箇所には可能な限り文献番号等を付して読者の便に供するとともに、原著者に対して謝意を表した。

(1) 八田桂三、他、ガスタービン・ジェットエンジン・ロケット。(熱機関体系 4) 山海堂。(1957)
(2) 八田桂三、ガスタービンおよびジェットエンジン。(機械工学講座 21) 共立出版。(1966)
(3) ビル・ガンストン、世界の航空エンジン (1)、(2)。グランプリ出版。(1996)
(4) 長尾不二夫、内燃機関講義。養賢堂。(1987)
(5) 西野宏、ガスタービン。朝倉書店。(1975)
(6) 可視化情報学会編、新版流れの可視化ハンドブック。朝倉書店。(1986)
(7) 日本機械学会編、写真集 流れ。丸善。(1984)
(8) 須之部量寛、藤江邦男、ガスタービン。共立出版。(1970)
(9) E・S・テーラー、ガスタービン及びジェットエンジン。共立出版。(1955)
(10) 谷田好通、流体の力学。 朝倉書店。(1994)
(11) 船川正哉、非定常空気力学に関する研究連絡会議資料。(1974)
(12) E.M.Greitzer, Trans. ASME, J. Eng. for Power, 19 (1976)
(13) A.Stodola, Steam and Gas Turbines, McGraw Hill (1927)
(14) 日本航空宇宙学会編、航空宇宙工学便覧 B3 推進機関、丸善。(1992)
(15) Rolls-Royce 編、 the Jet Engine。(1986)
(16) 日本機械学会論文集; 藤井澄二、vol.13 No.44 (1947)。 竹矢一雄、vol.27 No.183 (1961)。
(17) 日本ガスタービン学会誌 (論説・解説); 塩入淳平、vol.8 No.29 (1980)。 今井兼一郎、記念講演 vol.10 No.37 (1982)。 山下巌、vol.22 No.86 (1994)。 西山園、vol.22 No.87 (1994)。 千葉薫・小林健児、vol.22 No.88 (1995)。 遠崎良樹・久山利之、vol.23 No.89 (1995)。 杉山七契、講義 (1-3)vol.24 No.93,94,95 (1996)。 飯尾雅俊・高村東作、技術論文 vol.24 No.96 (1997)。 竹矢一雄、vol.25 No.97 (1997)。 青木素直、同。 中沢則雄、vol.25 No.98 (1997)。 服部博、同。 長島利夫、vol.29 No.4 (2001)
(18) 日本航空宇宙学会誌 HYPR 特集 vol.48 No.553 (2000)
(19) A.J.Glassman Editor, Turbine Design and Application (1972)
(20) I.E.Treager, Aircraft Gas Turbine Engine Technoloby. McGraw-Hill (1970)
(21) A.H.Shapiro, The Dynamics & Thermodynamics of Compressible Fluid Flow (1954)
(22) J.L.Kerrebrock, Aircraft Engines and Gas Turbines, 2nd edition, MIT Press (1992)
(23) N.Cumpsty, Jet Propulsion, Cambridge Univ. Press (1997)
(24) Aerodynamic Design of Axial Compressor, NASA SP-36 (1965)
(25) Fluid Mechanics, Acoustics and Design of Turbomachinery, NASA SP-304 (1970)
(26) Aircraft Engine Noise Reduction, NASA SP-311 (1972).
(27) A.H.Lefebvre, Gas Turbine Combustion, McGraw-Hill series in energy, combustion and environment (1983)
(28) H. Cohen, G.F.C.Rogers, H.I.H.Saravanamuttoo, Gas Turbine Theory, 3rd edition, Longman Scientific & Technical (1992)
(29) J.H.Horlock, Axial Flow Turbines, Butterworths (1966)
(30) N.A.Cumpsty, Compressor Aerodynamics, Longman Scientific & Technical (1992)
(31) G.G.Oates Editor, Aerothermodynamics of Aircraft Engine Components, AIAA Education Series (1985)
(32) G.G.Oates Editor, Aircraft Propulsion Systems, Technology and Design, AIAA Education Series (1989)
(33) J.D.Mattingly, W.H.Heiser, D.H.Dalley, Aircraft Engine Design, AIAA Education Series (1987)

索　　引

ア　行

亜音速流れ　13, 21
アクティブクリアランス制御　113, 126
圧縮機　5, 23, 31
圧縮機修正回転数　100
圧縮機修正流量　100
圧縮機特性　97
圧縮機特性曲線　51
圧縮仕事　12
圧縮性流体の流れ　12, 13
圧力係数　44, 65
圧力比　24
アフタバーナ　34, 86

硫黄酸化物　120
1次空気　83
入口ディフューザ　82
インデューサ　69
インピンジ冷却　62, 126
インペラ　64, 68, 73

ウェーブロータ　133

エアブリージングエンジン　132
FRP　131
エミッションインデックス　120
エラーマトリックス法　106
遠心圧縮機　64
エンジン動特性　109
エンジンの熱効率　33
エンタルピ　9
エンドベンド翼　127
エントロピ　11

オイラータービン仕事法則　54, 68
オゾン層　119
音　20
　　——の指向性　21, 114
　　——の強さ　22
　　——の伝播　21
　　——の放射　21
音圧の実効値　22
音圧レベル　22
音速　12
温度比　24
音波　21
　　——のモード　21

カ　行

火炎　79
拡散火炎　80
拡散制御翼　49, 127
加減速制御　111
ガスジェネレータ　102
ガス発生機　4
加熱量　12
過濃急希釈希薄方式　123
可変形状方式（燃焼器の）　124
可変サイクルエンジン　132
可変静翼　52
可変静翼制御　112
缶型燃焼器　81
環境汚染　119
環状型燃焼器　81
環状缶型燃焼器　81
完全気体　9

機械効率　32
希釈空気　83
気体定数　9
起動停止制御　111
希薄予混合予蒸発方式　123
基本サイクル　23
キャンバ→翼曲率
吸音壁　118
境界層　15

食違い角　41, 58
空気取入れ口　31
空気負荷率　85
空燃比　18, 83
クッタ・ジュウコフスキーの定理　45

ゲイ・ルサックの法則　9
原子力　129

コアエンジン　35
高位発熱量　19
光化学スモッグ　119
広帯域騒音　115, 116
剛体回転の流れ　46
後退翼　69
後流　16
極超音速飛行　132
コジェネレーション　125
コード→翼弦長
ごみ発電　129
コリオリ力　71
混合器→ミキサ

サ　行

混合速度パラメータ　85
コンバインドサイクル　2, 125
コンバインドサイクルエンジン　132

再生　28
再生器　88
再生サイクル　28
再生率　28
再熱　28
再熱器　29, 86
再熱サイクル　29
先細ノズル　13
サージ　51, 91
サージ線　51
サージマージン　51
サーマル NO　79, 120
酸性雨　119

ジェット騒音　114
ジェット速度　32
軸流圧縮機　40
軸流速度　40
軸流タービン　54
子午線面　49
θ パラメータ　85
失速　16
　　正, 負の——　44
質量流束パラメータ　14
質量流量　14
自由渦型の流れ　46
修正加速パワ　109
修正燃料流量　100
修正量　100
周速反動度　73
シュラウド　73
周波数スペクトル　22
衝撃波　17
衝動型　42
衝動タービン　59
触媒方式　123
浸出冷却　63

推進効率　33
推進仕事　33
水素　128
随伴渦　16
推力　32
スクラムジェット　134
スクロール　76
スタガ→食違い角
スタッキング　49

ステータ　54, 76
ストレートバック翼　58
スプリッタ翼　69
スペースプレーン　133
スミスチャート　61, 77
スモーク数　120
スリップ係数　70
スロート　15
スワーラ　83

静エンタルピ　13
静温度　13
制御　109
制御器　112
正の失速　44
静翼列　40
石炭　128
舌部　72
セミベーンレス領域　72
セラミックス　131
ゼルドビッチ機構　79
全圧　13
全圧損失係数　44, 57, 85
全エンタルピ　13
全温（度）　13
全音圧レベル　22
旋回失速　93
全効率（エンジンの）　33
前進翼　69
選択的燃料噴射方式　122

騒音　20
騒音レベル　21
双極子音源　20
相対渦　70
速度型　4
速度欠陥　16
速度三角形　41, 54
速度比　56, 65
ソリディティ　41

タ　行

滞在時間（N_2の）　79
対流冷却　62
楕円法則　60
多段燃焼方式　122
タービン　5, 23, 32
タービン修正回転数　100
タービン修正流量　100
タービン特性　60, 98
ターボ式過給機　3
ターボジェット　4, 5, 30
ターボチャージャ　64
ターボファン　5, 35
　　――の最適条件　38
ターボプロップ　5
ダムケラー数　87

段圧力比　55
炭化水素燃料　18
単極子音源　20
段効率　26
単純半径方向平衡　46
段数　48, 60
断熱圧縮　12, 23
断熱火炎温度　19
断熱効率　24, 55, 66
断熱変化　11
断熱膨張　23
段負荷係数　56

チェーンサイクル　126
窒素酸化物　79, 119
チップクリアランス→翼端間隙
チップトレンチ翼　127
着火器　82
中間冷却　28
中間冷却器　29
抽気制御　112
抽気法　52
超音速流れ　13, 21
超音速飛行　131
超希薄ドライ燃焼器　124
超高バイパス比　129
チョーク　14

定圧比熱　9
低位発熱量　19
T-s線図　12
定常制御　110
ティップ　41
ディフューザ　65, 71
ディフュージョンファクタ　44
定容比熱　9
適合条件　102
出口旋回角度　54
転向角　41

等エントロピ流れ　11
等エントロピ変化　12
動翼列　40
当量比　18
特定周波数騒音　116
トッピングサイクル　125
ドーム　82
トレードオフ　59, 81

ナ　行

内部損失　10
流れ
　　圧縮性流体の――　12
　　剛体回転型の――　46
　　自由渦型の――　46

2次空気　83

2次空気システム　113
2次元翼列　40
2次流れ　15
2軸式　52
2重円弧翼　49, 127
2段燃焼方式　122
入射角　41

熱交換器　28, 88
熱効率　24
　　エンジンの――　33
熱遮蔽　62
熱遮蔽コーティング　126
熱チョーク現象　17
燃空比　19
燃焼　78
燃焼器　5, 23, 31, 80
燃焼器特性　99
燃焼効率　31, 84
燃焼速度　80
燃焼負荷率　80, 85
燃料　78
燃料消費率　33
燃料噴射管　87
燃料噴射弁　82

ノズル　32, 54, 76

ハ　行

排気　119
排気残留エネルギ　33
バイパス比　35
バウスタック　127
剥離　15
バズソー騒音　117
パターン率　86
発熱量　18
ハブ　41
反動型　42
反動段　57
反動度　42, 56, 66
非圧縮性流れ　13
飛行性能　105
比出力　24
比出力係数　66
非設計点性能　106
比速度　66
比熱比　9
標準生成エンタルピ　18

ファン騒音　115
Vガッタ　87
フィルム冷却　62
負荷係数　65
複合エンジン　3
複合サイクル→コンバインドサイクル

負の失速　44
フラッタ　94
フリーピストン式ガスタービン　4
プロフィール率　86
プロンプトNO　79

偏向角　41
ベーン付きディフューザ　71
ベーンレスディフューザ　71

放射エネルギ（音の）　21
膨張比　32
保炎器　87
ボス比　41
ボトミングサイクル　125
ポリトロープ効率　25
ポリトロープ指数　26
ポリトロープ変化　26
ボリュート　65, 72, 76
Whittle エンジン　4, 5

マ 行

マイクロガスタービン　2
マッハ数　13

ミキサ　39

無次元比出力　24

メタノール　128

ヤ 行

有効仕事　24

容積型　4
翼厚　40
翼型　40, 127
翼曲率　40, 58
翼弦長　40, 58
翼端間隙　16, 61, 113
翼通過周波数　115
翼冷却　62
翼列　40, 54
翼列干渉騒音　116
翼列フラッタ　95
予混合火炎　80
四極子音源　20

ラ 行

ライナ　82, 83, 87
ラジアル型インペラ　68
ラジアルタービン　64, 73

ラジカル　78
ラバールノズル　15, 101
ラム圧　30
ラムジェット　132

理想サイクル　23
リッチ（燃料）　18
流量係数　56, 65
理論空燃比　18
理論当量比　19
リーン（燃料）　18
臨界マッハ数　45

ループ法　106, 107

冷却温度効率　62
冷却空気　83
冷却効率　84
レイリー線　17

ロータ　54, 64, 73
ロータルピ　67

ワ 行

ワイドコード翼　45, 129

著者略歴

谷田 好通 (たにだ よしみち)

1931 年　鳥取県に生まれる
1962 年　東京大学大学院数物系研究科博士課程修了
現　在　東海大学工学部動力機械工学科教授を経て
　　　　東京大学名誉教授
　　　　工学博士

長島 利夫 (ながしま としお)

1946 年　埼玉県に生まれる
1969 年　東京大学工学部航空学科卒業
1974 年　英国ケムブリッジ大学博士課程修了
現　在　東京大学大学院工学系研究科航空宇宙工学専攻教授
　　　　Ph. D

ガスタービンエンジン　　　　　　　定価はカバーに表示

2000 年 10 月 20 日　初版第 1 刷
2018 年 9 月 25 日　初版第 13 刷

著　者　谷　田　好　通
　　　　長　島　利　夫
発行者　朝　倉　誠　造
発行所　株式会社　朝　倉　書　店
　　　　東京都新宿区新小川町 6-29
　　　　郵便番号　　162-8707
　　　　電　話　03(3260)0141
　　　　FAX　03(3260)0180
　　　　http://www.asakura.co.jp

〈検印省略〉

© 2000 〈無断複写・転載を禁ず〉　　　　　Printed in Korea

ISBN978-4-254-23097-0　C 3053

JCOPY 〈(社)出版者著作権管理機構　委託出版物〉

本書の無断複写は著作権法上での例外を除き禁じられています．複写される場合は，そのつど事前に，(社)出版者著作権管理機構（電話 03-3513-6969，FAX 03-3513-6979，e-mail: info@jcopy.or.jp）の許諾を得てください．

元東大 西脇仁一編著
熱 機 関 工 学
23013-0 C3053　　A5判 336頁 本体4800円

熱機関全般を基礎から応用まで平易に解説。〔内容〕序論／熱力学／内燃機関（構造と原理・性能・特徴）／ガスタービン／ジェットエンジン／ロケット／ボイラ／蒸気タービン／燃焼および燃料／原子動力機関および他の熱エネルギ変換機関

倉林俊雄・寺崎和郎・永井伸樹・伊藤献一著
工 業 熱 力 学
23027-7 C3053　　A5判 240頁 本体3800円

将来技術者として必要な高度な基礎知識も盛り込み，熱力学の骨組が理解できるようていねいに解説。〔内容〕物質の状態変化／熱と仕事／エントロピ／エクセルギ／ガスサイクル／実在気体と蒸気／ガスと蒸気の流れ／蒸気サイクル／燃焼／伝熱

古屋善正・村上光清・山田 豊著
改訂新版 流 体 工 学
23034-5 C3053　　A5判 368頁 本体5600円

流体を取り扱う機械工学の全分野において基礎となる流動の力学の概念を懇切に解説。定評あるロングセラー。〔内容〕流体静力学／流体の運動／流量測定／完全流体の力学／非定常流動と波動／うず巻ポンプ／回転ポンプ／水車／遠心送風機／他

元防衛大 原田幸夫著
流 体 機 械 （SI単位版）
23049-9 C3053　　A5判 240頁 本体3600円

流体機械（水力機械，空気機械）全般を平易に解説したテキスト。好評の旧版を国際単位に直し，例題，問題でSI単位，重力単位を併記した。〔内容〕非圧縮性流体の力学／水力機械／非圧縮性空気機械／圧縮性気体の力学／圧縮性空気機械／他

前豊田工大 小林清志・横国大 飯田嘉宏著
新版 移 動 論
23062-8 C3053　　A5判 280頁 本体4800円

粘性流体の運動量移動，各種形態の熱移動，拡散等の物質移動という移動現象を詳説。〔内容〕流体の性質／速度分布／定常熱伝導／非定常熱伝導／層流熱伝達／乱流熱伝達／熱移動（凝縮・放射）／熱交換器／物質移動（静止流体，層流，乱流）

松永成徳・富田侑嗣・西 道弘・塚本 寛著
流 れ 学
― 基礎と応用 ―
23068-0 C3053　　A5判 224頁 本体3900円

流れ現象の実体に迫る能力を涵養する好著。〔内容〕流れの記述／圧力／流体の分類／ベルヌーイの式／運動量の理論／次元解析と相似則／管内・隙間内・境界層の流れ／物体まわりの流れと流体力／気体・開水路の流れ／波動／流体計測／他

森川敬信・鮎川恭三・辻 裕著
新版 流 れ 学
23077-2 C3053　　A5判 200頁 本体3800円

水力学・流体力学を学ぶ初学者のために，その基礎概念を正確に把握できるよう内容を厳選して解説。数式についても容易についていけるよう配慮〔内容〕流体の特性／流体静力学／動力学の基礎／流路の流れ／流れの中の物体に働く力／他

河野通方・角田敏一・藤本 元・氏家康成著
最新 内 燃 機 関
23083-3 C3053　　A5判 200頁 本体3800円

内燃機関の基礎的事項を簡潔にまとめたテキスト。対象とする機関としては，往復動式内燃機関に重点をおいた。〔内容〕緒論／サイクル／吸・排気／燃料／燃焼／伝熱と冷却／往復動式内燃機関の力学／潤滑／火花点火機関／圧縮点火機関／他

東洋大 望月 修著
図解 流 体 工 学
23098-7 C3053　　A5判 168頁 本体3200円

現実の工学および生活における身近な流れに興味を抱くことが流体工学を学ぶ出発点である。本書は実に魅力的な多数のイラストを挿入した新タイプの教科書・自習書。また，本書に一貫した大テーマは流体中を運動する物体の抵抗低減である

金沢大 木村繁男・金沢大 上野久儀・金沢工大 佐藤恵一・金沢工大 増山 豊著
流 れ 学
23107-6 C3053　　B5判 216頁 本体3800円

豊富な図・例題・演習問題（解答付き）で"本当の理解"を目指す基本テキスト。〔内容〕流体の性質と流れ現象／静止流体の特性／流れの基礎式／ベルヌーイの定理と連続の式／運動量の法則／粘性流体の流れ／管内流れ／物体に働く力／開水路

鳥飼欣一・鈴木康一・岡田昌志・飯沼一男・須之部量寛著
機械系基礎工学 5
熱 工 学
23625-5 C3353　　A5判 212頁 本体4000円

熱工学は大学機械工学系において重要な基礎科目の一つになっている。本書は熱エネルギと機械的エネルギに関する現象およびそれらに関する物質の性質を例題もまじえながら平易に解説。〔内容〕熱力学／伝熱工学／燃焼／熱機関の構造と性能

稲葉英男・加藤泰生・大久保英敏・河合洋明・原 利次・鴨志田隼司著
学生のための機械工学シリーズ 5
伝 熱 科 学
23735-1 C3353　　A5判 180頁 本体2900円

身近な熱移動現象や工学的な利用に重点をおき，わかりやすく解説。図を多用して視覚的・直感的に理解できるよう配慮。〔内容〕伝導伝熱／熱物性／対流熱伝達／放流伝熱／凝縮伝熱／沸騰伝熱／凝固・融解伝熱／熱交換器／物質伝達／他

上記価格（税別）は 2018年 8月現在